Google Deep Learning Framework

예제로
풀어보는
구글 딥러닝
프레임워크
텐서플로우 실전

정저위(郑泽宇) · 구쓰위(顾思宇) 지음 / 장우진 옮김

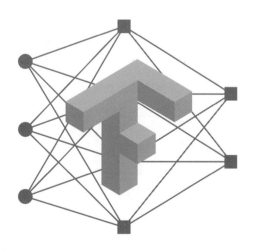

光文閣
www.kwangmoonkag.co.kr

※ 드리는 말씀

- 주요 용어에 대한 번역은 일반적으로 사용되는 한글 용어가 있으면 그대로 사용하였고, 한글 용어가 적합하지 않은 경우에는 영어를 한글로 표기했습니다.
- 생소한 용어는 처음 사용될 때 한 번 영어를 병기하였으며, 프로그램 실행 코드의 예약어 등을 설명하고 있는 경우 그대로 영어를 사용했습니다.
- 이 책과 관련된 자료(소스 코드)는 광문각 홈페이지 자료실에서 다운로드할 수 있습니다.
  - http://www.kwangmoonkag.co.kr/

추천사

　'인터넷+'의 물결은 '인터넷+배달', '인터넷+택시', '인터넷+집안일' 등 수많은 비즈니스 모델을 탄생시켰습니다. '인터넷+'가 교과서에 실리고 전통 산업이 발전 가도를 달리는 사이 지난 한 해 인공지능과 딥러닝이 세간의 주목을 끌었습니다. 알파고가 바둑을 점령하고 인공지능 산업이 급부상하며 우리를 'AI+' 시대로 이끌어가고 있습니다. 앞으로 우리는 'AI+교육', 'AI+미디어', 'AI+의학', 'AI+배송', 'AI+농업' 등 실생활에서 쉽게 접할 수 있을 것입니다.

　지금까지 AI는 데이터의 'quality'와 'quantity'의 향상, 고성능 컴퓨팅의 발전, 그리고 가보된 알고리즘과 불가분적 관계에 있었습니다. 하지만 딥러닝이 알고리즘 개발을 촉진시키는 접점이 되었으며, 구글은 지난 10년 동안 연구한 인공지능 기술을 집약하여 딥러닝 프레임워크 TensorFlow를 개발했습니다. 이를 통해 구글은 자율주행 자동차, 검색, 쇼핑, 광고, 클라우드 컴퓨팅 등의 서비스에서 데이터의 가치를 극대화함으로써 커다란 상업적 가치를 창출하고 있습니다.

　오픈소스 프레임워크인 TensorFlow는 단기간에 많은 인기를 얻었습니다. 그러나 딥러닝을 더 깊히 이해하기 위해선 강력한 이론이 밑바탕 되어야 하고, TensorFlow를 제대로 활용하려면 충분한 연습과 분석을 필요로 합니다. 오픈소스 프로젝트와 코드 자체도 중요하지만 사용자의 경험, 도메인 지식, 그리고 저수준 기술 또는 툴을 사용해 현실 문제를 해결할 수 있는 것이 더 중요합니다. 필자는 수년 동안 저자와 함께 일해 왔는데 이 책이야말로 저자가 구글에서 수년간의 경험과 노하우를 담은 작품이라 느꼈습니다. 또한, 입문부터 고급 과정을 아우르는 이 책을 통해 독자들이 새로운 날개를 달 것이라 믿어 의심치 않습니다.

장신(張鑫)
항저우 CaiYun ㈜ 공동 CEO, 카네기멜론대학 컴퓨터공학박사

2015년 11월에 출시된 TensorFlow는 GitHub에서 많은 관심을 받았습니다. TensorFlow는 학술 연구와 산업에서 널리 사용될 수 있다는 것이 가장 큰 특징입니다. TensorFlow의 유연성을 통해 연구원은 최신 모델을 신속하게 구현할 수 있으며, 강력한 분산 처리 지원으로 빅데이터에 대해 산업 모델을 학습시킬 수 있습니다.

제가 속한 구글 번역팀을 예로 들면, 최신 신경망 번역 모델을 연구개발(R&D)하는 과정에서 학계에 발표된 최신 아이디어를 재빨리 시도해야 할 뿐만 아니라, 최종 모델에 대해 수십억 개의 문장을 학습시킬 수 있는 효율적인 분산형 학습 시스템을 필요로 합니다. TensorFlow를 사용하면 한 번에 두 마리 토끼를 잡을 수 있습니다. 모델 학습을 완료한 후, 우리는 TensorFlow의 힘을 빌려 효율적이고 지연이 적은 온라인 번역 서비스를 구축했습니다. 현재 구글 번역은 매일 약 1,000억 개 단어 수준의 텍스트 번역을 맡고 있으며, 이 중 35% 이상이 TensorFlow를 통해 진행됩니다.

TensorFlow는 또한 GPU, CPU, Android, iOS 등 여러 컴퓨팅 플랫폼을 지원하여 뛰어난 이식성을 제공합니다. 따라서 개발자는 모바일 플랫폼에서 복잡한 딥러닝 응용 프로그램을 개발할 수 있습니다. 다시 번역을 예로 들면, 구글 번역 애

플리케이션 중 호평받는 즉석 카메라 번역은 사용자의 휴대전화에서 연산을 완료하는 모바일 플랫폼의 TensorFlow를 기반으로 합니다.

구글은 이미 TensorFlow를 수십 개 제품의 연구개발에 적용했으며, 중국의 XiaoMi, JD, 그리고 실리콘밸리의 Uber, Airbnb, Twitter 모두 TensorFlow를 채택하고 있습니다. 토론토대학과 버클리대학 등 여러 명문대학교에서도 TensorFlow를 교육하고 있으며, 특히 스탠퍼드대학은 딥러닝 툴에 대한 학생들의 이해를 돕기 위해 'TensorFlow for Deep Learning Research' 강의를 개설했습니다.

저자 정저위는 제 오랜 친구로서 머신러닝에 대한 학술 연구 및 산업 응용 분야에서 풍부한 경험을 쌓았습니다. 이 책은 딥러닝에서 자주 쓰이는 알고리즘의 이론 기초와 TensorFlow 구현을 모두 다루면서 알기 쉽게 표현했습니다. 이 책이 독자가 딥러닝을 이해하고 TensorFlow를 단기간에 능숙하게 다루는 데 큰 도움이 되리라 믿습니다.

량보원(梁博文)
구글 번역팀 엔지니어

딥러닝에 의해 야기된 기술 혁명은 이미 다양한 학문 분야에 널리 퍼졌습니다. 옛 신경망 기술에서 파생된 딥러닝은 단순히 전통적인 신경망의 부활을 상징할 뿐만 아니라, AlphaGo가 인류와의 바둑 대결에서 완승을 거둠으로써 AI 시대를 여는 발판이 되었습니다. 머신러닝은 인공지능이 나아갈 길을 밝혀 주었고 딥러닝은 머신러닝으로 하여금 우리 생활 속에 녹아들게 했습니다. 고등교육을 맡고 있는 교육자로서 학생들이 최신 기술을 이해하고 응용하길 바라는 건 당연한 일입니다. 딥러닝의 중요성은 IT 분야 세계적 권위자들의 미래에 대한 전망에서 분명히 드러납니다. 인공지능 기술은 의심할 여지 없이 다가올 시대를 이끌어갈 주역이자 기둥이 될 것입니다.

그러나 현재 딥러닝과 관련된 자료, 특히 TensorFlow와 같이 미래를 이끌 새로운 기술의 자료가 매우 부족한 실정입니다.

첫째, 대부분의 자료는 영어로 설명되어 있으며, 정보는 분산되어 있고, 체계적이지 않습니다. 많은 자료가 알고리즘을 설명하고 블로그에서 응용 프로그램을 소개하지만, 배우는 학생들이 완전하고 전체적인 개념을 이해하기는 어렵습니다.

둘째, 기존의 딥러닝 자료는 대개 이론 중심으로 이뤄져 확률, 통계 등 수학이란 장벽으로 인해 학생들의 흥미를 자극하기 쉽지 않습니다.

이 책의 저자가 이러한 문제들을 해소시켜 줄 것으로 기대하고 있습니다. 이 책은 딥러닝에 쉽게 접근할 수 있어 대학생들에게 특히 유용한 입문서입니다. 현실 문제를 시작으로 다뤄 독자의 흥미를 자극해 신속하고 직관적으로 문제 해결의 성취감을 누릴 수 있기 때문입니다. 동시에 이 책은 이론과 실전을 중요시해 딥러닝에 대한 심층적인 연구를 위한 기본 개념을 소개할 뿐만 아니라, 독자가 학습 결과를 직접 확인할 수 있도록 TensorFlow 예제 코드도 제공합니다.

딥러닝에 관심 있는 수많은 학생이 이 책을 통해 보다 빠르고 깊이 있는 학습을 거쳐 AI 전문가가 될 수 있기를 진심으로 희망합니다.

장밍(张铭)
베이징대학교 정보과학기술학원 교수

머리말

최근 들어 뉴스, 블로그 등 여기저기서 '딥러닝'이란 단어를 쉽게 접할 수 있습니다. 수십 년 동안 인공지능 기술은 끊임없이 발전하고 있지만, 딥러닝 같은 학계와 산업에서 각광받는 기술은 10년간 어려움을 겪었습니다. 개인적으로 안타까운 점은 딥러닝을 이해하고 응용하는 것이 어려워 특히 복잡한 수학 모델로 인해 적지 않은 학생들이 포기한다는 것입니다. 설상가상으로 딥러닝 기술이 급속한 발전을 이루면서 글쓰기와 출판 과정이 매우 복잡하여 딥러닝 심화 과정을 서술한 책을 찾아보기가 힘듭니다. 현재 가장 인기 있는 딥러닝 프레임워크인 TensorFlow에 관한 서적은 더욱 그렇습니다. 이것이 저자가 밤을 새어가며 이 책을 쓰게 된 이유입니다. IT 업계 종사자이자 창업자로서 여러분들이 이 책을 통해 복잡한 수학 공식이 아닌 여러 예제 코드로 딥러닝을 신속하게 배우고 문제를 해결하는 데 많은 도움이 되기를 바랍니다.

2016년 초, 저자와 몇몇의 친구들은 미국 구글에서 사직하고 항저우로 돌아와 기업을 대상으로 인공지능 플랫폼과 솔루션을 제공하는 CaiYun(Caicloud.io)을 공동 창립했습니다. 저자가 중국에 왔을 땐 이미 많은 기업이 TensorFlow에 대해 두터운 관심을 표했습니다. 하지만 이들과 깊은 대화를 나눈 뒤에 저자는 TensorFlow가 사용하기 매우 쉬운 도구임에도 불구하고 당시 모든 기업에서 딥러닝 기술을 제대로 활용할 수 없다는 사실을 발견했습니다. 그리하여 저자는 더 많은 개인과 기업이 딥러닝 기술의 혜택을 누릴 수 있도록 전자공업 출판사의 장춘위 편집장과 단번에 합의해 이 책을 쓰기 시작했습니다.

이 책은 TensorFlow를 통한 딥러닝 구현을 중점으로 소개합니다. TensorFlow 설치를 시작으로 TensorFlow의 기본 개념을 차례대로 설명하고, 궁극적으로 완전 연결 신경망, 합성곱 신경망과 순환 신경망 등 여러 딥러닝 알고리즘을 직접 구현해 볼 것입니다. 이와 동시에 딥러닝 알고리즘에 대한 이론과 해결할 수 있는 문제를 알기 쉽게 설명합니다. 이 책에서 저자는 지루하고 복잡한 수학 공식을 피하고 실제 학습에서의 딥러닝 개념과 TensorFlow 사용법을 소개합니다. 또한, TensorFlow 병렬 처리와 시각화 툴인 TensorBoard, 그리고 GPU를 사용한 TensorFlow 분산 처리 사용법에 대해서도 살펴볼 것입니다.

TensorFlow는 빠르게 성장하고 있는 딥러닝 툴입니다. 이 책은 집필될 당시의 최신 버전인 1.0.0으로 작성되었지만, 책이 출판될 무렵에 구글이 TensorFlow 2.0.0 프리뷰 버전을 발표했습니다. 독자가 이 책의 예제 코드를 여러 버전에서 원활히 실행할 수 있도록 GitHub(https://github.com/caicloud/tensorflow-tutorial)을 통해 소스 코드를 제공하고 있습니다. 저자는 이 책이 독자들에게 큰 도움이 되기를 진심으로 희망합니다. 이 책의 문법 오류나 부정확한 설명에 대해 지적하고 수정할 수 있으며 zeyu@caicloud.io로 이메일을 보내 주시면 감사하겠습니다.

정저위(郑泽宇)

목차

Chapter 01

딥러닝 개요

			15
1.1	인공지능, 머신러닝, 딥러닝		17
1.2	딥러닝의 발전 과정		24
1.3	딥러닝의 응용		28
1.3.1	컴퓨터 비전		28
1.3.2	음성 인식		32
1.3.3	자연어 처리		33
1.3.4	인간 vs 기계 게임		37
1.4	딥러닝 도구 소개 및 비교		38

Chapter 02

TensorFlow
환경 설정

			43
2.1	TensorFlow 주요 의존 패키지		45
2.1.1	Protocol Buffer		46
2.1.2	Bazel		48
2.2	TensorFlow 설치		52

2.2.1	Docker를 이용한 설치	52
2.2.2	pip를 이용한 설치	55
2.2.3	소스 코드를 이용한 설치	57
2.3	**TensorFlow 테스트 예제**	63

Chapter 03

TensorFlow 입문

.... 65

3.1	**TensorFlow 계산 모델 - 계산 그래프**	67
3.1.1	계산 그래프의 개념	68
3.1.2	계산 그래프의 사용	69
3.2	**TensorFlow 데이터 모델 - 텐서**	72
3.2.1	텐서의 개념	72
3.2.2	텐서의 용도	74
3.3	**TensorFlow 실행 모델 - 세션**	75
3.4	**TensorFlow 신경망 구현**	78
3.4.1	TensorFlow 플레이그라운드와 신경망	79
3.4.2	순전파 알고리즘	83
3.4.3	신경망 매개 변수 및 TensorFlow 변수	87
3.4.4	TensorFlow 신경망 모델 학습	93
3.4.5	신경망 학습의 전 과정 예제	98

Chapter 04

심층 신경망

··· 103

4.1	**딥러닝과 심층 신경망**	106
4.1.1	선형 모델의 한계	106
4.1.2	활성화 함수	110
4.1.3	다층 신경망으로 XOR 문제 해결	114
4.2	**손실 함수 정의**	116
4.2.1	전형적인 손실 함수	116
4.2.2	사용자 정의 손실 함수	122
4.3	**신경망 최적화 알고리즘**	125
4.4	**신경망 최적화**	130
4.4.1	학습률 설정	130
4.4.2	오버피팅(Overfitting)	133
4.4.3	이동 평균 모델	138

Chapter 05

MNIST 숫자 인식

··· 141

5.1	**MNIST 데이터 처리**	144
5.2	**신경망 모델 학습 및 비교**	147
5.2.1	TensorFlow 신경망 학습	147
5.2.2	검증 데이터를 사용한 모델 평가	153
5.2.3	모델 성능 비교	155
5.3	**변수 관리**	161
5.4	**TensorFlow 모델 저장 및 불러오기**	167
5.4.1	저장 및 불러오기 코드 구현	167

5.4.2   원리와 데이터 형식   174

5.5   TensorFlow 실행 예제 코드   186

Chapter 06

**이미지 인식과
합성곱 신경망**

                                                  195

6.1   **이미지 인식 문제 및 데이터셋**   198

6.2   **합성곱 신경망 개요**   204

6.3   **합성곱 신경망 구조**   207

6.3.1   합성곱 계층   207

6.3.2   풀링 계층   214

6.4   **합성곱 신경망 모델**   216

6.4.1   LeNet-5   217

6.4.2   Inception-v3   226

6.5   **합성곱 신경망 전이 학습**   230

6.5.1   전이 학습 소개   230

6.5.2   TensorFlow 전이 학습 구현   232

Chapter 07

이미지 데이터 처리

                                                  243

7.1   **TFRecord 입력 데이터 포맷**   246

7.1.1   TFRecord 개요   246

7.1.2   TFRecord 예제   247

7.2	**이미지 데이터 처리**	250
7.2.1	TensorFlow 이미지 처리 함수	250
7.2.2	이미지 전처리 예제	261
7.3	**멀티 스레드를 통한 데이터 처리**	**264**
7.3.1	큐와 멀티 스레드	265
7.3.2	입력 파일 큐	270
7.3.3	배치 처리	273
7.3.4	입력 데이터 처리 프레임워크	277

Chapter 08

순환 신경망

		281
8.1	**순환 신경망 개요**	284
8.2	**장단기 메모리(LSTM) 구조**	290
8.3	**순환 신경망의 변형**	294
8.3.1	양방향 순환 신경망과 심층 순환 신경망	294
8.3.2	순환 신경망의 드롭아웃	296
8.4	**순환 신경망의 응용**	297
8.4.1	언어 모델링	298
8.4.2	시계열 데이터 예측	311

Chapter 09

TensorBoard :
그래프 시각화

.... 317

9.1   **TensorBoard 개요**   320

9.2   **TensorFlow 계산 그래프 시각화**   321

9.2.1   네임스페이스와 TensorBoard 그래프 노드   322

9.2.2   노드 정보   330

9.3   **지표 모니터링**   335

Chapter 10

TensorFlow
계산 가속

.... 343

10.1   **TensorFlow-GPU 사용하기**   346

10.2   **딥러닝 모델의 병렬 학습**   352

10.3   **멀티 GPU 병렬 처리**   355

10.4   **분산식 TensorFlow**   363

10.4.1   분산식 TensorFlow 원리   363

10.4.2   분산 학습   368

CHAPTER

1

딥러닝 개요

1.1 인공지능, 머신러닝, 딥러닝

1.2 딥러닝의 발전 과정

1.3 딥러닝의 응용

1.4 딥러닝 도구 소개 및 비교

딥러닝 개요

1.1 인공지능, 머신러닝, 딥러닝 [1]

컴퓨터가 발명된 이래로 인류는 컴퓨터가 반복된 노동을 대신하길 바라왔다. 현재 컴퓨터는 이미 거대한 저장 공간과 높은 연산 속도를 이용해 인간에겐 몹시 힘들지만 컴퓨터에겐 상대적으로 간단한 문제를 여유롭게 해결한다. 예를 들면 한 권의 책에서 서로 다른 단어들의 출현 횟수를 통계하거나, 도서관의 모든 장서를 저장하거나, 혹은 굉장히 복잡한 수학공식을 계산하는 것 모두 컴퓨터를 통하면 간단히 해결할 수 있다. 또한, 이러한 문제는 자연어 이해, 이미지 인식, 음성 인식 등을 포함한다. 그리고 이것들은 인공지능이 해결해야 할 문제이다.

컴퓨터가 마치 인간처럼 더 지능적인 일을 하기 위해선 이 세상의 많은 정보를 알 필요가 있다. 예를 들어 자율주행 자동차를 실현하기 위해서 컴퓨터는 적어도 길과 장애물을 판단할 수 있어야 한다. 이것은 인간에겐 매우 직관적이지만, 컴퓨터에게는 상당히 어려운 문제이다. 길에도 진흙, 아스팔트, 돌, 흙이 있는데 이렇게 다른 재질로 포장된 길은 컴퓨터가 보기에 차이가 굉장히 크다. 사람이 보기에 매우 직관적인 상식을 어떻게

---

1) Goodfellow I, Bengio Y, Courville A. Deep learning [M]. The MIT 한글 Press, 한글 2016.

컴퓨터에게 습득시킬지에 대한 문제는 인공지능 발전에 있어 크나큰 숙제이다. 초기에 많은 인공지능 시스템은 오직 특정된 환경(specific domain)에서만 적용되었는데, 이러한 특정 환경 아래에서 컴퓨터가 이해해야 할 정보는 매우 쉽고 완벽하게 정의되었다. 예를 들어 IBM의 딥블루(Deep Blue)는 1997년에 체스 세계 챔피언 카스파로프와의 체스 대결에서 승리했다. 체스 프로그램을 만든 것은 인공지능 역사상 중대한 성과이지만, 주요 도전 과제는 컴퓨터에게 체스 규칙을 습득시키는 것뿐만이 아니었다. 체스는 하나의 특정 환경이다. 컴퓨터는 오직 체스 말의 이동 범위와 이동 방법만 이해하면 된다. 비록 컴퓨터는 1997년에 일찍이 체스 세계 챔피언을 꺾을 수 있었지만, 20년이 지난 지금 성인 대부분이 할 수 있는 운전을 컴퓨터가 실현하기란 여간 어려운 일이 아니다.

컴퓨터가 개방 환경(open domain) 하에 더 많은 정보를 습득할 수 있도록 연구진들은 여러 시도를 해왔다. 그중 지식 베이스(Ontology)[2]는 영향력이 매우 큰 분야이다. WordNet은 개방 환경에서 구현된 비교적 크고 영향력 있는 지식 베이스이다. 프린스턴대학(Princeton University)의 Geroge Armitage Miller와 Christiane Fellbaum 교수가 WordNet의 개발을 이끌었으며 11만 7,659개의 동의어 집합(synsets)을 위해 15만 5,287개의 단어가 정리되어 있다. 이러한 동의어 집합에 근거하여 WordNet은 더 나아가 동의어 집합 간의 관계에 대해 정의했다. 이를테면 동의어 집합 '개'는 동의어 집합 '개과동물'에 속하며, 이들 간에 종속관계(hypernyms/hyponyms)[3]가 존재한다. 또한, WordNet을 제외하고 적지 않은 연구진들은 Wikipedia의 데이터를 정리해 지식 베이스를 만드는 데 노력하고 있다. 구글의 지식 베이스가 바로 Wikipedia를 기초로 만들어진 것이다.

지식 베이스를 이용해 컴퓨터에게 인위적으로 정의된 정보를 습득하게 할 수 있지만 지식 베이스를 구축하는 일은 엄청난 인력과 물자를 필요로 하며, 이 방식을 통해 명확하게 정의할 수 있는 정보에 한계가 있다. 모든 정보가 다 컴퓨터가 이해할 수 있는 방식으로 명확하게 정의되는 것이 아니다. 이는 바로 '경험'이다. 예를 들어 우리는 메일 주소, 제목, 내용 등을 종합적으로 고려해서 이 메일이 스팸메일인지 판단한다. 이는 우리

---

2) Ontology 지식 베이스는 때때로 Knowledge Graph라 불린다. Knowledge Graph는 구글이 구축한 지식 베이스를 더 많이 가리키며, Ontology는 지식 베이스의 학문 분야 자체를 더 많이 카리킨다.
3) WordNet에 대한 자세한 내용은 https://wordnet.princeton.edu/ 참조.

가 무수히 많은 스팸메일을 받고 나서 얻은 경험이다. 이런 경험은 고정된 방식으로 표현하기가 매우 어려울 뿐더러 사람마다 판단 기준이 모두 다르다. 그렇다면 어떻게 해야 인간처럼 예전의 경험을 토대로 새로운 지식을 얻을 수 있을까? 이것이 바로 머신러닝이 해결해야 할 과제이다.

카네기멜론대학(Carnegie Mellon University)의 Tom Michael Mitchell 교수가 1997년 출판한 서적 《*Machine Learning*》[4] 중에서 머신러닝에 대한 정의를 내렸는데 학계에서 많은 인용을 했다. 이 정의는 이렇다. "어떤 작업 T에 대한 컴퓨터 프로그램의 성능을 P로 측정했을 때 경험 E로 인해 성능이 향상됐다면, 이 컴퓨터 프로그램은 작업 T와 성능 측정 P에 대한 경험 E로 학습한 것이다". 스팸메일을 분류하는 문제에서 머신러닝의 정의를 해석할 수 있다. 이 문제에서 '프로그램'은 머신러닝 알고리즘, 이를테면 로지스틱 회귀분석; '작업 T'는 스팸메일을 구분하는 작업; '경험 E'는 이미 구분한 메일이 스팸메일인지 아닌지에 대한 예전 메일, 지도 학습에선 훈련 데이터라 부른다; '효과 P'는 스팸메일 구분 작업의 정확도이다.

로지스틱 회귀분석을 이용해 스팸메일을 분류할 때, 먼저 각각의 메일 중에서 분류 결과에 영향을 미칠 요소를 추출해야 한다. 예를 들면 앞에서 말했듯이 발신 메일 주소, 제목 및 내용 등이 있다. 이런 요소를 특징(feature)이라 한다. 로지스틱 회귀분석은 훈련 데이터에서 각 특징과 예측 결과의 관련도를 계산할 수 있다. 예를 들어 스팸메일 분류 문제에서 어떤 메일의 수신인이 많을수록 스팸메일일 확률도 높아짐을 발견할 수 있다. 모르는 메일을 판단할 때, 로지스틱 회귀분석은 이 메일에서 추출한 모든 특징 및 스팸메일과의 관련도에 근거하여 스팸메일인지 판단한다.

대부분의 상황에서 훈련 데이터가 일정한 양에 다다르기 전까진 데이터가 많으면 많을수록 로지스틱 회귀분석이 스팸메일을 더 정확히 가려낼 수 있다. 바꾸어 말하면 스팸메일 분류 문제(작업 T)에서 훈련 데이터(경험 E)가 많아질수록 로지스틱 회귀분석의 정확도(효과 P)는 향상될 수 있다. 대부분의 상황이라 말한 이유는 로지스틱 회귀분석의 효과가 훈련 데이터 외에 데이터에서 추출한 특징에도 의존하기 때문이다. 메일에서 얻은 특

---

4) Mitchell T M, Carbonell J G, Michalski R S. Machine Learning [M]. McGraw-Hill, 2003.

징이 발송 시간뿐이라 가정했을 때, 설령 좀 더 많은 훈련 데이터가 있다 하더라도 로지스틱 회귀분석은 이를 활용할 수 없다. 왜냐하면, 메일 발송 시간과 스팸메일인지 아닌지에 대한 관계가 크지 않을뿐더러 로지스틱 회귀분석이 데이터에서 좀 더 좋은 특징 표현을 습득할 수 없기 때문이다. 이는 다른 전통적인 머신러닝 알고리즘도 수반하는 문제이다.

메일에서 특징을 추출하는 것과 같이 어떻게 실존하는 물체를 수로 표현할 수 있을지는 컴퓨터 과학계에서 굉장히 중요한 문제로 자리매김하였다. 만일 도서관에 있는 도서의 이름을 Excel로 저장하듯이 구조화한다면 검색을 통해 원하는 도서가 비치되어 있는지 매우 쉽게 알 수 있다. 만약 비구조화적인 이미지로 저장한다면 도서명으로 찾는 작업은 훨씬 더 어려워질 것이다. 비슷한 이치로, 특징 추출 방법은 전통적인 머신러닝의 성능을 좌지우지한다. [그림 1-1]에서 데이터가 카테시안 좌표(cartesian coordinates)로 표현되는 경우에 다른 색상의 점들은 하나의 직선으로 나눌 수 없지만, 이 점들을 극 좌표계(polar coordinates)에 대응하면 매우 쉽게 나눌 수 있다. 같은 데이터라도 다른 표현 방식을 이용하면 문제 난이도가 달라진다. 데이터 표현 및 특징 추출을 해결했다면 많은 인공지능 작업의 90%는 해결된 것이다.

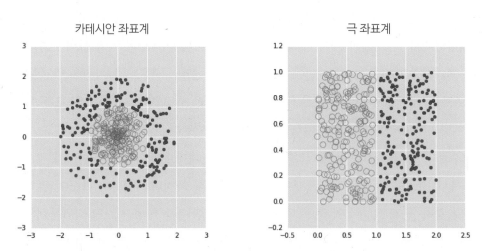

【그림 1-1】 서로 다른 데이터 표현식은 직선을 사용하여 다른 색상의 점을 구분하는 데 영향을 준다.

그러나 수많은 머신러닝 문제에 있어서 특징 추출은 간단하지 않은 일이다. 복잡한 문제의 경우 수작업으로 효과적인 특징 집합을 설계하는데 많은 시간과 노력이 필요하며, 때로는 전체 분야에서 수십 년간의 연구 투자가 이루어질 수도 있다. 예를 들어 다량의 사진에서 자동차를 식별하려고 한다. 우리 모두 차에 바퀴가 달려 있다는 사실을 알기에 '사진 속 바퀴 출현 여부'라는 특징을 추출하는 것이 바람직하다. 그러나 사실 그림의 픽셀에서 바퀴의 패턴을 알아채는 것은 매우 어렵다. 바퀴의 모양은 매우 단순하지만, 실제 사진에서는 바퀴에 자동차 몸체의 그림자가 비치거나 금속 액슬이 반사되거나 주변의 물체가 바퀴의 일부를 가릴 수도 있다. 실제 그림의 다양한 불확실성 요소들로 인해 특징을 직접 추출하기가 어렵다.

그렇다면 물체에서 특징을 자동 추출할 수 있을까? 물론 가능하다. 딥러닝 솔루션의 핵심 쟁점 중 하나는 간단한 특징을 보다 복잡한 특징에 자동으로 조합해서 얻은 특징을 사용하여 문제를 해결하는 것이다. 딥러닝은 머신러닝의 한 분야로, 특징과 작업 간의 관계를 학습하는 것 외에도 간단한 특징에서 더 복잡한 특징을 자동으로 추출한다. [그림 1-2]는 딥러닝 과정과 전통적인 머신러닝 과정 간의 차이를 보여 준다. [그림 1-2]에서 볼 수 있듯이 딥러닝 알고리즘은 데이터에서 더 복잡한 특징을 학습하여 궁극적으로 학습을 보다 쉽고 효율적으로 수행할 수 있다. [그림 1-3]은 딥러닝을 통해 이미지 분류 문제를 해결하는 구체적인 예를 보여 준다. 딥러닝은 심플한 특징을 레이어 단위의 복잡한 특징으로 점차 변형시켜 서로 다른 카테고리의 이미지를 분류할 수 있게 한다. 예를 들어 [그림 1-3]에서 딥러닝 알고리즘은 이미지의 픽셀 특징에서 선, 모서리, 각도, 단순한 모양 및 복잡한 모양과 같은 보다 효과적이면서 복잡한 특징을 단계적으로 조합한다.

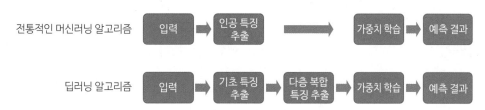

【그림 1-2】 전통적인 머신러닝과 딥러닝의 과정 차이

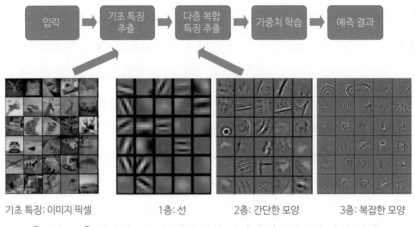

기초 특징: 이미지 픽셀   1층: 선   2층: 간단한 모양   3층: 복잡한 모양

【그림 1-3】 이미지 분류 문제에 대한 딥러닝 알고리즘의 과정 예시

초기의 딥러닝은 신경 과학에서 영감을 얻었으며 그 사이에는 매우 밀접한 관계가 있다. 신경과학 분야의 과학자들의 발견은 딥러닝이 수많은 인공지능 과제를 감당할 수 있을 것이란 믿음을 줬다. 신경과학자들은 쥐의 시각 신경을 청각 중추에 연결하면 청각 중추를 통해 세계를 '볼 수 있음'을 발견했다. 이는 포유동물의 뇌가 많은 영역으로 나뉘어 있지만, 이들 영역의 학습 메커니즘은 유사하다는 것을 보여 준다. 이 가설이 검증되기 전에 머신러닝 연구자들은 일반적으로 서로 다른 프로젝트에 대해 각기 다른 알고리즘을 설계했다. 그리고 오늘날까지 학술 기관의 머신러닝 분야는 자연어 처리, 컴퓨터 비전 및 음성 인식과 같은 여러 실험실로 구분되었다. 딥러닝의 다양성 때문에 딥러닝 연구자는 이따금 여러 연구 방향으로 확장할 수 있으며 심지어 모든 연구 방향에서 활발하게 활동할 수 있다. 다음 1.3절에서는 여러 방향에서의 딥러닝 적용에 대해 자세히 설명한다.

딥러닝 분야의 연구자들은 머신러닝 분야에 비해 뇌의 메커니즘에 의한 영감을 더 받았으며, 언론에서는 딥러닝 알고리즘과 뇌 메커니즘 간의 유사점을 자주 강조하지만 현대의 딥러닝 발전은 뉴런과 뇌 메커니즘에 구애받지 않는다. 인간 두뇌를 모방하는 것은 더 이상 딥러닝 연구의 지배적인 방향이 아니다. 우리는 딥러닝이 인간의 두뇌를 모방하려는 것이라고 생각해서는 안 된다. 현재 인간 두뇌의 학습 메커니즘에 대한 이해만으로는 현재의 딥러닝 모델에 대한 지침을 제공하기에 아직 충분치 않다.

현대의 딥러닝은 신경과학의 관점을 초월했으며, 신경망에서 영감을 얻지 않은 머신러닝 프레임워크라 할지라도 이를 적용할 수 있다. 물론 알고리즘 수준에서 두뇌 메커니즘을 이해하려고 노력하는 연구 분야가 있다. 이는 딥러닝 분야와는 다르며 '전산 신경과학(computational neuroscience)'이라고 불린다. 딥러닝 분야는 인공지능에서 직면한 문제를 해결하기 위한 지능형 컴퓨터 시스템을 구축하는 방법에 중점을 둔다. 반면에 전산 신경과학은 보다 정확한 모델을 만들어 인간 두뇌의 작업을 시뮬레이션하는 방법을 주로 연구한다.

전반적으로 인공지능, 머신러닝 및 딥러닝은 서로 관련성이 높은 영역이다. 그림 1-4는 이들 사이의 관계를 나타낸다. 인공지능은 매우 광범위한 문제이며 머신러닝은 이러한 문제를 해결하는 중요한 수단이다. 딥러닝은 머신러닝의 한 분야이다. 수많은 인공지능 과제에서 딥러닝은 전통적인 머신러닝의 병목 현상을 해결하고 인공지능의 개발을 촉진한다.

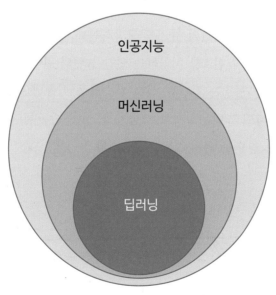

【그림 1-4】인공지능, 머신러닝 및 딥러닝의 관계도

1.2 딥러닝의 발전 과정

많은 독자는 딥러닝이 새로운 기술이라 생각할 것이다. 그렇기에 '딥러닝의 역사'라 하면 다소 놀랄 수도 있겠다. 사실 잘 알려진 '딥러닝'은 기본적으로 심층 신경망의 대명사이며, 신경망 기술은 1943년으로 거슬러 올라간다. 딥러닝이 새로운 기술이라 여겨지는 이유 중 하나는 21세기 초에 인기가 없었기 때문이다. 신경망의 역사는 대략 세 시기로 나눌 수 있는데, 이번 절에서 간단히 소개한다.

초기의 신경망 모델은 뇌의 학습 메커니즘을 모방한 머신러닝과 유사했다. 최초의 신경망은 1943년에 워렌 맥컬록(Warren McCulloch) 교수와 월터 피츠(Walter Pitts) 교수가 쓴 논문인 〈*A logical calculus of the ideas immanent in nervous activity*〉[5]에서 제안된 수학적 모델이다. 맥컬록 교수와 피츠 교수는 인간의 뉴런을 시뮬레이션해서 맥컬록-피트 뉴런(McCulloch–Pitts Neuron)을 제안했다. [그림 1-5]는 인간의 뉴런과 맥컬록-피트 뉴런을 비교한 것이다. 맥컬록-피트 뉴런은 인간의 뉴런을 모방하는데, 둘 다 입력을 받아 변환한 후에 결과를 출력한다. 아직 입력 신호를 처리하는 인간 뉴런의 원리는 완전히 알아내진 못했지만, 맥컬록-피트 뉴런 구조는 간단한 선형 가중합을 이용해 변환을 대신한다. n개의 입력을 받은 맥컬록-피트 뉴런은 n개의 가중치 $w_1, w_2, \cdots, w_n$를 통해 n개 입력의 가중합을 계산하고 임계값 함수를 거쳐 0 또는 1의 결과를 출력한다.

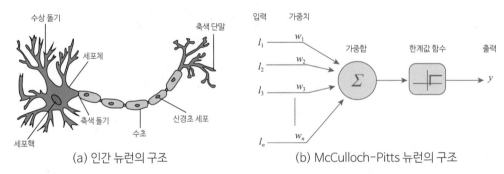

(a) 인간 뉴런의 구조   (b) McCulloch-Pitts 뉴런의 구조

【그림 1-5】 인간 뉴런의 구조와 McCulloch-Pitts 뉴런의 구조

---

5) McCulloch W, Pitts W. A Logical Calculus of the Ideas Immanent in Nervous Activity [J]. Bulletin of Mathematical Biophysics Vol 5, 1943.

맥컬록-피트 뉴런이 실제 문제를 해결하는 방법을 보여 주는 구체적인 예로 스팸메일 필터링이 있다. 메일에서 추출된 n개의 특징값을 먼저 맥컬록-피트 뉴런의 입력으로 받고 가중합과 임계값 함수를 거쳐 0 또는 1의 결과를 얻는다. 여기서 0은 스팸메일, 1은 정상적인 메일을 의미한다.

이러한 방법으로 스팸메일을 정확하게 가려내려면 McCulloch-Pitts 뉴런 구조의 가중치에 대한 특정값을 설정해야 한다. 가중치를 사람이 직접 설정할 수도 있지만, 인간의 경험을 통해 가중치를 설정하는 것은 귀찮을 뿐더러 최적의 결과를 얻기 어렵다. 컴퓨터가 스스로 적당한 가중치를 설정할 수 있도록 하기 위해 Frank Rosenblatt 교수는 195년에 퍼셉트론(perceptron)을 고안했다. 퍼셉트론은 샘플 데이터를 기반으로 특징 가중치를 학습하는 첫 모델이다. McCulloch-Pitts Neuron 구조와 퍼셉트론 모델은 현대 머신러닝에 지대한 영향을 미쳤지만 한계가 있다.

Marvin Minsky 교수와 Seymour Papert 교수가 1969년에 출판한 책《Perceptrons: An Introduction to Computational Geometry》에서 퍼셉트론 모델은 선형 분리가 가능한 문제밖에 해결할 수 없다는 것을 증명했다. 게다가 퍼셉트론 모델로는 XOR 문제를 해결할 수 없다고 언급했다. 또한, 당시의 컴퓨터 성능으로써는 다층 신경망을 실현하는 것이 불가능하다고 지적했다. 이로 인해 학계에서 머신러닝 모델은 비난의 대상이 되었다. 이 책에서 Marvin Minsky 교수와 Seymour Papert 교수는 "퍼셉트론 기반의 연구는 성공할 수 없다"라는 결론을 내렸다. 이로써 뉴럴 네트워크는 첫 번째 슬럼프에 빠졌고 향후 10년간 신경망 기반 연구가 거의 정체 상태에 있었다.

1980년대 말, 신경망 연구의 두 번째 물결이 분산 표현(distributed representation) 및 신경망 역전파 알고리즘에 의해 일어났다. 분산 표현의 핵심 아이디어는 다수의 뉴런을 통해 현실 세계의 지식과 개념을 표현하는 것이며, 각각의 뉴런 또한 여러 개념의 발현에 관여한다. 예를 들어 여러 색상과 종류의 자동차를 식별하는 시스템을 설계하려는 경우 두 가지 방법이 있다. 첫 번째 방법은 모델의 각 뉴런이 색상과 자동차 모델(예: 흰색 자동차)의 조합에 맞게 모델을 설계하는 것이다. 즉 n개의 색상, m개의 모델이 있으면 $n \times m$개의 뉴런이 필요하다. 또 다른 방법은 일부 뉴런이 '흰색'과 같은 색상만을 담당하고 일부 뉴런은 '승용차'와 같은 자동차 모델만을 담당한다. 이렇게 하면 '흰색 승용차'의 개념은 두 뉴런의 조합으로 표현할 수 있다. 게다가 '빨간 트럭'이 훈련 데이터에 없다 하더라도, 모델이 '빨간색'과 '트럭'이란 개념을 별도로 학습하면 '빨간 트럭'이란 개념 또한 습득할 수 있다. 분산 표현 방식은 모델의 성능을 크게 향상하고 신경망을 더 깊은 곳으로 인도했다. 이것은 나중에 딥러닝을 위한 토대를 마련했다. 4장에서는 심층 신경망을 통해 XOR 문제와 같은 선형 분리가 불가능한 문제를 해결할 수 있음을 설명한다.

선형 분리가 불가능한 문제를 해결하는 것 외에도 1980년대 후반에 신경망 학습의 계산 복잡도를 줄이는 데 획기적인 성과를 얻었다. 1986년, David Everett Rumelhart, Geoffrey Everest Hinton과 Ronald J. Williams가 네이처에 발표한 〈*Learning Representations by Back-propagating errors*〉에서 역전파 알고리즘(back propagation)이 처음으로 알려졌다. 이 알고리즘은 신경망을 훈련시키는 시간을 대폭 낮췄다. 오늘날까지 역전파 알고리즘은 여전히 신경망 학습에 많이 쓰이는 알고리즘이다. 신경망 학습 알고리즘의 개선과 동시에, 컴퓨터의 성능 역시 1970년대에 비해 1980년대에 비약적으로 발전했다. 그래서 신경망 연구는 1980년대 후반부터 1990년대 초반까지 절정에 이르렀다. 현재 사용되는 신경망 구조 중 일부(CNN, RNN)는 이 시기에 매우 발전했다. 1991년, Sepp Hochreiter 교수와 Juergen Schmidhuber 교수가 고안해 낸 LSTM(long short-term memory) 모델은 문장이나 기사와 같은 긴 시계열 데이터를 효과적으로 모델링할 수 있다. 오늘날까지 LSTM은 자연어 처리, 기계 번역, 음성 인식, 시계열 분석 등의 문제를 해결하는 가장 효과적인 방법이다. 순환 신경망과 LSTM 모델은 8장에서 자세히 설명한다.

신경망의 발전과 동시에 전통적인 머신러닝 또한 많은 진전이 있었는데, 1990년대 말에 점차 신경망을 능가하여 머신러닝 분야에서 가장 많이 쓰이는 방법이 되었다. 필기 인식을 예로 들자면, 서포트 벡터 머신(support vector machine, SVM)을 사용하는 알고리즘은 1998년에 오류율을 0.8%까지 낮출 수 있었다. 이 정확도는 당시의 신경망으로써는 불가능한 일이었다. 이것에는 두 가지 주된 이유가 있다. 첫째, 신경망 알고리즘이 개선되었지만 당시의 컴퓨터 리소스로 심층 신경망을 학습시키는 것은 여전히 어려웠다. 둘째, 당시의 데이터 양은 상대적으로 적어서 심층 신경망을 제대로 활용할 수 없었다.

2010년까지 클라우드 컴퓨팅, GPU의 등장 및 컴퓨터 성능 개선으로 인해, 신경망을 개발함에 있어 계산량은 더 이상 문제가 되지 않았다. 이와 동시에 인터넷의 발전으로 빅데이터 수집 또한 어렵지 않게 되었다. 이로써 신경망 개발에 직면한 난제 중 일부를 해결했으며 새로운 국면을 맞이했다. 2012 ImageNet이 주최한 이미지넷 챌린지(ImageNet Large Scale Visual Recognition Challenge, ILSVRC)에서 Alex Krizhevsky 교수가 구현한 딥러닝 모델인 AlexNet이 우승을 차지했다. 그 이후로 딥러닝은 심층 신경망의 아이콘으로 잘 알려지게 되었다. 딥러닝의 발전은 AI의 새로운 시대를 열었다. [그림 1-6]은 'deep learning'이라는 단어에 대한 지난 10년간의 Google 검색어 동향을 보여 준다. 2012년부터 딥러닝의 열기가 기하급수적으로 상승하다 2016년이 되어서 딥러닝이 Google에서 가장 인기 있는 검색어가 되었다. 2013년에 딥러닝은 MIT가 선정한 올해의 10대 기술 혁신 중 하나[6]라고 명명되었다. 오늘날 딥러닝은 최초의 이미지 인식에서 시작해 머신러닝의 모든 영역으로 확대되었다.

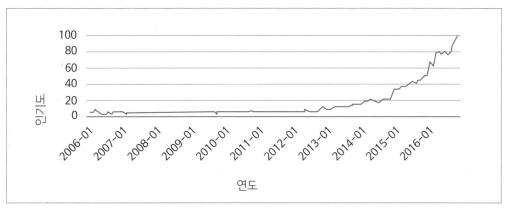

【그림 1-6】 deep learning에 대한 Google 검색어 동향

(위 사진은 구글 트렌드에서 가져옴: https://www.google.com/trends/, 0~100 등급으로 나누었다: 0은 가장 인기 없는 검색어, 100은 가장 인기 검색어)

---

6) https://www.technologyreview.com/lists/technologies/2013/

1.3 딥러닝의 응용

딥러닝은 이미지 인식에서 최초로 등장했지만 몇 년 만에 다양한 머신러닝 분야로 그 영역을 넓혀 갔다. 오늘날 딥러닝은 이미지 인식, 음성 인식, 오디오 프로세싱, 자연어 처리, 로봇 공학, 생물 정보학, 화학, 컴퓨터 게임, 검색 엔진, 온라인 광고, 의학 및 금융 등 수많은 머신러닝 분야에서 활약하고 있다. 이 절에서는 일부 딥러닝의 응용을 골라 자세히 소개한다. 그러나 딥러닝의 응용은 여기서 설명한 분야에만 국한되지 않으며 각 분야의 응용도 열거된 측면에만 국한되지 않는다.

1.3.1 컴퓨터 비전

컴퓨터 비전은 딥러닝 기술이 획기적인 업적을 달성한 첫 분야이다. 1.2절에서 언급 했듯이, 2012 ILSVRC(ImageNet Large Scale Visual Recognition Challenge)에서 우승한 AlexNet 덕분 에 딥러닝은 학계의 광범한 관심을 불러일으켰다. 컴퓨터 비전 분야에 큰 영향을 끼친 ILSVRC는 ImageNet이 주최하며 이미지 데이터셋 기반의 이미지 인식 기술 대회이다.

[그림 1-7]은 ILSVRC 대회의 역사를 보여 준다. 딥러닝 기술이 쓰이기 전까지만 해도 전통적인 컴퓨터 비전 접근 방법의 Top5 최저 오류율은 26%나 되었다[7]. 또한, 2011년 이 되어서도 전통적인 머신러닝을 기반으로 한 알고리즘의 정확도가 크게 향상되지 않 았다. 그리고 2012년에 Hinton 교수의 연구팀은 딥러닝 기법을 사용해 ImageNet 이미지 분류의 오류율을 16 %로 대폭 줄였다. 더 나아가 AlexNet 딥러닝 모델을 시작으로 2013 년 대회에서 상위 20개 알고리즘은 모두 딥러닝 알고리즘이 사용되었다. 그리고 이후의 모든 참가자들은 ILSVRC에서 딥러닝 알고리즘만을 사용했다.

2012년부터 2015년까지 딥러닝 알고리즘에 대한 지속적인 연구를 통해 ImageNet 이미

---

7) ImageNet 이미지 분류 문제에서 대부분의 연구는 Top5 오류율을 기준으로 모델을 평가한다. 6장에서 자세히 소개한다.

지 분류의 오류율은 연간 4%씩 꾸준히 감소했다. 이는 딥러닝이 이미지 분류에서 전통적인 머신러닝 알고리즘의 병목 현상을 완전히 제거하고 이미지 분류에 탁월한 효과를 갖음을 의미한다. [그림 1-7]에서 볼 수 있듯이 2015년에 이미 딥러닝 알고리즘의 오류율은 4%로 인간의 능력(5%)을 넘어섰으며 컴퓨터 비전 연구 분야에서 획기적인 성과를 거두었다.

ImageNet 데이터셋에서 딥러닝은 이미지를 분류할 뿐만 아니라 물체를 정확히 인식한다. 물체 인식은 이미지 분류보다 어렵다. 이미지 분류는 어떤 물체가 이미지에 포함됐는지 판단하면 되지만, 물체 인식은 물체의 특정 위치까지 알아내야 한다. 게다가 하나의 이미지에서 식별해야 할 물체가 여러 개 나타날 수도 있다. [그림 1-8]은 ILSVRC 2013 물체 인식 데이터셋의 일부 샘플 사진이다. 각 사진에서 식별할 수 있는 모든 물체는 다른 색상의 경계 박스(bounding box)로 표시됐다. 2013년 전통적인 머신러닝 알고리즘의 mAP(mean average precision)는 0.23이었지만[8], 2016년에는 6가지의 다른 딥러닝 모델을 사용하는 앙상블 알고리즘이 mAP를 0.66[9]까지 끌어올렸다.

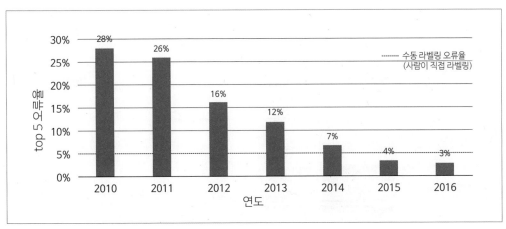

【그림 1-7】 ILSVRC 이미지 분류 대회 역대 최저 에러율

---

8) http://image-net.org/challenges/LSVRC/2013/index#task
9) http://image-net.org/challenges/LSVRC/2016/results

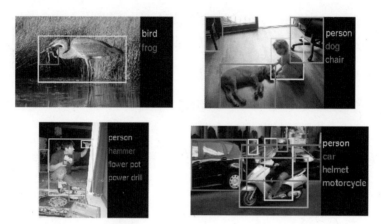

【그림 1-8】 ILSVRC 2013 물체 인식 데이터셋 중 샘플 사진[10]

산업에서도 다양한 제품에 이미지 분류 및 물체 인식을 적용했다. 대표적으로 Google은 이미지 분류 및 물체 인식 기술을 자율주행차, YouTube, 구글맵, 이미지 검색 등에 도입했다. [그림 1-9]는 구글 이미지 검색을 통해 동물을 식별한 결과를 보여 준다. 구글은 이미지 처리 기술을 통해 이미지의 주요 내용을 요약하여 이미지 검색 기능을 구현했다.

【그림 1-9】 구글 이미지 검색을 통해 동물을 식별한 결과

(구글 이미지 검색에 위의 사진을 업로드하면 '파란 눈을 가진 허스키'라는 결과가 나타난다. 눈이 푸른 색인지 여부를 확인할 수는 없지만 개의 품종을 매우 정확하게 식별해 낼 수 있다.)

---

10) http://image-net.org/challenges/LSVRC/2013/

물체 인식 중에서도 얼굴 인식은 매우 널리 사용되는 기술이다. 엔터테인먼트 업계뿐만 아니라 보안 및 재난 안전 분야에도 적용할 수 있다. 엔터테인먼트 업계에서 얼굴 인식 기반의 카메라 자동 초점과 자동 보정은 카메라 어플의 필수 기능이 되었다. 보안 및 재난 안전 분야에선 얼굴 인식 애플리케이션으로 업무 효율성을 크게 향상되고 인건비를 절감했다. 예를 들어 인터넷 금융 업계에선 대출 리스크를 통제하기 위해 가입 또는 대출 시에 고객의 신원 확인은 매우 중요하다. 즉 고객이 제공한 신분증과 고객이 동일한 사람인지 확인하는 것이다. 이 과정은 얼굴 인식 기술을 통해 보다 효율적으로 구현될 수 있다.

딥러닝이 널리 적용되기 전에는 기존의 머신러닝 기술이 얼굴 인식의 요구 사항을 충족시키지 못했다. 얼굴 인식의 최대 난제는 서로 다른 얼굴이라도 차이가 거의 없다는 것에 있다. 때로는 동일인의 얼굴이라 할지라도 조명, 자세 혹은 표정에 따른 차이가 다른 사람과의 생김새 차이보다 더 클 수 있다. 전통적인 머신러닝으로는 이런 차이를 따라가지 못한다. 반면에 딥러닝 기술은 많은 양의 데이터에서 보다 확실한 얼굴 특징을 스스로 습득하여 이 문제를 해결할 수 있다. 딥러닝 알고리즘에 기반한 모델 DeepID2는 얼굴 인식 데이터셋 LFW[11](Labeled Faces in the Wild)에서 99.47%의 정확도를 달성했다.

컴퓨터 비전 분야에서 광학 문자 인식(optical character recognition, OCR)은 초기에 딥러닝을 적용한 분야 중 하나이다. 이른바 광학 문자 인식은 숫자, 기호, 한자 등의 영상 및 이미지를 기계가 이해할 수 있는 텍스트 형식으로 변환하는 것이다. 일찍이 1989년 초, Yann LeCun 교수는 손으로 쓴 우편번호 인식 문제에 합성곱 신경망을 적용해 95%에 가까운 정확도를 낸 논문 〈*Backpropagation Applied to Handwritten Zip Code Recognition*〉을 발표했다. MNIST 손글씨 숫자 인식 데이터셋에서 최신 딥러닝 알고리즘은 99.77%의 정확도를 달성했는데, 이는 이미 인간의 능력을 뛰어넘었다. 5장에서는 MNIST 손글씨 숫자 인식 데이터셋에 대해 자세히 설명한다.

광학 문자 인식은 산업에서도 널리 사용된다. 2000년대 초, Yann LeCun 교수는 은행 수표를 식별하기 위해 합성곱 신경망 기반의 손글씨 숫자 인식 시스템을 도입했다. 이

---

11) http://vis-www.cs.umass.edu/lfw/

시스템은 2000년 쯤에 이미 미국 전체 수표의 10~20%를 처리했다[12]. 구글은 구글맵 개발에 숫자 인식 기술을 도입했다. 구글의 디지털 인식 시스템은 구글 스트릿뷰에서 몇 자리의 숫자든 인식할 수 있으며 SVHN 데이터셋[13]에서 96 %의 정확도를 얻을 수 있다[14]. 2013년까지 구글은 이 시스템을 통해 1억 개 이상의 집 번호를 추출하여 구글맵 개발 속도를 크게 높이고 막대한 인건비를 절약할 수 있었다. 또한, 구글에서의 광학 문자 인식 기술의 적용은 숫자 인식에 국한되지 않는다. 구글 도서는 책 내용을 검색할 수 있도록 문자 인식 기술을 통해 종이책을 스캔해 e-book으로 변환했다.

1.3.2 음성 인식

음성 인식 분야에서의 딥러닝 또한 큰 성과를 거두었다. 2009년에 딥러닝은 음성 인식 분야에 도입되어 지대한 영향을 미쳤다. TIMIT[15] 데이터셋에 대한 가우시안 혼합 모델(gaussian mixture model, GMM)의 오류율 21.7%를 딥러닝 모델을 사용해 단기간에 17.9%까지 감소시켰다. 이러한 큰 폭의 향상은 학계와 산업계에서 많은 주목을 받았다. 2010년부터 2014년까지 음성 인식 분야의 양대 학술 컨퍼런스인 IEEE-ICASSP와 Interspeech에서 딥러닝 자료가 해마다 증가 추세를 보였다. IBM, BAIDU, 네이버, 카카오, 삼성, LG 등의 국내외 IT 대기업들도 이제 구글의 Google Now, 애플의 Siri, Microsoft의 Xbox와 Skype와 같은 딥러닝 기반의 음성 인식 관련 소프트웨어를 제공한다.

구글이 2009년에 출시한 음성 인식 애플리케이션은 학계에서 이미 30년이나 연구한 가우시안 혼합 모델을 사용했다. 2012년에 이르러 딥러닝 음성 인식 모델은 가우시안 혼합 모델을 대체했으며 구글 음성 인식 오류율을 20%까지 성공적으로 줄였다. 이는 수년 간의 연구를 뛰어넘는 수치이다. Microsoft는 수많은 실험을 통해 딥러닝을 적용한 알고리즘이 가우시안 혼합 모델을 사용하는 알고리즘보다 방대한 양의 데이터로부터 더 많

12) *Deep Learning and the Future of AI.* https://indico.cern.ch/event/510372/
13) SVHN 데이터셋은 스탠포드대학의 공공 데이터셋이다. http://ufldl.stanford.edu/housenumbers/
14) Goodfellow I J, Bulatov Y, Ibarz J, et al. *Multi-digit Number Recognition from Street View Imagery using Deep Convolutional Neural Networks* [J]. Computer Science, 2013.
15) https://catalog.ldc.upenn.edu/ldc93s1

은 이점을 얻을 수 있다는 것을 알아냈다. 즉 데이터 양이 증가함에 따라 딥러닝 모델의 정확성은 가우시안 혼합 모델보다 높아진다[16]. 이에 대한 주된 이유는 딥러닝 모델이 빅 데이터로부터 더 정교하고 효율적으로 특징을 자동 추출할 수 있기 때문이다. 따라서 가우시안 혼합 모델처럼 수동으로 특징을 추출할 필요가 없다.

딥러닝에 기반한 음성 인식은 다양한 분야에 적용되어 왔으며 가장 잘 알려진 것은 애플의 Siri일 것이다. Siri는 사용자의 음성 입력에 따라 해당 작동 기능을 수행할 수 있어 사용자의 사용을 크게 용이하게 한다. 현재 Siri는 한국어를 비롯한 21개 국어를 지원하고 있다. Siri와 마찬가지로 구글도 안드로이드(Android)에서 구글 음성 검색(Google Voice Search)을 시작했다. 음성 인식을 성공적으로 적용한 또 다른 시스템은 Microsoft의 동시 통역 시스템이다. 2012년에 열린 MS 아시아 연구소(Microsoft Research Asia, MSRA)의 21세기 컴퓨팅 컨퍼런스(21st Century Computing)에서 Microsoft 수석 부사장인 Richard Rashid는 Microsoft가 개발한 영중 동시 통역 시스템을 시연했다[17]. 이 프리젠테이션은 많은 주목을 받았으며 YouTube에서 조회 수 100만을 넘겼다. 동시 통역 시스템은 입력된 음성을 식별할 뿐만 아니라 인식 결과를 다른 언어로 번역해서 나온 결과를 음성 합성을 통해 출력해야 한다. 이처럼 딥러닝의 발전과 함께 음성 인식, 기계 번역 및 음성 합성은 기술적으로 엄청난 발전을 이루었다. Microsoft에서 개발한 동시 통역 시스템은 오늘날 Skype에 쓰이고 있다.

1.3.3 자연어 처리

딥러닝은 자연어 처리 분야에서도 똑같이 널리 사용된다. 지난 몇 년 동안 언어 모델링(language modeling), 기계 번역, 품사 결정(part-of-speech tagging), 개체명 인식(named entity recognition, NER), 감정 분석(sentiment analysis), 광고 추천 및 검색 정렬 등의 방향으로 큰 발전을 유도했다. 딥러닝은 컴퓨터 비전 및 음성 인식과 마찬가지로 더 지능적이고 스스로

---

16) Li D. *Achievements and Challenges of Deep Learning* [J]. Apsipa Transactions on Signal & Information Processing, 2015.
17) http://v.youku.com/v_show/id_XNDcyOTUwNjMy.html

복잡한 특징을 추출함으로써 많은 성과를 이뤘다. 자연어 처리 분야에서 특징 추출에 있어 가장 중요한 기법은 워드 임베딩(word embedding)이다. 워드 임베딩은 위의 자연어 처리 문제를 해결하기 위한 딥러닝의 기초이다[18)19)].

자연어 처리 분야에서 가장 골치 아픈 문제는 수없이 많은 단어가 비슷한 뜻을 내포하고 있다는 점이다. 예를 들어 '개'와 '견(犬)'은 거의 동일한 의미를 나타낸다. 그러나 '개'와 '견'은 컴퓨터의 코드에서 크게 다를 수 있으므로 컴퓨터는 자연어로 표현된 의미를 잘 이해할 수 없다. 이 문제를 해결하기 위해 학자들은 직접 지식 베이스를 만들었다. 이 데이터 베이스를 통해 단어 간의 관계를 대략적으로 설명할 수 있다. WordNet[20)], ConceptNet[21)] 및 FrameNet[22)]은 구축된 지식 베이스 중 비교적 영향력 있는 곳이다. 그러나 지식 베이스를 구축하려면 많은 인력과 자원이 필요하며 확장 능력도 제한적이다.

워드 임베딩은 각 단어를 상대적으로 낮은 차원(예를 들어 100차원 또는 200 차원)의 벡터로 나타낸다. 유사한 의미를 가진 단어의 경우, 해당하는 워드 임베딩의 거리 또한 가까워야 한다. 따라서 단어 간의 유사도는 거리에 의해 묘사할 수 있다. 워드 임베딩은 수동으로 설정할 필요가 없으며, 라벨링되지 않은 인터넷의 수많은 텍스트에서 학습해 얻을 수 있다. 스탠포드대학의 오픈 소스인 GloVe[23)] 워드 임베딩을 통해 frog(개구리)와 가장 유사한 다섯 개의 단어로 frogs(개구리 복수형), toad(두꺼비), litoria(오스트레일리아 청개구리속), leptodactylidae(긴 발가락 개구리과)와 rana(개구리속)를 볼 수 있다. 이처럼 워드 임베딩은 단어가 내포한 의미를 매우 효과적으로 나타낼 수 있다. 또한, 워드 임베딩을 통해 단어 간의 연산을 수행할 수 있다. 예를 들어 king(왕)을 나타내는 벡터에 man(남성)을 나타내는 벡터를 뺀 결과와 queen(여왕)에 woman(여성)을 뺀 결과는 서로 비슷하다. 이는 단어에 성별의 개념이 내포되었음을 보여 준다.

자연어에 대한 더 나은 추상화와 표현 기법을 통해 딥러닝은 자연어 처리 분야에서

---

18) Mikolov T, Sutskever I, Chen K, et al. *Distributed Representations of Words and Phrases and their Compositionality* [J]. Advances in Neural Information Processing Systems, 2013, 26.
19) Collobert R, Weston J, Bottou L, et al. *Natural Language Processing (Almost) from Scratch* [J]. Journal of Machine Learning Research, 2011.
20) https://wordnet.princeton.edu/
21) http://conceptnet5.media.mit.edu/
22) https://framenet.icsi.berkeley.edu/fndrupal/
23) http://nlp.stanford.edu/projects/glove/

많은 진전이 있었다. 기계 번역이 대표적인 예다. [그림 1-10]은 Google 번역에서 제공하는 전통 알고리즘 및 딥러닝 알고리즘으로 번역된 여러 언어쌍의 품질을 비교한 것이다. 딥러닝 알고리즘은 모든 언어쌍에 대해 번역 품질을 크게 향상시킬 수 있다. Google의 실험 결과에 따르면, 딥러닝을 사용하면 주요 언어쌍의 기계 번역 품질을 55~85% 높일 수 있다고 한다. [표 1-1]은 동일한 문장을 여러 방법으로 번역한 것이다. 여기서 딥러닝 알고리즘 기반의 번역 결과가 정확한 것을 볼 수 있다.

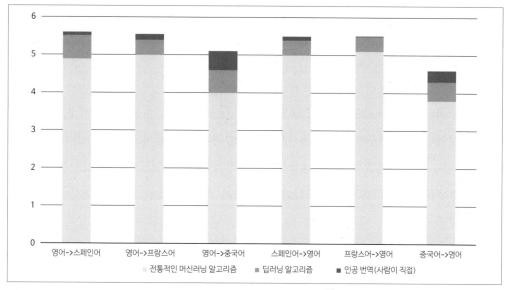

【그림 1-10】 여러 언어쌍에 대한 번역 품질[24] (0은 최하, 6은 최상)

---

24) https://research.googleblog.com/2016/09/a-neural-network-for-machine.html

【표 1-1】 알고리즘에 따른 번역 품질 비교[25)]

원문	리커창은 이번 방문 동안 캐나다의 트뤼도 총리와 회담을 가짐으로써 앞으로 매년 개최될 중국-캐나다 총리 간 연례 회담의 시작을 알릴 것이다.
전통적인 머신러닝 알고리즘 기반의 번역 결과	Li Keqiang premier added this line to start the annual dialogue mechanism with the Canadian Prime Minister Trudeau two prime ministers held its first annual session.
딥러닝 알고리즘 기반의 번역 결과	Li Keqiang will start the annual dialogue mechanism with Prime Minister Trudeau of Canada and hold the first annual dialogue between the two premiers.
사람의 번역 결과	Li Keqiang will initiate the annual dialogue mechanism between premiers of China and Canada during this visit, and hold the first annual dialogue with Premier Trudeau of Canada.

감정 분석의 핵심은 글에서 글쓴이가 평가의 주체에 대해 긍정적인지 부정적인지 판단하는 것이다. 감정 분석은 산업에서 매우 광범위하게 사용되고 있다. 서비스업과 제조업의 경우, 서비스 혹은 상품에 대한 고객의 평가를 바로 피드백하는 것은 고객의 만족도를 향상하는 데에 매우 효과적이다. 금융업의 경우, 다양한 상품과 회사에 대한 고객의 견해를 분석하여 투자 선택에 많은 도움을 준다. 2012년 5월에 정식으로 출범한 Derwent Capital Markets는 Twitter 트윗을 감정적으로 분석하여 주식 거래[26)]를 하는 세계 최초의 헤지 펀드 회사이다. 같은 해 8월에 실시한 조사에서 이 회사의 평균 수익률인 1.85%는 평균 수익률인 0.76 %를 훨씬 초과했다. 마찬가지로 일부 조사 결과에 따르면 정치 선거에서 Twitter 트윗의 감정 분석을 통해 얻은 결과는 전통적인 설문조사, 투표 등을 통해 얻은 결과와 매우 일치한다[27)]. 감정 분석 문제에서 딥러닝은 알고리즘의 정확성을 크게 향상시킬 수 있다. 스탠포드대학의 오픈 소스 Sentiment Treebank 데이터셋[28)]에서 딥러닝 알고리즘은 구 단위의 감정 분석 정확도를 80%에서 85.4%로, 절 단위의 감정 분석 정확도를 71%에서 80.7%로 높였다[29)].

---

25) https://research.googleblog.com/2016/09/a-neural-network-for-machine.html
26) Bollen J, Mao H, Zeng X. *Twitter mood predicts the stock market [J]. Journal of Computational Science*, 2010.
27) O'Connor B, Balasubramanyan R, Routledge B R, et al. *From Tweets to Polls: Linking Text Sentiment to Public Opinion Time Series* [C]// International Conference on Weblogs and Social Media, ICWSM 2010, Washington, Dc, Usa, May. DBLP, 2010.
28) http://nlp.stanford.edu/sentiment/
29) Socher R, Perelygin A, Wu J Y, et al. Recursive deep models for semantic compositionality over a sentiment treebank[J]. 2013.

1.3.4 인간 vs 기계 게임

이미지 인식 분야에서 딥러닝의 성과가 학계 연구의 촉매제가 되었다면, 인간 vs 기계 게임은 딥러닝을 대중에게 친숙하게 만들었다. 한국 시간 2016년 3월 15일, 구글이 개발한 인공지능 바둑 프로그램인 AlphaGo는 이세돌을 4 : 1로 승리해 19×19 바둑판에서 바둑 챔피언을 상대로 승리를 거둔 최초의 인공지능 프로그램이다. AlphaGo가 세계 챔피언을 이긴 첫 번째 시스템은 아니지만 AlphaGo의 승리가 인공지능 역사에 큰 획을 그은 사건임은 분명하다. 1997년 IBM의 딥 블루(deep blue)와 세계 챔피언 카스파로프의 대국 당시, 딥 블루는 컴퓨팅 자원에 많이 의존했으며 브루트 포스(brute-force) 방식으로 승리할 수 있었다. 그러나 이 방법은 바둑에 적용할 수 없었는데, 그 이유는 체스의 경우의 수는 1,046뿐이지만 바둑의 경우의 수는 1만 172이기 때문이다.

세계 챔피언을 이기기 위해 AlphaGo는 더 지능적인 방법을 써야 했다. 바로 딥러닝이다. AlphaGo는 몬테카를로 트리 탐색(Monte Carlo tree search, MCTS), 가치망(value network)과 정책망(policy network) 세 부분으로 구성된다. 몬테카를로 트리 탐색 알고리즘은 착점을 검색하지만 이전의 브루트 포스 방식과는 달리, 착점 후의 국세에 따른 가치망과 정책망의 평가 결과에 따라 더 현명하게 최상의 수를 둘 수가 있다.

AlphaGo의 진정한 두뇌는 가치망과 정책망이며, 둘 다 딥러닝을 통해 구현된다. 정책망의 역할은 다음 수를 어디에 둬야 하는지 예측하는 것이다. 수많은 바둑 기사의 대국에서 얻은 훈련 데이터를 통해 정책망은 바둑 기사의 다음 수를 57%의 정확도로 예측할 수 있다. 그러나 이 방법만으로는 충분하지 않다. 정책망은 바둑 챔피언을 이기기 위해 자신과 대국을 함으로써 더 높은 수준으로 끌어올렸다. AlphaGo의 또 다른 두뇌는 흑돌이 승리할 확률을 판단하는 가치망이다. 가치망은 자신과의 대국에서 생성된 데이터를 사용해 훈련시킨다. 몬테카를로 트리 탐색을 통해 정책망과 가치망을 유기적으로 결합해, 마침내 AlphaGo가 압도적인 차이로 바둑 세계 챔피언을 상대로 승리를 거머쥐었다.

바둑 세계 챔피언에 대한 AlphaGo의 승리는 인간 vs 기계 게임의 끝이 아니다. 반대로 이것은 시작에 불과하다. 최근 AlphaGo의 개발팀 DeepMind는 starcraft2[30]에 인공지능을 접목시키겠다고 발표했다. starcraft2는 블리자드(Blizzard)에서 내놓은 실시간 전략 게임이다. 게임에서 플레이어는 자원을 수집하고, 건물을 짓고, 적을 파괴하기 위해 전투 유닛을 생산해야 한다. 바둑과 비교했을 때 starcraft2의 인공지능 시스템 설계 난이도는 천지 차이다. 우선 바둑의 착점 위치는 다양하지만 제한적이다. 반면에 인공지능이 starcraft2를 운영할 때 인공지능 시스템은 여러 작업을 거의 동시에 해야 하며, 개방적이고 제한이 거의 없으므로 검색을 통해 이러한 작업을 하기란 쉽지 않다. 둘째, starcraft2는 정보의 비대칭성을 갖는다. 바둑을 둘 때 두 대국자가 보는 바둑판은 같지만 starcraft2의 각 플레이어는 자신의 영역만 볼 수 있다. 따라서 인공지능 시스템은 '정세'를 판단해야 한다. 셋째, starcraft2는 빠른 판단을 요구하는 실시간 전략 게임이기에 인공지능 시스템의 계산 속도가 매우 빨라야 한다. 현재 블리자드는 공식적으로 DeepMind팀과 협력하기 시작했으며 인공지능 연구를 위해 특별히 고안된 starcraft2 API를 머지않아 공개할 예정이다.

1.4 딥러닝 도구 소개 및 비교

앞서 딥러닝의 개념과 역사에 대해 설명하였으며, 딥러닝의 성공적인 응용에 대한 많은 사례를 보여 주었다. 그러나 딥러닝을 새로운 문제에 더 빠르고 쉽게 적용하려면 딥러닝 도구의 선택은 필수적이다. 이 절에서는 딥러닝 도구인 TensorFlow의 주요 기능 및 특징을 소개한다. 또한, TensorFlow 및 기타 주류 오픈 소스 딥러닝 도구를 비교하며, TensorFlow를 본 도서의 주요 대상으로 선택한 근거를 보여 준다. TensorFlow는 구글이 2015년 11월 9일에 내놓은 오픈 소스 딥러닝 프레임워크이다. TensorFlow 딥러닝 프레임워크는 딥러닝을 위한 다양한 알고리즘을 지원하지만 이에 국한되지 않는다. 이

---

30) https://deepmind.com/blog/deepmind-and-blizzard-release-starcraft-ii-ai-research-environment/

책의 초점은 TensorFlow를 통한 딥러닝 알고리즘의 구현이므로, 다른 알고리즘에 대한 TensorFlow 내용은 이 책에서 다루지 않을 것이다. 관심 있는 독자는 TensorFlow의 공식 튜토리얼 https://www.tensorflow.org/tutorials에서 딥러닝이 아닌 알고리즘을 구현한 예제를 보길 바란다.

　TensorFlow는 Jeff Dean이 이끄는 구글 두뇌팀이 구글의 1세대 딥러닝 라이브러리인 DistBelief를 개선한 범용적인 컴퓨팅 프레임워크이다. DistBelief는 2011년 구글에서 내부적으로 개발한 딥러닝 도구이며 구글에 큰 성공을 가져다 주었다. DistBelief 기반의 ImageNet 이미지 분류 시스템 Inception모델은 ILSVRC2014에서 우승했다[31]. DistBelief를 통해 구글은 라벨링이 되지 않은 방대한 양의 YouTube 영상에서 '고양이'라는 개념을 습득하고 구글 이미지에 사진 검색 기능을 만들었다. DistBelief를 통해 학습시킨 음성 인식 모델은 음성 인식 오류율을 25%나 줄였다. BBC와의 인터뷰에서 당시 구글 CEO인 Eric Schmidt는 이 성과는 지난 10년간의 발전에 맞먹는다고 언급했다[32].

　DistBelief는 구글의 많은 제품에 적용되었지만 구글의 내부 시스템 아키텍처에 너무 많이 의존하므로 소스를 공개하지 않았다. 구글 내에서 이미 큰 성공을 거둔 이 시스템을 공개하기 위해 구글 두뇌팀은 DistBelief를 개선했으며 2015년 11월에 Apache 2.0 오픈 소스 프로토콜 기반의 컴퓨팅 프레임워크 TensorFlow를 공식적으로 공개했다. DistBelief와 비교하여 TensorFlow의 계산 모델은 더욱 다양하고 더 많은 플랫폼과 딥러닝 알고리즘을 지원하며 시스템 안정성이 향상되었다. 이 책의 뒷부분에서는 중점적으로 TensorFlow를 직접 써볼 것이고, TensorFlow에 대한 기술적인 세부 사항은 구글의 논문 〈*TensorFlow: Large-Scale Machine Learning on Heterogeneous Distributed Systems*〉[33]을 참조하길 바란다.

　현재 구글에서는 TensorFlow가 널리 사용되고 있다. 2015년 10월 26일, 구글은 TensorFlow로 구현한 정렬 시스템인 RankBrain의 출시를 공식 발표했다. 전통적인 정렬 알고리즘과 비교할 때, RankBrain을 사용한 검색 순위 결과는 사용자의 요구를 더 잘

---

31) ILSVRC 대회와 Inception 모델은 6장에서 자세히 소개한다.
32) http://www.csmonitor.com/Technology/2015/0914/Google-chairman-We-re-making-real-progress-on-artificial-intelligence
33) Abadi M, Agarwal A, Barham P, et al. *TensorFlow: Large-Scale Machine Learning on Heterogeneous Distributed Systems* [J]. 2016.

충족시킬 수 있다. 2015년 블룸버그의 기사에 따르면, 구글은 RankBrain이 구글의 수천 가지 정렬 알고리즘 중에서 세 번째로 중요한 정렬 알고리즘이라는 사실을 밝혔다[34]. TensorFlow 기반의 시스템 RankBrain은 구글의 핵심 웹 페이지 검색 서비스에서 우위를 점하면서 TensorFlow의 중요성을 보여 준다. 웹 검색을 포함하여 TensorFlow는 구글의 다양한 제품에 성공적으로 적용되었다. 오늘날 구글의 음성 검색, 광고, 전자 상거래, 이미지, 스트릿뷰, 번역, YouTube 등 여러 방면에서 TensorFlow기반의 시스템을 볼 수 있다[35]. 반년 동안의 도전과 사고 끝에 구글의 DeepMind팀은 이후의 모든 연구에서 TensorFlow를 딥러닝 알고리즘을 구현하는 도구로 사용할 것이라 밝혔다[36].

TensorFlow는 구글에서 대규모로 사용하는 것 외에도 업계 및 학계에서 많은 관심을 받았다. Jeff Dean은 Google I/O 2016 컨퍼런스에서 TensorFlow를 사용한 GitHub 코드가 이미 1,500개 이상 있으며, 구글에서 공식적으로 제공하는 GitHub 코드는 5개에 불과하다고 언급했다. 오늘날 Uber, Snapchat, Twitter, JD 및 Xiaomi를 비롯한 기업이 TensorFlow를 사용하는 대열에 합류했다. Google이 TensorFlow의 소스코드를 공개한 이유로 언급한 것처럼, TensorFlow는 학계에서 학술 연구 결과를 보다 쉽게 교류할 수 있게 해주고, 업계에서 머신러닝을 생산에 더 빠르게 적용할 수 있도록 표준을 확립하고 있다.

TensorFlow 외에도 현재 일부 주요 딥러닝 오픈 소스 도구가 있다. 이러한 도구의 주요 측면은 [표 1-2]에 요약되어 있다. 각 도구의 장단점은 이 책에서 다루지 않으며 관심 있는 독자는 각주에 있는 공식 웹사이트를 참조하길 바란다.

---

34) https://www.bloomberg.com/news/articles/2015-10-26/google-turning-its-lucrative-web-search-over-to-ai-machines
35) https://www.tensorflow.org/versions/r0.9/resources/uses.html
36) https://research.googleblog.com/2016/04/deepmind-moves-to-tensorflow.html

【표 1-2】주요 딥러닝 프레임워크[37]

명칭	개발자(혹은 단체)	지원 언어	지원 운영 체제
Caffe[①]	Berkeley AI Research (BAIR)	C++, Python, MATLAB	Linux, Mac OS X, Windows
Deeplearning4j[②]	Skymind	Java, Scala, Clojure	Linux, Windows, Mac OS X, Android
Microsoft Cognitive Toolkit CNTK[③]	MS 연구소	Python, C++, BrainScript	Linux, Windows
MXNet[④]	Distributed Machine Learning Community(DMLC)	C++, Python, Julia, Matlab, Go, R, Scala	Linux, Mac OS X, Windows, Android, iOS
PaddlePaddle[⑤]	Baidu	C++, Python	Linux, Mac OS X
TensorFlow	Google	C++, Python	Linux, Mac OS X, Android, iOS
Theano[⑥]	University of Montreal	Python	Linux, Mac OS X, Windows
Torch[⑦]	Ronan Collobert, Soumith ChintalaFackbook Clement FarabetTwitter Koray KavukcuogluGoogle	Lua, LuaJIT, C	Linux, Mac OS X, Windows, Android, iOS

저자는 여러 딥러닝 프레임워크가 현재도 개발 중에 있으며, 현재의 성능과 기능을 비교하는 것은 확실히 도구를 선택하는 방법이지만 다른 프레임워크의 개발 동향을 비교하는 것이 더 중요하다고 생각한다. 딥러닝 자체가 급성장하는 단계이기 때문에, 저자는 딥러닝 프레임워크의 선택이 오픈 소스 커뮤니티의 활성도에 더 중점을 두어야 한다고 생각한다. 커뮤니티 활성도가 더 높은 프레임워크만이 딥러닝 자체의 개발 속도를 따라갈 수 있으므로 향후에 위험을 직면하지 않을 것이다.

[그림 1-11]은 GitHub상에서 서로 다른 딥러닝 프레임워크의 활성도에 대해 비교한다. [그림 1-11(a)]는 여러 프레임워크가 GitHub에서 받은 관심의 정도를 비교한다. 그림에서 알 수 있듯이, TensorFlow는 얻은 북마크 수 또는 좋아요 수(star)와 복사된 횟수

---

37) ① Caffe 공식 사이트: http://caffe.berkeleyvision.org/
② Deeplearning4j 공식 사이트: https://deeplearning4j.org/
③ Microsoft Cognitive Toolkit 공식 사이트: https://www.microsoft.com/en-us/research/product/cognitive-toolkit/
④ MXNet 공식 사이트: http://mxnet.io/
⑤ PaddlePaddle 공식 사이트: http://www.paddlepaddle.org/
⑥ Theano 공식 사이트: http://deeplearning.net/software/theano/
⑦ Torch 공식 사이트: http://torch.ch/

(folk) 측면에서 다른 딥러닝 프레임워크를 훨씬 능가한다. [그림 1-11(a)]가 여러 딥러닝 프레임워크에 대한 커뮤니티의 관심도를 나타낼 수 있다면, [그림 1-11(b)]는 여러 딥러닝 프레임워크의 커뮤니티 참여도를 비교한다. [그림 1-11(b)]는 GitHub에서 최근 1개월 동안의 딥러닝 프레임워크에 대한 토론(issue) 횟수 및 타인이 만든 코드에 수정을 요청한 (pull request) 횟수를 보여 준다. [그림 1-11(b)]에서 알 수 있듯이, TensorFlow는 어떤 지표와 관계없이 다른 딥러닝 프레임워크보다 훨씬 뛰어나다. 많은 개발자와 구글의 전폭적인 지원으로 저자는 TensorFlow가 향후 잠재력이 더 커질 것이라 생각하며, 이에 의거해 이 책은 딥러닝 프레임워크로서 TensorFlow를 선택했다.

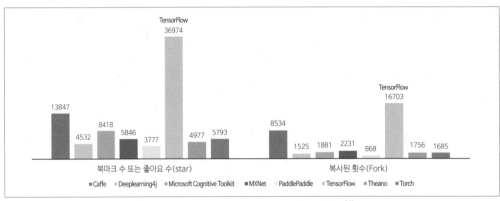

(a) 여러 딥러닝 프레임워크에 대한 관심도[38]

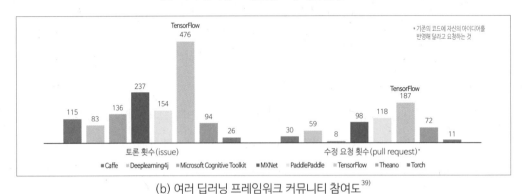

(b) 여러 딥러닝 프레임워크 커뮤니티 참여도[39]

【그림 1-11】 GitHub상에서 여러 딥러닝 프레임워크의 활성도 비교 그래프

---

38) 2016년 11월 17일 데이터
39) 2016년 10월 15일부터 2016년 11월 15일까지 통계 데이터

TensorFlow 환경 설정

2.1 TensorFlow 주요 의존 패키지

2.2 TensorFlow 설치

2.3 TensorFlow 테스트 예제

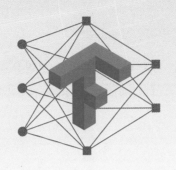

TensorFlow 환경 설정

이 장에서는 TensorFlow 환경을 설치하고 간단한 TensorFlow 예제를 실행하는 방법에 대해 소개한다. TensorFlow 설치 방법을 소개하기 전에 2.1절에서 TensorFlow의 주요 의존 패키지를 먼저 소개한다. 그리고 2.2절에서 TensorFlow의 다양한 설치 방법에 대해 소개한다. 마지막으로 2.3절에서는 TensorFlow를 이용해 벡터의 덧셈을 구현하는 방법을 제공한다. 예제를 통해 독자들은 설치된 TensorFlow를 테스트함으로써 TensorFlow를 직관적으로 이해할 수 있을 것이다.

2.1 TensorFlow 주요 의존 패키지

이 절에서 TensorFlow 주요 의존 패키지인 Protocol Buffer와 Bazel에 대해 소개한다. TensorFlow 주요 의존 패키지가 이 절에서 열거된 두 개뿐만이 아니지만, 저자가 생각하기에 Protocol Buffer와 Bazel은 비교적 중요하며 TensorFlow 사용 중에 마주칠 일이 많을 것이다. 이 책의 초점은 TensorFlow에 있기 때문에 이 절에 열거된 패키지는 대략적인 소개일 뿐이며, 주된 목적은 독자가 TensorFlow를 사용하고 이해하는 데 도움이 될 수 있도록 하는 것이다. 더 자세한 설명은 각주를 참고하길 바란다. 각 절에서 툴킷의 주요 기능과 간단한 예제를 제공한다.

2.1.1 Protocol Buffer

Protocol Buffer[1]은 구글에서 개발한 구조화 데이터를 처리하는 툴이다. 구조화 데이터 처리란 무엇일까? 예를 들자면 일부 사용자 정보를 기록하는 경우 각 사용자 정보에는 이름, ID 및 이메일 주소가 포함된다. 그러면 사용자의 정보는 다음과 같은 형태로 표현될 수 있다.

```
name : 홍길동
id : 12345
email : honggildong@abc.com
```

위의 사용자 정보가 바로 구조화 데이터이다. 여기서 소개하는 구조화 데이터는 빅데이터에서의 구조화 데이터와 개념이 다르다는 것에 유의해야 한다. 여기서 소개하는 구조화 데이터는 다중 속성을 갖는 데이터를 가르킨다. 예를 들어 위의 사용자 정보는 이름, ID, 이메일 주소 세 가지 다른 속성을 가지므로, 이는 하나의 구조화 데이터이다. 이러한 정형화된 사용자 정보를 유지하거나 네트워크 전송하려면 이를 먼저 직렬화(serialization)해야 한다. 직렬화란 구조화 데이터를 데이터 스트림으로, 쉽게 말해 바이트로 변환하는 작업이다. 구조화 데이터를 직렬화하거나, 반대로 데이터 스트림에서 구조화 데이터로 변환하는 역직렬화(Deserialization)하는 것은 Protocol Buffer에 의해 해결되는 주요 업무이다. 이를 구조화 데이터 처리라 부른다.

Protocol Buffer 외에 XML, JSON도 일반적으로 쓰는 구조화 데이터 처리 툴이다. 위

---

1) https://developers.google.com/protocol-buffers/docs/overview

의 사용자 정보를 XML 형식으로 표현하면 다음과 같다.

```
<user>
    <name>홍길동</name>
    <id>12345</id>
    <email>honggildong@abc.com</email>
</user>
```

JSON 형식으로 표현하면 다음과 같다.

```
{
    "name": "홍길동",
    "id": "12345",
    "email": "honggildong@abc.com",
}
```

　Protocol Buffer 형식의 데이터와 XML 및 JSON 형식의 데이터는 비교적 큰 차이가 있다. 첫째, Protocol Buffer 직렬화 후의 데이터는 읽을 수 있는 문자열이 아닌 바이너리 스트림 형식이다. 둘째, XML 및 JSON 형식의 데이터 정보는 직렬화된 데이터에 포함되며, 직렬화된 데이터는 다른 정보 없이 복원될 수 있다. 그러나 Protocol Buffer를 사용하는 경우 스키마(schema)[2]를 정의해야 한다. 직렬화된 데이터를 복원하려면 이미 정의된 데이터 형식을 사용해야 한다. 다음 코드에서 위의 사용자 정보 예제에 대한 데이터 형식 정의를 보여 준다. 이러한 차이로 인해 Protocol Buffer로 직렬화된 데이터 크기는 XML 형식 데이터 크기보다 3~10배 작으며, 해석 시간은 20~100배 빠르다.

```
message user{
    optional string name = 1;
    required int32 id = 2;
```

---

2) https://developers.google.com/protocol-buffers/docs/encoding에서 Protocol Buffer의 인코딩 방식을 자세히 설명한다.

```
    repeated string email = 3;
}
```

Protocol Buffer는 일반적으로 .proto 파일에 저장되는 파일의 데이터 형식을 정의한다. 각 message는 위의 사용자 정보와 같은 구조화 데이터를 나타낸다. message는 각 속성의 자료형과 이름을 정의한다. Protocol Buffer 속성의 자료형은 논리형, 정수형, 실수형, 문자형과 같은 기본 자료형이거나 또 다른 message일 수도 있다. 이것은 Protocol Buffer의 유연성을 크게 증가시킨다. message에서 Protocol Buffer는 속성이 필수적(required)인지 선택적(optional)인지 혹은 반복적(repeated)인지도 정의한다. 속성이 필수적이라면 모든 케이스는 이 속성을 가져야 한다[3]. 속성이 선택적이라면 속성의 값을 비울 수 있다. 속성이 반복적이라면 이 속성의 값은 리스트일 수 있다. 다시 사용자 정보로 예를 들자면 모든 사용자는 ID를 가지며 ID 속성은 필수적이다. 모든 사용자가 이름을 쓴 게 아니므로 이름 속성은 선택적이다. 사용자가 여러 이메일 주소를 가질 수 있으므로 이메일 주소 속성은 반복적이다.

Protocol Buffer는 TensorFlow에서 사용하는 중요한 툴이다. TensorFlow에서 쓰는 데이터는 기본적으로 Protocol Buffer를 통해 생성된다. 뒤에서 Protocol Buffer가 어떻게 사용되는지 볼 수 있다. 분산식 TensorFlow의 통신 프로토콜 gRPC 또한 Protocol Buffer 기반이다.

2.1.2 Bazel

Bazel[4]은 구글 오픈소스인 자동화 빌드 도구이며, 구글 대부분의 애플리케이션은 이를 통해 컴파일되었다. Bazel은 기존의 Makefile, Ant, Maven과 비교할 때 속도, 확장성, 유연성 및 다양한 프로그래밍 언어와 플랫폼에 대한 지원이 더 뛰어나다. TensorFlow

---

3) Protocol Buffer 3부터 required 속성을 더 이상 지원하지 않는다.
4) http://www.bazel.io

자체와 구글에서 제공하는 많은 공식 예제는 Bazel을 통해 컴파일되었다. 이 절에서 Bazel의 작동 방식에 대해 간략히 소개한다.

작업영역(workspace)은 Bazel의 기본 개념이다[5]. 작업영역은 간단히 말해 폴더이며, 이 폴더는 프로그램을 컴파일하는데 필요한 소스코드 및 컴파일 출력 결과의 심볼릭 링크(symbolic link) 주소를 포함한다. 하나의 작업영역은 하나의 응용 프로그램만을 포함할 수 있다. 2.2.3절에서 소스코드로 TensorFlow 설치할 때가 바로 이런 경우이다. 작업영역은 여러 응용 프로그램을 포함할 수 있다. 작업영역에 해당하는 폴더는 프로젝트의 루트 디렉토리이며, 이 루트 디렉토리에는 외부 리소스에 대한 종속 관계를 정의하는 WORKSPACE 파일이 있어야 한다. 빈 파일도 WORKSPACE 파일로 유효하다.

작업영역에서 Bazel은 BUILD 파일을 통해 컴파일해야 하는 대상을 찾는다[6]. BUILD 파일은 Python과 유사한 구문을 사용하여 각 컴파일 대상의 입력, 출력 및 컴파일 방식을 지정한다. Makefile과 같은 개방식 컴파일 도구와 달리, Bazel의 컴파일 방식은 사전에 정의가 되어 있다. TensorFlow는 주로 Python 언어를 사용하기 때문에, 이 책에선 모두 Python을 통해 코드를 작성할 것이다. Bazel이 Python에 지원하는 컴파일 방식은 py_binary, py_library 및 py_test[7] 세 개뿐이다. py_binary는 Python 프로그램을 실행 파일로 컴파일한다. py_test는 Python 테스트 프로그램을 컴파일한다. py_library는 Python 프로그램을 라이브러리 함수로 컴파일해서 py_binary나 py_test를 호출한다.

아래의 간단한 예제를 통해 Bazel의 동작 방법에 대해 설명한다. 아래 예제와 같이, 작업영역에 WORKSPACE, BUILD, hello_main.py, hello_lib.py라는 네 개의 파일이 있다.

```
-rw-rw-r--  root root 208    BUILD
-rw-rw-r--  root root 48     hello_lib.py
-rw-rw-r--  root root 47     hello_main.py
-rw-rw-r--  root root 0      WORKSPACE
```

---

5) http://www.bazel.io/docs/be/workspace.html
6) http://www.bazel.io/docs/be/overview.html
7) http://www.bazel.io/docs/test-encyclopedia.html

WORKSPACE는 프로젝트의 외부 종속 관계를 제공한다. 이해를 돕기 위해 여기선 빈 파일을 사용했다. 즉 프로젝트의 외부 종속 관계가 없다. hello_lib.py는 "Hello World"를 출력하며, 코드는 다음과 같다.

```
def print_hello_world():
    print("Hello World")
```

hello_main.py는 hello_lib.py에서 정의된 함수를 호출한다.

```
import hello_lib
hello_lib.print_hello_world()
```

BUILD 파일은 두 개의 컴파일할 대상을 정의한다.

```
py_library(
    name = "hello_lib",
    srcs = [
        "hello_lib.py",
    ]
)

py_binary(
    name = "hello_main",
    srcs = [
        "hello_main.py",
    ],
    deps = [
        ":hello_lib",
    ],
)
```

이 예제에서 볼 수 있듯이, BUILD 파일은 일련의 컴파일 대상으로 구성된다. 컴파일 대상의 순서를 정의하는 것은 컴파일 결과에 영향을 미치지 않는다. 각 컴파일 대상의 첫 행에서 컴파일 방식을 지정하는데, 여기선 py_library 또는 py_binary이다. 각 컴파일 대상의 객체에 name, srcs, deps 등의 구체적인 정보를 제공해야 한다. name은 컴파일 대상의 이름이고 컴파일 대상을 참조하는 데 쓰인다. srcs는 컴파일에 필요한 소스 코드를 제공하며 리스트 사용이 가능하다. deps는 예제에서 hello_main.py가 hello_lib.py의 함수를 호출해야 하는 것과 같이 컴파일에 필요한 종속 관계를 제공한다. 이 작업영역에서 bazel build:hello_main을 실행하면 아래와 같은 결과를 얻을 수 있다.

```
lrwxrwxrwx  1 root root   74 bazel-bazel -> ~/.cache/bazel/_bazel_root/0a1e386d667563a2d9ed561a4f7d1a3e/bazel/
lrwxrwxrwx  1 root root  104 bazel-bin -> ~/.cache/bazel/_bazel_root/0a1e386d667563a2d9ed561a4f7d1a3e/bazel/bazel-out/local-fastbuild/bin/
lrwxrwxrwx  1 root root  109 bazel-genfiles -> ~/.cache/bazel/_bazel_root/0a1e386d667563a2d9ed561a4f7d1a3e/bazel/bazel-out/local-fastbuild/genfiles/
lrwxrwxrwx  1 root root   84 bazel-out -> ~/.cache/bazel/_bazel_root/0a1e386d667563a2d9ed561a4f7d1a3e/bazel/bazel-out/
lrwxrwxrwx  1 root root  109 bazel-testlogs -> ~/.cache/bazel/_bazel_root/0a1e386d667563a2d9ed561a4f7d1a3e/bazel/bazel-out/local-fastbuild/testlogs/
-rw-rw-r--  1 root root  208 BUILD
-rw-rw-r--  1 root root   48 hello_lib.py
-rw-rw-r--  1 root root   47 hello_main.py
-rw-rw-r--  1 root root    0 WORKSPACE
```

위의 결과에서 볼 수 있듯이, 원래 4개의 파일을 기반으로 Bazel은 또 다른 폴더를 생성했다. 이렇게 새로 생성된 폴더는 컴파일의 결과이며 심볼릭 링크 형식으로 현재 작업 영역에 저장된다. 실제 컴파일 결과 파일은 ~/.cache/bazel 디렉토리에 저장되며 output_user_root 또는 output_base 매개 변수로 변경할 수 있다[8]. 이렇게 컴파일해서 나온 결과 중, bazel-bin 디렉토리는 컴파일 중에 생성된 바이너리 파일과 이 파일을 실행하는 데 필요한 의존성 데이터를 저장한다. 현재 디렉토리에서 bazel-bin/hello_main을 실행하면 화면에 'Hello World'가 출력된다. 이 책에서는 기타 컴파일 결과를 덜 사용하므로 더 이상의 설명은 생략한다.

---

8) http://www.bazel.io/docs/output_directories.html

2.2 TensorFlow 설치

TensorFlow는 다양한 설치 방법을 제공하고 있다. 이 절에서는 Docker, pip 및 소스 코드를 통해 설치하는 방법에 대해 소개한다.

2.2.1 Docker를 이용한 설치

Docker[9]는 TensorFlow 및 TensorFlow의 모든 패키지를 Docker 이미지에 캡슐화하여 설치 과정을 크게 단순화하는 차세대 가상화 기술이다. Docker를 통해 응용 프로그램을 실행하기 위해선 먼저 Docker를 설치해야 한다. Docker는 대부분의 운영체제를 지원하며 일부의 운영체제를 아래에 열거하였다.

- Linux시스템 : Ubuntu, CentOS, Debian, Red Hat Enterprise Linux 등
- Mac OS X : 10.10.3 Yosemite 이상
- Windows : Windows 7 이상

Docker의 설치 및 사용법은 이 책의 중점이 아니므로 Docker 설치 방법은 생략한다[10]. Docker 설치가 완료되면 패키징된 Docker 이미지만 사용하면 된다. 배포된 각 버전의 TensorFlow에 대해 구글은 4개의 공식 이미지를 제공한다. [표 2-1]은 이미지의 명칭과 포함된 내용을 보여 준다.

---

9) https://www.docker.com/what-docker
10) https://docs.docker.com/engine/installation에서 Docker 설치 방법을 볼 수 있다.

【표 2-1】 TensorFlow 공식 Docker 이미지

이미지 명칭	GPU 지원 여부	소스 코드 유무
tensorflow/tensorflow: 1.0.0	지원안함	없음
tensorflow/tensorflow: 1.0.0-devel	지원안함	있음
tensorflow/tensorflow: 1.0.0-gpu	지원함	없음
tensorflow/tensorflow: 1.0.0-devel-gpu	지원함	있음

콜론 뒤의 레이블은 TensorFlow의 버전을 나타낸다. 이 책의 대부분의 코드는 1.0.0버전으로 작성되었다. 공식 이미지와 마찬가지로 위의 1.0.0은 버전을 나타낸다. TensorFlow가 새로운 버전을 출시하면 업데이트할 수 있다.

Docker 설치가 완료되면 다음 명령을 사용하여 TensorFlow 컨테이너[11]를 실행할 수 있다. 처음 실행하면 Docker는 자동으로 이미지를 다운한다.

```
$ docker run -it -p 8888:8888 -p 6006:6006\
cargo.caicloud.io/tensorflow/tensorflow:1.0.0
```

위의 명령에서 -p 8888:8888은 컨테이너에서 실행 중인 Jupyter[12] 서비스를 로컬 시스템에 맵핑하므로, 브라우저에서 localhost:8888을 열면 아래 그림과 비슷한 Jupyter 인터페이스를 볼 수 있다. 이 이미지에서 실행되는 Jupyter는 Python 프로그램의 작성, 업로드, 수정 및 실행을 지원하는 웹 기반 코드 편집기이다. CaiCloud는 Jupyter를 통해 이 책의 모든 예제 코드를 제공한다.

---

11) https://docs.docker.com/engine/reference/commandline/cli에서 Docker 명령 문서를 볼 수 있다.
12) http://jupyter.org/

【그림 2-1】 CaiCloud가 제공하는 TensorFlow 이미지 Jupyter

    -p 6006:6006로 컨테이너에서 실행 중인 TensorFlow 시각화 도구 TensorBoard를 로 컬 컴퓨터에 매핑한다. 브라우저에서 localhost:6006을 열면 TensorFlow의 훈련 상태, 그래프 데이터 및 신경망 구조 등의 정보를 전부 볼 수 있다. 이 이미지는 /log 디렉토리에 저장된 모든 로그를 시각화한다. TensorBoard 사용 방법은 9장에서 자세히 설명할 것이다.

    GPU를 지원하는 Docker 이미지가 있지만, 실행하기 위해선 최신 버전의 Nvidia 드라이버와 nvidia-docker[13]를 설치해야 한다. nvidia-docker를 설치했으면 아래 명령으로 GPU 기반의 TensorFlow를 실행할 수 있다. 이미지를 실행했으면 위와 같은 방법으로 TensorFlow를 사용할 수 있다.

```
$ nvidia-docker run -it -p 8888:8888 -p 6006:6006 \
        cargo.caicloud.io/tensorflow/tensorflow:1.0.0-gpu
```

---

13) https://github.com/NVIDIA/nvidia-docker

2.2.2 pip를 이용한 설치

pip는 Python 소프트웨어 패키지를 설치 및 관리하는 도구[14]로, TensorFlow 패키지 및 TensorFlow에 필요한 의존 패키지를 설치할 수 있다. 현재 일부 운영체제에서만 TensorFlow를 설치할 수 있다. 기타 운영체제에서 설치되거나 사용자 정의 코드가 필요한 TensorFlow의 경우 2.2.3절을 참고하길 바란다. pip를 이용한 설치는 아래와 같이 세 단계로 나눌 수 있다.

① pip 설치

```
# Ubuntu/Linux 64-bit 환경.
$ sudo apt-get install python-pip python-dev

# Mac OS X환경.
$ sudo easy_install pip
$ sudo easy_install --upgrade six
```

② 알맞은 바이너리 URL 선택
- CPU버전의 TensorFlow:

```
# Ubuntu/Linux 64-bit, Python 2.7 환경.
$ export TF_BINARY_URL=https://storage.googleapis.com/tensorflow/linux/ cpu/
tensorflow-1.0.0-cp27-none-linux_x86_64.whl

# Ubuntu/Linux 64-bit, Python 3.4 환경.
$ export TF_BINARY_URL=https://storage.googleapis.com/tensorflow/linux/ cpu/
tensorflow-1.0.0-cp34-cp34m-linux_x86_64.whl

# Ubuntu/Linux 64-bit, CPU only, Python 3.5 환경.
```

---

14) https://pip.pypa.io

```
$ export TF_BINARY_URL=https://storage.googleapis.com/tensorflow/linux/ cpu/
tensorflow-1.0.0-cp35-cp35m-linux_x86_64.whl

# Mac OS X, Python 2.7 환경.
$ export TF_BINARY_URL=https://storage.googleapis.com/tensorflow/mac/ tensorflow-
1.0.0-py2-none-any.whl

# Mac OS X, Python 3.4 or 3.5 환경.
$ export TF_BINARY_URL=https://storage.googleapis.com/tensorflow/mac/ tensorflow-
1.0.0-py3-none-any.whl
```

현재 GPU버전의 TensorFlow는 CUDA toolkit 7.5 이상 및 CuDNN v4 이상이 설치
된 64비트 Ubuntu만 지원한다. 다른 운영체제 또는 기타 버전의 CUDA/CuDNN인
경우 소스 코드를 통해 GPU 버전의 TensorFlow를 설치할 수 있다. 소스 코드를
이용한 설치 방법은 2.2.3절에 자세히 설명되어 있다.

- GPU 버전의 TensorFlow:

```
# Python 2.7 환경
$ export TF_BINARY_URL=https://storage.googleapis.com/tensorflow/linux/ gpu/
tensorflow-1.0.0-cp27-none-linux_x86_64.whl

# Python 3.4 환경
$ export TF_BINARY_URL=https://storage.googleapis.com/tensorflow/linux/ gpu/
tensorflow-1.0.0-cp34-cp34m-linux_x86_64.whl

# Python 3.5 환경
$ export TF_BINARY_URL=https://storage.googleapis.com/tensorflow/linux/ gpu/
tensorflow-1.0.0-cp35-cp35m-linux_x86_64.whl
```

③ pip를 이용한 TensorFlow 설치

```
# Python 2 환경
$ sudo pip install --upgrade $TF_BINARY_URL

# Python 3 환경
$ sudo pip3 install --upgrade $TF_BINARY_URL
```

2.2.3 소스 코드를 이용한 설치

소스 코드를 이용해 TensorFlow를 설치하는 과정은 주로 TensorFlow 소스 코드를
pip 설치 패키지로 컴파일하는 것이다. TensorFlow의 소스 코드를 pip에서 사용되는
wheel 파일로 컴파일한 후, 2.2.2절에 설명된 pip로 설치할 수 있다. TensorFlow 소스 코
드를 컴파일하기 전에 먼저 TensorFlow의 의존 패키지를 설치해야 한다. 각 운영 체제에
서 설치해야 하는 패키지와 설치 방법은 약간씩 다르다. 이 절에서는 Ubuntu 14.04 및
Mac OS X를 예로 들어 TensorFlow의 의존 패키지 설치 방법을 설명한다[15].

① Ubuntu 14.04에서 의존 패키지 설치하기

먼저 2.1.2절에서 설명한 컴파일 툴 Bazel을 설치해야 한다. Bazel을 설치하기 위해
선 우선 JDK8을 설치해야 한다. JDK8을 설치하는 방법은 아래와 같다.

```
$ sudo apt-get install software-properties-common
$ sudo add-apt-repository ppa:webupd8team/java
$ sudo apt-get update
$ sudo apt-get install oracle-java8-installer
```

---

15) 다른 버전의 Linux는 Ubuntu14.04의 설치 방법을 참조할 수 있다. 현재 TensorFlow는 Windows 환경에서 소스 코드 설치를
   지원하지 않으므로 Windows 사용자는 2.2.1절에 소개된 Docker를 통해 TensorFlow를 사용할 수 있다.

Bazel에 필요한 소프트웨어를 설치한다.

```
$ sudo apt-get install pkg-config zip g++ zlib1g-dev unzip
```

그런 다음 Bazel의 GitHub 배포 페이지(https://github.com/bazelbuild/bazel/releases/tag/0.3.1)에서 설치 패키지를 다운로드한다. 여기서 0.3.1은 Bazel의 버전이다. 만약 최신 버전이 있으면 위의 링크에서 버전에 맞게 바꾸면 된다. 이 페이지에서 bazel-0.3.1-jdk7-installer-linux-x86_64.sh 설치 패키지를 다운로드하면 이를 통해 Bazel을 설치할 수 있다. Bazel의 설치 과정은 아래의 코드와 같다.

```
$ chmod +x bazel-0.3.1-jdk7-installer-linux-x86_64.sh
$ ./bazel-0.3.1-jdk7-installer-linux-x86_64.sh —user 16)
$ export PATH="$PATH:$HOME/bin"
```

Bazel의 설치가 완료되면 아래의 코드로 TensorFlow의 의존 패키지를 설치해야 한다.

```
# Python 2.7 환경
$ sudo apt-get install python-numpy swig python-dev python-wheel

# Python 3.x 환경
$ sudo apt-get install python3-numpy swig python3-dev python3-wheel
```

GPU 지원을 원하면 Nvidia의 Cuda Toolkit(7.0 이상의 버전)과 cuDNN(v2 이상의 버전)을 설치해야 한다. 또한, TensorFlow는 Nvidia 계산 능력(compute capability)이 3.0이 넘는 Nvidia Titan, Nvidia Titan X, Nvidia K20, Nvidia K40 등과 같은 GPU만을 지원한다[17].

---

16) https://bazel.build/versions/master/docs/install.html
17) https://developer.nvidia.com/cuda-gpus에서 모든 GPU의 계산 능력을 볼 수 있다.

Cuda Toolkit의 설치 패키지 및 설치 방법은 https://developer.nvidia.com/cuda-downloads에서 얻을 수 있다. cuDNN의 설치 패키지는 https://developer.nvidia.com/cudnn에서 cuDNN v4 Library for Linux를 다운로드할 수 있다. 여기서 v4는 최신 버전으로 대체될 수 있다. 다운로드를 완료하면 다음 명령으로 다운로드한 설치 패키지를 Cuda 디렉토리에 복사해야 한다(여기서는 /usr/local/cuda).

```
tar xvzf cudnn-7.5-linux-x64-v4.tgz
sudo cp cudnn-7.5-linux-x64-v4/cudnn.h /usr/local/cuda/include
sudo cp cudnn-7.5-linux-x64-v4/libcudnn* /usr/local/cuda/lib64
sudo chmod a+r /usr/local/cuda/include/cudnn.h \
            /usr/local/cuda/lib64/ libcudnn*
```

② Mac OS X에서 의존 패키지 설치하기

Homebrew는 Mac OS X의 소프트웨어 설치 도구이며, 이것을 통해 Bazel, SWIG 등과 같은 TensorFlow 툴을 편리하게 설치할 수 있다. Homebrew를 설치하는 방법도 매우 간단하며, 이는 아래와 같다.

```
/usr/bin/ruby -e "$(curl -fsSL \
    https://raw.githubusercontent.com/Homebrew/install/master/install)"
```

Homebrew를 설치했으면 brew를 통해 Bazel과 SWIG를 설치한다.

```
$ brew install bazel swig
```

다음으로 easy_install을 통해 Python 툴을 설치한다.

```
$ sudo easy_install -U six
$ sudo easy_install -U numpy
$ sudo easy_install wheel
$ sudo easy_install ipython
```

GPU 지원을 원하면 Cuda Toolkit과 cuDNN을 설치하기 전에 Homebrew를 통해 GNU coreutils를 설치해야 한다.

```
$ brew install coreutils
```

Ubuntu 14.04와 같이, https://developer.nvidia.com/cuda-downloads에서 Cuda Toolkit의 설치 패키지와 설치 방법을 제공하지만, Mac OS X에서는 Homebrew Cask를 통해 바로 설치할 수 있다.

```
$ brew tap caskroom/cask
$ brew cask install cuda
```

Cuda Toolkit의 설치를 완료하면 ~/.bash_profile파일에 환경변수를 설정해야 한다.

```
export CUDA_HOME=/usr/local/cuda
export DYLD_LIBRARY_PATH="$DYLD_LIBRARY_PATH:$CUDA_HOME/lib"
export PATH="$CUDA_HOME/bin:$PATH"
```

https://developer.nvidia.com/cudnn에서 cuDNN v4 Library for OS X를 다운로드 할 수 있다. 다운로드했으면 Cuda Toolkit 디렉토리에 압축을 풀면 된다. 이 과정은 다음의 코드와 같다.

```
$ sudo mv include/cudnn.h /Developer/NVIDIA/CUDA-7.5/include/
$ sudo mv lib/libcudnn* /Developer/NVIDIA/CUDA-7.5/lib
$ sudo ln -s /Developer/NVIDIA/CUDA-7.5/lib/libcudnn* /usr/local/cuda/lib/
```

③ TensorFlow 컴파일 환경 구성

모든 의존성 패키지가 설치됐으면 이제 소스 코드를 통해 TensorFlow를 설치할 수 있다. 어떤 운영 체제든 상관없이 우선 소스 코드를 다운받아야 한다. 아래의 명령으로 최신 버전의 TensorFlow 소스 코드를 받을 수 있다.

```
$ git clone https://github.com/tensorflow/tensorflow
```

만일 이전 버전의 TensorFlow를 받고 싶다면, 위의 명령에 -b ⟨branchname⟩ 변수를 추가하면 된다. 여기서 ⟨branchname⟩은 r0.7, r0.8, r0.9 등이 있다. r0.8 이하의 버전을 설치하고 싶다면 --recurse-submodules 변수를 더 추가해 TensorFlow 의존 패키지를 가져와야 한다. 소스 코드의 설치가 완료되면 configure 스크립트를 실행해 환경변수를 설정해야 한다.

```
$ cd tensorflow
$ ./configure
# Python 경로
Please specify the location of python. [Default is /usr/bin/python]:
# 구글 클라우드 플랫폼 지원 여부
Do you wish to build TensorFlow with Google Cloud Platform support? [y/N]N
No Google Cloud Platform support will be enabled for TensorFlow
# GPU 지원 여부
Do you wish to build TensorFlow with GPU support? [y/N] y
GPU support will be enabled for TensorFlow
# GPU 설정
Please specify which gcc nvcc should use as the host compiler. [Default is /usr/
bin/gcc]:
```

```
# Cuda SDK 버전 설정
Please specify the Cuda SDK version you want to use, e.g. 7.0. [Leave empty to
use system default]: 7.5
# CUDA toolkit 디렉토리 설정
Please specify the location where CUDA 7.5 toolkit is installed. Refer to README.
md for more details. [Default is /usr/local/cuda]:
# Cudnn 버전 설정
Please specify the Cudnn version you want to use. [Leave empty to use system
default]: 4
# cuDNN 디렉토리 설정
Please specify the location where cuDNN 4 library is installed. Refer to README.
md for more details. [Default is /usr/local/cuda]:
# GPU 계산 능력 설정
Please specify a list of comma-separated Cuda compute capabilities you want to
build with.
You can find the compute capability of your device at: https://developer. nvidia.
com/cuda-gpus.
Please note that each additional compute capability significantly increases your
build time and binary size.

Setting up Cuda include
Setting up Cuda lib
Setting up Cuda bin
Setting up Cuda nvvm
Setting up CUPTI include
Setting up CUPTI lib64
Configuration finished
```

환경 설정이 끝나면 Bazel을 통해 pip의 설치 패키지를 컴파일하고 pip를 통해 설
치한다.

```
$ bazel build -c opt --config=cuda \
        //tensorflow/tools/pip_package:build_ pip_package
$ bazel-bin/tensorflow/tools/pip_package/build_pip_package \
        /tmp/tensorflow_ pkg
```

```
$ sudo pip install /tmp/tensorflow_pkg/tensorflow-1.0.0-py2-none-any.whl
```

첫 번째 명령에서 --config=cuda 변수는 GPU에 대한 것이다. GPU를 쓰지 않는 다면 이 변수는 필요 없다. 마지막 행의 wheel 설치 패키지명(tensorflow-1.0.0-py2-none-any.whl)은 시스템 환경과 관련 있다. pip 설치 전에 ls 명령을 통해 설치 패키지명을 확인할 수 있다.

2.3 TensorFlow 테스트 예제

2.2절에서 소개한 방법으로 TensorFlow 설치를 완료했으면 이 절에서 간단한 TensorFlow 예제를 통해 두 벡터의 합을 구해 보자. TensorFlow는 C, C++ 및 Python을 지원하지만, 전반적으로 Python을 지원하므로 이 책의 모든 예제는 Python으로 작성되었다. 이 절의 간단한 예제를 통해 독자는 설치된 TensorFlow 환경을 테스트하고 TensorFlow를 직관적으로 이해할 수 있다. 이 절에서 파이썬의 자체 대화형 인터프리터를 사용하여 다음과 같은 예제를 시연한다.

```
# python
Python 2.7.6 (default, Jun 22 2015, 17:58:13)
[GCC 4.8.2] on linux2
Type "help", "copyright", "credits" or "license" for more information.
>>>
```

파이썬 인터프리터를 실행해 먼저 import를 통해 TensorFlow를 로드한다.

```
>>> import tensorflow as tf
>>>
```

위의 그림은 TensorFlow가 성공적으로 로드되었음을 보여 준다. Python에서 as문을 사용하면 더욱 편리하게 참조할 수 있으며, 이 책에서 모든 'tensorflow'는 'tf'로 약술한다. 그런 다음 두 벡터 a와 b를 정의한다.

```
>>> a = tf.constant([1.0,2.0], name="a")
>>> b = tf.constant([2.0,3.0], name="b")
>>> result = a + b
```

여기서 a와 b는 각각 [1.0, 2.0], [2.0, 3.0]과 같이 상수로 정의되었다. 그런 다음 두 벡터를 서로 더한다.

```
>>> result = a + b
```

NumPy[18]에 익숙한 독자는 더하기 기호(+)를 사용하여 벡터의 덧셈을 바로 구현한다는 것을 알 수 있을 것이다. 최종적으로 더한 결과가 출력된다.

```
>>> sess = tf.Session()
>>> sess.run(result)
array([ 3.,  5.], dtype=float32)
```

더한 결과를 출력하려면 단순히 result를 출력하면 안 되고, 우선 session을 생성하고 이를 통해 계산 결과를 출력할 수 있다. 3장에서는 TensorFlow의 기본 개념을 보다 자세히 소개하고, TensorFlow의 계산 모델을 신경망 모델과 결합한다.

---

18) NumPy는 수학 및 과학 연산을 위한 Python 패키지이며 자세한 내용은 http://www.numpy.org에서 볼 수 있다.

CHAPTER

3

TensorFlow 입문

3.1 TensorFlow 계산 모델 - 계산 그래프

3.2 TensorFlow 데이터 모델 - 텐서

3.3 TensorFlow 실행 모델 - 세션

3.4 TensorFlow 신경망 구현

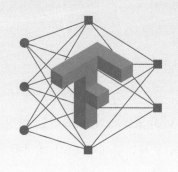

TensorFlow 입문

이 장에서 TensorFlow의 기본 개념에 대해 자세히 소개한다. 앞의 3절에서 TensorFlow 의 계산 모델, 데이터 모델, 실행 모델을 순차적으로 설명한다. 이 세 모델의 설명을 통해 TensorFlow의 동작 원리에 대해 대략적으로 이해할 수 있을 것이다. 마지막 절에서는 신경망의 주요 계산 과정과 TensorFlow를 통해 구현하는 방법을 간략히 소개한다.

3.1 TensorFlow 계산 모델 – 계산 그래프

계산 그래프(Computation Graph)는 TensorFlow에서 가장 기본적인 개념이며 TensorFlow 의 모든 연산은 계산 그래프의 노드로 변환된다. 3.1.1절에서는 TensorFlow 계산 그래프 의 기본 개념을 자세히 설명하고 3.1.2절에서는 간단한 예제를 통해 TensorFlow 계산 그래프의 사용 방법을 설명한다.

3.1.1 계산 그래프의 개념

TensorFlow라는 이름에서 이미 Tensor와 Flow라는 가장 중요한 두 가지의 개념을 내포한다. 텐서의 개념은 수학이나 물리학에서 달리 해석될 수 있지만, 이 책에서 의미를 신경 쓰지 않는다. 텐서플로우에서 텐서는 다차원 배열이라 이해할 수 있으며, 자세한 내용은 3.2절에 나와 있다. TensorFlow의 첫 번째 단어인 Tensor가 데이터 구조를 나타내면 Flow는 계산 모델을 반영한다. Flow는 '흐름'을 뜻하며, 이것은 텐서 사이에 상호 변환을 하는 과정을 나타낸다. 텐서플로우는 계산 그래프 형식을 통해 계산을 표현하는 프로그래밍 시스템이다. 텐서플로우의 각 계산은 계산 그래프의 노드이며 노드 사이의 엣지(edge)는 계산 간의 종속성을 나타낸다. [그림 3-1]은 TensorBoard[1]를 통해 그려진 두 벡터 간의 합 예제의 계산 그래프를 보여 준다.

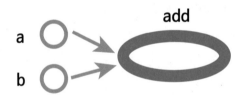

【그림 3-1】 TensorBoard를 통해 두 벡터 간의 합을 시각화한 계산 그래프

[그림 3-1]의 각 노드는 하나의 연산이며 화살표는 계산 간의 종속성을 나타낸다. 한 연산의 입력이 다른 연산의 출력과 연결되어 있다면 이 둘의 연산은 종속 관계에 있는 것이다. [그림 3-1]에서 a와 b 두 상수는 어떠한 계산에도 의존하지 않는다[2]. add 연산은 두 상수의 값에 의존한다. 따라서 [그림 3-1]의 a에서 add까지의 엣지와 b에서 add까지의 엣지를 볼 수 있다. [그림 3-1]에서 어떠한 계산도 add의 결과에 의존하지 않으므로 add의 출력은 다른 노드와 연결되지 않는다. 모든 텐서플로우 프로그램은 [그림 3-1]의 계산 그래프와 비슷한 형식으로 표현할 수 있으며, 이것이 바로 텐서플로우의 기본 계산 모델이다.

---

1) TensorBoard는 TensorFlow의 시각화 툴이며 9장에서 자세히 소개한다.
2) 모델링을 쉽게 하기 위해 상수는 항상 고정값을 출력한다.

3.1.2 계산 그래프의 사용

텐서플로우 프로그램은 일반적으로 두 단계로 나눌 수 있다. 첫 번째 단계에서는 계산 그래프의 모든 연산을 정의해야 한다. 예를 들어 2장의 벡터 간의 합 예제에서 두 개의 입력이 먼저 정의된 다음 연산을 정의해 그 합을 구해야 한다. 두 번째 단계는 계산을 실행하는 것으로써 3.3절에서 설명하겠다. 다음 코드는 이 예시의 첫 번째 단계이다.

```
import tensorflow as tf
a = tf.constant([1.0, 2.0], name="a")
b = tf.constant([2.0, 3.0], name="b")
result = a + b
```

Python에서는 일반적으로 'import tensorflow as tf'의 형식으로 TensorFlow를 로드하는데, 'tensorflow'를 'tf'로 대체함으로써 코드가 더욱 간결해진다. 이것은 TensorFlow에서 자주 쓰이는 방법이며, 이 책에선 전부 이 방법을 사용한다. 이 과정에서 TensorFlow는 자동으로 기본(default) 계산 그래프를 생성하고 정의된 연산을 계산 그래프의 노드로 변환한다. tf.get_default_graph 함수로 기본 계산 그래프를 불러올 수 있다. 다음 코드로 기본 계산 그래프와 특정 텐서가 속한 계산 그래프가 같은지 확인해 보자.

```
# a.graph를 사용하여 텐서가 속한 계산 그래프를 불러올 수 있다. 특별히 지정된 게
# 없으므로 True가 출력된다.
print(a.graph is tf.get_default_graph())
```

기본 계산 그래프를 사용하는 것 외에도 tf.Graph 함수를 통해 새로운 계산 그래프를 생성할 수 있다. 다른 계산 그래프의 텐서와 연산은 공유되지 않는다. 다음 코드로 여러 계산 그래프에서 변수를 선언하고 읽어 보자[3].

---

3) 4장에서 TensorFlow 변수의 개념에 대해 자세히 소개한다.

```
import tensorflow as tf

g1 = tf.Graph()
with g1.as_default():
    # 계산 그래프 g1에서 변수 v를 선언하고 0으로 초기화한다.
    v = tf.get_variable(
        "v", initializer=tf.zeros_initializer(shape=[1]))

g2 = tf.Graph()
with g2.as_default():
    # 계산 그래프 g2에서 변수 v를 선언하고 1로 초기화한다.
    v = tf.get_variable(
        "v", initializer=tf.ones_initializer(shape=[1]))

# 계산 그래프 g1에서 변수 v의 값을 읽는다.
with tf.Session(graph=g1) as sess:
    tf.initialize_all_variables().run()
    with tf.variable_scope("", reuse=True):
        # 계산 그래프 g1에서 변수 v의 값은 0이므로 [0.]이 출력된다.
        print(sess.run(tf.get_variable("v")))

# 계산 그래프 g2에서 변수 v의 값을 읽는다.
with tf.Session(graph=g2) as sess:
    tf.initialize_all_variables().run()
    with tf.variable_scope("", reuse=True):
        # 계산 그래프 g2에서 변수 v의 값은 1이므로 [1.]이 출력된다.
        print(sess.run(tf.get_variable("v")))
```

위의 코드는 두 개의 계산 그래프를 생성하며 각 그래프에서 v라는 변수를 선언한다. 계산 그래프 g1, g2에서 v값을 각각 0과 1로 초기화했다. 두 계산 그래프를 실행하면 v의 값이 서로 다른 것을 볼 수 있다. TensorFlow의 계산 그래프는 텐서와 연산을 분리하는 데 쓰일 뿐만 아니라, 텐서 및 연산을 관리하는 메커니즘을 제공한다. 그리고 계산 그래프는 tf.Graph.device 함수를 통해 연산 장치를 지정할 수 있다. 다음은 GPU에서 덧셈을 실행하는 코드이다.

```
g = tf.Graph()
# 연산장치 지정
with g.device('/gpu:0'):
    result = a + b
```

GPU를 사용하는 구체적인 방법은 10장에 자세히 서술되어 있다. TensorFlow의 리소스를 효과적으로 구성하는 것도 계산 그래프의 중요한 기능이다. 계산 그래프에서 컬렉션(collection)을 통해 다양한 범주의 리소스를 관리할 수 있다. 예를 들어 tf.add_to_collection 함수를 사용하여 하나 이상의 컬렉션에 리소스를 추가할 수 있고, tf.get_collection 함수로 컬렉션의 모든 리소스를 가져올 수 있다. 여기서 리소스는 텐서, 변수 또는 TensorFlow 실행에 필요한 리소스 큐(Resource Queue) 등을 가리킨다. 편의성을 위해 TensorFlow는 가장 자주 사용하는 컬렉션을 자동으로 관리하는데, 그중 일부를 [표 3-1]에 정리하였다.

【표 3-1】 TensorFlow에서 관리하는 컬렉션

컬렉션 명칭	대상	용도
tf.GraphKeys.VARIABLES	모든 변수	TensorFlow 모델 지속화
tf.GraphKeys.TRAINABLE_VARIABLES	학습 가능한 변수 (일반적으로 신경망 변수)	모델 훈련 및 모델 시각화 내용 생성
tf.GraphKeys.SUMMARIES	로그 생성과 관련된 텐서	TensorFlow 시각화
tf.GraphKeys.QUEUE_RUNNERS	입력된 QueueRunner	입력 처리
tf.GraphKeys.MOVING_AVERAGE_VARIABLES	이동평균을 계산하는 모든 변수	변수의 이동평균 계산

3.2 ‍ TensorFlow 데이터 모델 - 텐서

3.1절에서는 계산 그래프를 이용한 TensorFlow 연산에 대해 설명했다. 이 절에서는 TensorFlow의 또 다른 개념인 텐서에 대해 설명할 것이다. 텐서는 TensorFlow 데이터 형식이며, 3.2.1절에서 텐서의 일부 기본 속성에 대해 설명할 것이다. 그리고 3.2.2절에서 텐서를 통해 TensorFlow의 연산 결과를 저장하고 불러오는 방법에 대해 설명할 것이다.

3.2.1 텐서의 개념

TensorFlow란 이름을 봐도 텐서(tensor)는 매우 중요한 개념임을 알 수 있다. TensorFlow에서 모든 데이터는 텐서 형식으로 표현된다. 기능적인 관점에서 볼 때, 텐서는 단순히 다차원 배열로 이해될 수 있다. 여기서 0차 텐서는 스칼라(scalar), 1차 텐서는 벡터(vector), n차 텐서는 n차원 배열이라 이해할 수 있다. 그러나 TensorFlow에서 텐서의 역할은 배열 형태로 직접적으로 쓰이는 것이 아니라 연산 결과를 참조하기 위한 것이다. 텐서가 저장하는 것은 특정값이 아닌 이 값을 얻게 된 연산 과정이다. 벡터 덧셈을 예로 들어보자. 아래 코드를 실행하면 덧셈 결과가 아닌 결과에 대한 참조를 얻을 수 있을 것이다.

```
import tensorflow as tf
# tf.add는 덧셈 연산이며, 이 연산 결과인 하나의 텐서는 변수 a에 저장된다.
a = tf.constant([1.0, 2.0], name="a")
b = tf.constant([2.0, 3.0], name="b")
result = tf.add(a, b, name="add")
print(result)
```

```
출력:
Tensor("add:0", shape=(2,), dtype=float32)
```

위의 코드에서 TensorFlow의 텐서는 NumPy의 배열과 다르단 것을 볼 수 있으며, 덧셈 결과가 특정값이 아닌 연산 과정이란 것을 알 수 있다. 위의 출력 결과를 보면, 하나의 텐서는 이름(name), 형상(shape), 타입(type) 세 개의 속성을 저장한다.

텐서의 첫 번째 속성인 이름은 고유 식별자뿐만 아니라 계산된 방법도 제공한다. 3.1.2절에서 TensorFlow 연산은 모두 계산 그래프를 통해 이뤄지며, 계산 그래프의 각 노드는 하나의 연산을 대표하고, 또한 연산 결과는 텐서에 저장된다고 설명했다. 따라서 텐서와 계산 그래프의 노드가 대표하는 연산 결과는 대응한다. 이렇게 텐서의 이름은 'node:src_output'의 형식으로 저장될 수 있다. 여기서 node는 노드의 이름을 나타내고, src_output은 현재 텐서가 노드로부터 몇 번째로 출력된 것인지 나타낸다. 예를 들어 위의 코드에서 출력된 'add:0'은 result란 텐서가 계산 노드 'add'로부터 출력된 첫 번째 결과임을 나타낸다(0부터 번호 매김).

텐서의 두 번째 속성인 형상(shape)은 각 차원의 요소 개수를 나타낸다. 위 예제의 shape=(2,)는 텐서 result의 길이가 2인 1차원 배열임을 설명한다. 형상은 텐서의 매우 중요한 속성이며, TensorFlow는 텐서의 차원을 활용해 많은 유용한 연산을 제공한다. 일단 여기서 일일이 열거하지 않고 이후에 일부 연산을 사용해 볼 것이다.

텐서의 세 번째 속성은 타입(type)이며 각 텐서는 하나의 자료형만을 갖는다. TensorFlow는 연산과 관련된 모든 텐서에 대해 자료형 검사를 하고 형식이 일치하지 않으면 오류를 보고한다. 예를 들어 아래를 실행하면 자료형 불일치 오류가 발생한다.

```
import tensorflow as tf
a = tf.constant([1, 2], name="a")
b = tf.constant([2.0, 3.0], name="b")
result = a + b
```

이 코드는 a의 소수점을 제거했다는 점만 빼면 위 예제 코드와 동일하다. 하지만 이렇게 되면 a의 자료형은 정수이고 b의 자료형은 실수이므로 아래와 같은 자료형 불일치 오류가 발생한다.

```
ValueError: Tensor conversion requested dtype int32 for Tensor with dtype
float32: 'Tensor("b:0", shape=(2,), dtype=float32)'
```

만일 변수 a의 자료형을 "a = tf.constant([1, 2], name="a", dtype=tf.float32)"와 같이 실수형으로 지정하면 오류가 발생하지 않는다. 자료형을 지정하지 않으면 TensorFlow는 소수점이 없는 수는 int32로, 소수점을 가진 수는 float32로 자료형을 초기화한다. 따라서 일반적으로 dtype을 지정하여 변수 또는 상수의 자료형을 명시적으로 표기하는 것이 좋다. TensorFlow는 실수형(tf.float32, tf.float64), 정수형(tf.int8, tf.int16, tf.int32, tf.int64, tf.uint8), 논리형(tf.bool) 및 복수형(tf.complex64, tf.complex128)을 비롯한 14개의 자료형을 지원한다.

3.2.2 텐서의 용도

TensorFlow의 데이터 모델은 계산 모델에 비해 비교적 간단하다. 텐서의 용도는 크게 두 가지로 나눌 수 있다.

첫 번째 용도는 중간 계산 결과에 대한 참조이다. 한 계산에 많은 중간 결과를 포함할 경우 텐서를 사용하면 코드의 가독성을 크게 향상할 수 있다. 다음은 텐서의 사용법에 따른 벡터 덧셈 기능을 코드로 비교한 것이다.

```
# 텐서를 사용해 벡터의 합을 구한다.
a = tf.constant([1.0, 2.0], name="a")
b = tf.constant([2.0, 3.0], name="b")
result = a + b

# 벡터의 합을 직접적으로 계산하며, 가독성이 떨어진다.
result = tf.constant([1.0, 2.0], name="a") +
         tf.constant([2.0, 3.0], name="b")
```

계산 복잡도가 증가하면(심층 신경망을 구축하면) 텐서를 통해 계산의 중간 결과를 참조할 수 있으므로 가독성을 크게 향상할 수 있다. 동시에 중간 결과는 텐서에 저장되므로 이를 쉽게 참조할 수 있다. 예를 들어 합성곱 신경망[4]의 합성곱 계층이나 풀링 계층에서 텐서의 차원이 축소된다면, result.get_shape 함수로 텐서의 차원 정보를 쉽게 얻을 수 있다.

텐서의 두 번째 용도는 계산 그래프의 구성이 완료된 후에 텐서를 사용하여 계산 결과를 얻는 것, 즉 특정 값을 얻는 것이다. 텐서 자체가 특정값을 저장하지 않지만, 아래 3.3절에서 설명할 세션(session)을 통해 특정 값을 얻을 수 있다. 이를테면 위의 코드에서 tf.Session().run(result)으로 계산 결과를 얻을 수 있다.

3.3 TensorFlow 실행 모델 – 세션

앞서 TensorFlow는 어떻게 데이터를 구성하고 연산하는지에 대해 설명했다. 이번 절에서는 세션(session)을 사용하여 정의된 연산을 실행하는 방법을 설명한다. 세션은 TensorFlow 프로그램이 실행될 때의 모든 리소스를 소유하고 관리한다. 따라서 모든 연산이 끝나면 시스템이 리소스를 해제할 수 있도록 세션을 닫아야 한다. 그렇지 않으면 리소스 누출이 발생할 수 있다. TensorFlow에서 사용하는 두 유형의 세션이 있는데, 첫 번째 유형은 명시적으로 세션 생성 함수를 호출하고 세션 함수를 종료해야 한다. 이 유형의 코드는 다음과 같다.

```
# 세션을 생성한다.
sess = tf.Session()
# 생성된 세션을 사용하여 관심 있는 연산 결과를 가져온다.
# 한 예로 sess.run(result)를 통해 위 예제 코드의 텐서 result의 값을 얻을 수 있다.
sess.run(...)
# 세션을 종료해 이번 실행에 사용된 리소스를 해제한다.
sess.close()
```

---

4) 합성곱 신경망은 6장에서 소개한다.

위와 같이 세션을 구성한다면 모든 계산이 끝난 후에 Session.close 함수를 호출해 모든 리소스를 해제해야 한다. 그러나 예상치 못한 문제가 생겨 프로그램이 종료되면 세션 종료 함수가 실행되지 않아 리소스 누출이 발생할 수 있다. 비정상적으로 종료될 때 위와 같은 상황을 미연에 방지하기 위해서 Python의 컨텍스트 관리자를 통해 세션을 사용할 수 있다. 이 유형의 코드는 다음과 같다.

```
# Python의 컨텍스트 관리자는 with 구문을 통해 이 세션을 관리할 수 있게 해준다.
with tf.Session() as sess:
    # 생성된 세션을 사용해 결과를 계산한다.
    sess.run(...)
# 세션을 닫기 위해 Session.close()함수를 호출할 필요가 없다.
# with 구문이 종료될 때 자동으로 세션을 종료하고 리소스를 해제한다.
```

위와 같이 Python의 컨텍스트 관리자 메커니즘을 통해 모든 계산을 with 구문에 넣기만 하면 된다. 컨텍스트 관리자가 종료되면 모든 리소스는 자동으로 해제된다. 이는 비정상적인 종료로 인한 리소스 해제 문제를 해결하고, 동시에 Session.close 함수 호출을 잊어서 발생하는 리소스 유출 문제를 해결한다.

3.1절에서 TensorFlow는 기본 계산 그래프를 자동 생성하고, 별도의 지정이 없으면 연산은 이 계산 그래프에 추가된다고 설명했다. TensorFlow의 세션에도 비슷한 메커니즘이 있지만 기본 세션을 자동 생성하진 않으므로 우리가 직접 지정해야 한다. 기본 세션이 지정된 후에 tf.Tensor.eval 함수로 텐서 값을 얻을 수 있다. 다음 코드로 기본 세션을 설정하여 계산된 텐서 값을 출력해 보자.

```
sess = tf.Session()
with sess.as_default():
    print(result.eval())
```

아래의 코드도 같은 기능을 구현한다.

```
sess = tf.Session()

# 아래의 두 명령은 같은 기능을 갖는다.
print(sess.run(result))
print(result.eval(session=sess))
```

대화식 프로그래밍 환경(Python 스크립트 또는 Jupyter 에디터 등)에서는 기본 세션을 설정하여 텐서 값을 얻는 것이 더 편리하다. 그렇기에 TensorFlow는 대화식 프로그래밍 환경에서 기본 세션을 구성할 수 있는 tf.InteractiveSession 함수를 제공한다. 이 함수를 통해 자동으로 생성된 세션이 기본 세션으로 지정된다. 아래는 tf.InteractiveSession 함수의 사용 방법이다.

```
sess = tf. InteractiveSession()
print(result.eval())
sess.close()
```

tf.InteractiveSession 함수로 생성된 세션을 기본 세션으로 지정하는 과정을 생략할 수 있다. 어떤 유형으로 구성하든 ConfigProto 프로토콜 버퍼[5]를 사용하여 생성할 세션의 옵션을 설정할 수 있다. ConfigProto를 통해 세션의 옵션을 설정하는 방법은 다음과 같다.

```
config = tf.ConfigProto(allow_soft_placement=True,
                        log_device_placement=True)
sess1 = tf.InteractiveSession(config=config)
sess2 = tf.Session(config=config)
```

---

5) 프로토콜 버퍼는 2장에서 소개했었다.

ConfigProto는 병렬 스레드 수, GPU 할당량, 연산 시간과 같은 매개변수를 설정할 수 있다. 이 매개변수 중 두 개가 가장 자주 사용된다. 하나는 논리형 변수인 allow_soft_placement이며, 값이 True이고 아래 조건 중 하나라도 해당하면 GPU 연산을 CPU에서 진행한다.

① GPU에서 작업을 수행할 수 없다.

② GPU 리소스가 없다. (예를 들어 작업이 두 번째 GPU에서 실행되도록 설정됐지만 GPU가 하나만 있는 경우)

③ 피연산자 입력이 CPU 계산 결과에 대한 참조를 포함한다.

이 매개변수의 기본값은 False이지만, 코드의 이식성을 좋게 하기 위해 GPU 환경에서는 일반적으로 True로 설정된다. GPU 버전마다 컴퓨팅에 대한 지원이 약간씩 다를 수 있다. Allow_soft_placement 매개변수를 True로 설정하면, 현재 GPU에서 일부 연산을 지원할 수 없을 경우에 오류를 보고하는 대신 자동으로 CPU에서 진행하게 된다. 마찬가지로 이 매개변수를 True로 설정하면 프로그램을 다른 GPU에서 실행할 수 있다.

두 번째로 많이 사용되는 매개변수는 log_device_placement이다. 이것 또한 논리형 변수이며, 값이 True이면 각 노드가 어떤 디바이스에서 디버깅 되어야 좋은지 로그에 기록된다. 프로덕션 환경에서 이 변수를 False로 설정해야 로그 양을 줄일 수 있다.

3.4 TensorFlow 신경망 구현

위의 3절에서는 TensorFlow의 기본 개념을 다른 관점에서 소개했다. 이 절에서는 신경망의 기능과 함께 TensorFlow를 통해 신경망을 구현하는 방법에 대해 자세히 설명한다. 먼저 3.4.1절에서는 TensorFlow 플레이그라운드를 통해 신경망의 주요 기능과 계산 과정을 간략하게 소개한다. 그리고 3.4.2절에서 신경망의 순전파(forward-propagation) 알고리즘에 대해 알아보고 TensorFlow를 사용하여 코드를 구현한다. 이어서 3.4.3절에서 TensorFlow 변수를 통해 신경망 매개변수를 표현하는 방법을 소개한다. 역전파(backpropagation) 알고리즘의 원리 및 역전파 알고리즘에 대한 TensorFlow의 함수는 3.4.4절에서 설명한다. 마지막으로 3.4.5절에서 TensorFlow를 통해 무작위 데이터로 간단한 신경망을 학습시킬 것이다.

3.4.1 TensorFlow 플레이그라운드와 신경망

이 절에서 TensorFlow 플레이그라운드를 통해 신경망의 주요 기능을 알아보자. TensorFlow 플레이그라운드(http://playground.tensorflow.org)는 사용자가 직접 신경망을 훈련하고 이 과정을 볼 수 있도록 구현한 웹 페이지이다. 이 주소로 접속하면 [그림 3-2]와 같은 플레이그라운드 홈페이지를 만나볼 수 있다.

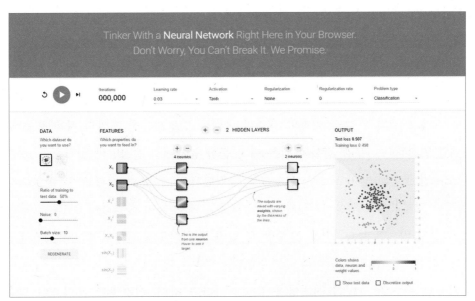

【그림 3-2】 TensorFlow 플레이그라운드 홈페이지

TensorFlow 플레이그라운드 홈페이지 좌측에는 신경망을 테스트할 수 있는 4개의 데이터셋을 제공한다. 선택한 데이터셋은 우측에 있는 'OUTPUT' 아래에 보인다. 여기 이

차원 평면에서 두 색의 점들을 볼 수 있는데, 점은 샘플이며 색상은 샘플의 레이블을 나타낸다. 색상이 두 가지뿐이므로 이는 이진 분류 문제이다. 다음은 이 데이터셋이 나타낼 수 있는 현실적인 문제의 한 예이다. 공장에서 생산된 부품의 합격 여부를 판단할 때, 회색 점은 합격한 부품을 나타내고 검은색 점은 불합격 부품을 나타낼 수 있다. 이러한 방식을 통해 부품의 합격 여부를 색의 구분으로 판단할 수 있다.

현실적인 문제를 평면에 표현하기 위해선 문제의 개체(예를 들어 위 예제 중의 부품)를 평면의 한 점으로 나타내야 한다[6]. 이것이 특징 추출이 해결할 문제이다. 다시 부품을 예로 들면 길이와 질량으로 부품을 대략적으로 묘사할 수 있다. 머신러닝에서 개체를 묘사하는 데 쓰인 모든 숫자의 조합을 특징 벡터(feature vector)라고 한다. 1장에서 설명했듯이, 특징 벡터의 추출은 머신러닝의 효과에 지대한 영향을 끼친다. 특징 추출 방법은 이 책에서 다루지 않는다. 부품의 특징 벡터로 길이와 질량을 사용한다고 가정하면 각 부품은 2차원 평면의 한 점이며, 길이를 x_1, 질량을 x_2로 표현할 수 있다. TensorFlow 플레이그라운드에서 FEATURES 항목이 특징 벡터에 해당한다.

특징 벡터는 신경망의 입력이며, 신경망의 구조는 [그림 3-2]의 중앙에 위치한다. 현재 인기 있는 신경망은 계층 구조를 갖고 있으며, 첫 번째 층은 입력층이고 특징 벡터의 각 특징값을 입력받는다. 예를 들어 부품의 길이가 0.5이면 x_1의 값은 0.5이다. 같은 계층의 노드는 서로 연결되지 않고, 마지막 계층인 출력층으로 계산될 때까지 각 계층은 다음 계층에만 연결된다[7]. 부품 검사와 같은 이진 분류 문제에서 신경망의 출력층은 종종 하나의 노드만 포함되며 이 노드는 실수값을 출력한다. 최종 분류 결과는 이 출력값과 미리 설정된 임계값으로 얻을 수 있다. 부품 검사를 예로 들어 출력값이 0보다 크면 합격으로, 그렇지 않으면 불합격으로 간주할 수 있다. 일반적으로 출력값이 임계값에서 멀어질수록 더 신뢰할 수 있는 답이라고 간주한다.

입력층과 출력층 사이의 신경망을 은닉층이라고 하며, 신경망의 은닉층이 많을수록 신경망이 더 깊어진다. 딥러닝에서의 이 '깊이'와 신경망의 계층 수 역시 밀접한 관계가 있다. TensorFlow 플레이그라운드에서 '+' 또는 '−'를 클릭하여 신경망의 은닉층

---

6) 실제 문제에서는 일반적으로 더 많은 특징이 추출되므로 개체는 고차원 공간의 한 점으로 표현된다.
7) 일부 신경망은 층에 걸쳐 연결되기도 하지만 현재 대부분의 신경망은 인접한 계층끼리만 연결된다.

을 늘리거나 줄일 수 있다. 신경망의 깊이 이외에 TensorFlow 플레이그라운드는 학습률 (learning rate), 활성화 함수(activation), 정규화(regularization)뿐만 아니라 각 층의 노드 수를 선택하는 것을 지원한다. 이러한 변수를 어떻게 사용하는지는 이후에 설명한다. 이 절에서는 TensorFlow 플레이그라운드의 기본값을 직접 사용한다. 모든 설정을 완료하면 왼쪽 상단의 시작 버튼 '▶'을 눌러 신경망을 학습시킬 수 있다. [그림 3-3]은 신경망을 100회 반복 훈련한 상황을 보여 준다.

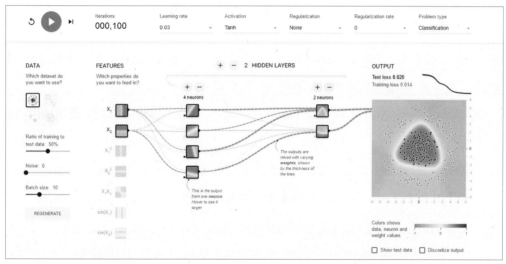

【그림 3-3】 TensorFlow 플레이그라운드에서 100회 반복 훈련한 신경망

신경망을 훈련시키는 방법은 3.4.4절에서 설명할 것이며, 여기선 주로 TensorFlow 플레이그라운드의 훈련 결과를 해석하는 방법을 설명한다. [그림3-3]에서 네모는 신경망의 노드를 나타내며, 엣지는 노드 간의 연결을 나타낸다. 각 노드와 엣지는 진하거나 밝은 색이지만 엣지의 색은 네모 안의 색이 의미하는 것과 약간 다르다. 각 엣지는 신경망에서 어떠한 실수도 될 수 있는 매개변수를 나타낸다. 신경망은 매개변수의 합리적인 설정에 의해 분류 또는 회귀 문제를 해결한다. 선의 색은 이 매개변수의 값을 반영한다. 선의 색이 진해질수록 이 매개변수의 절댓값이 더 크고, 선의 색이 흰색에 가까우면 이 매

개변수의 값이 0에 가깝다[8].

　평면을 직교 좌표계에서 봤을 때, 이 평면의 점들을 (x_1, x_2)으로 표현한다. 이 점의 색상은 x_1, x_2에 대한 노드의 출력값을 반영한다. 선과 마찬가지로 노드 출력값의 절댓값이 클수록 색이 더 진해진다[9]. 아래는 입력층 x_1이 나타내는 노드에 대한 구체적인 설명이다. [그림 3-3]에서 x_1이 y값을 기준으로 구분 짓는 것을 볼 수 있다. 이 노드의 출력은 x_1 자체의 값이므로 x_1이 0보다 작으면 출력값은 음수가 되고, x_1이 0보다 크면 출력값은 양수가 된다. 따라서 y값이 음수면 회색이고, 양수면 검은색이다[10]. [그림 3-3]의 다른 노드들도 마찬가지다. 유일하게 다른 것은 OUTPUT 항목의 출력 노드이다. 이 노드는 구분된 평면을 표시하는 것 외에도 훈련 데이터, 즉 신경망에 의해 구별되어야 하는 데이터를 표시한다. [그림 3-3]에서 볼 수 있듯이 두 은닉층을 지나면 출력 노드에서 서로 다른 색상의 데이터를 완전히 구분해 낼 수 있다.

　요약하자면, 분류 문제를 해결하기 위해 신경망을 사용하는 것은 다음 네 단계로 나눌 수 있다.

① 문제 중에 객체의 특징 벡터를 신경망의 입력으로 추출한다. 객체마다 다른 특징 벡터를 추출할 수 있지만, 이 책에서는 자세히 설명하지 않는다. 이 책에서는 신경망이 입력받는 특징 벡터를 데이터셋에서 바로 얻을 수 있다고 가정한다.

② 신경망의 구조를 정의하고 신경망의 입력으로부터 출력을 얻는 방법을 정의한다. 이 과정은 신경망의 순전파 연산이며 3.4.2절에서 자세히 설명한다.

③ 훈련 데이터를 통해 신경망의 매개변수 값을 조정한다. 이것이 신경망 학습 과정이다. 3.4.3절에서 먼저 TensorFlow의 매개변수에 대해 설명하고, 3.4.4절에서 신경망 최적화 알고리즘의 프레임워크를 소개하고 TensorFlow를 통해 이 프레임워크를 구현해 볼 것이다.

④ 학습된 신경망으로 데이터를 예측한다. 이 과정은 2단계의 순전파 알고리즘과 일치하므로 더 반복하여 서술하지 않는다.

---

8) 엣지의 색상에는 노란색(밝은색)과 파란색(어두운색)이 있는데, 노란색이 진할수록 음수에 가깝고 파란색이 진할수록 양수에 가깝다.
9) 엣지의 색상과 동일하다.
10) 음수는 노란색(밝은색)으로 양수는 파란색(어두운색)으로 표현된다.

다음 절에서 TensorFlow로 신경망을 구축하기 위한 여러 단계를 자세히 설명한다. 마지막으로 3.4.5절에서 완성된 신경망을 보여 준다.

3.4.2 순전파 알고리즘

3.4.1절에서 신경망은 입력한 특징 벡터가 각 계층을 지나 최종적으로 출력을 얻을 수 있고, 이 출력을 통해 분류 또는 회귀 문제를 해결할 수 있음을 간략하게 설명했다. 그렇다면 신경망의 출력값은 어떻게 얻어질까? 이 절에서 이 문제를 해결할 순전파 알고리즘에 대해 자세히 설명한다. 신경망마다 순전파 방식이 각기 다른데, 이 절에서는 가장 간단한 완전 연결 계층의 순전파 알고리즘을 소개하고 TensorFlow로 이 알고리즘을 구현하는 방법을 보여 준다. 신경망의 순전파 알고리즘을 설명하기 위해선 뉴런의 구조를 이해할 필요가 있다. 뉴런은 신경망을 구성하는 최소 단위이며, [그림 3-4]는 가장 단순한 뉴런 구조를 보여 준다.

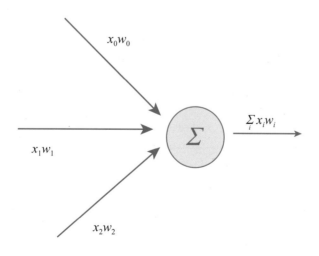

【그림 3-4】 뉴런 구조

[그림 3-4]에서 볼 수 있듯이, 뉴런에는 여러 입력과 하나의 출력이 있다. 각 뉴런에 대한 입력은 다른 뉴런의 출력이거나 전체 신경망의 입력일 수 있다. 신경망의 구조란 여러 뉴런 간의 연결 구조를 가리킨다. [그림 3-4]와 같이, 가장 단순한 뉴런 구조의 출력은 모든 입력의 가중합이며[11], 입력의 가중치는 뉴런의 매개변수이다. 신경망을 최적화하는 과정은 신경망의 매개변숫값을 최적화하는 과정이라 할 수 있다. 자세한 내용은 뒤에서 설명한다. 이번 절에서는 신경망의 순전파 연산을 중점으로 설명한다. [그림 3-5]는 부품 검사 결과를 판단하는 단순한 완전 연결 계층의 3층 신경망이다. 완전 연결 신경망이라 부르는 이유는 인접한 계층에 있는 임의의 두 노드가 서로 연결되었기 때문이다. 또한, 이러한 신경망 구조와 뒤에서 설명할 합성곱 계층 및 LSTM 구조를 구분하기 위한 것이다. [그림 3-5]에서 입력층을 제외한 모든 노드는 위와 같은 뉴런 구조를 갖고 있음을 볼 수 있다.

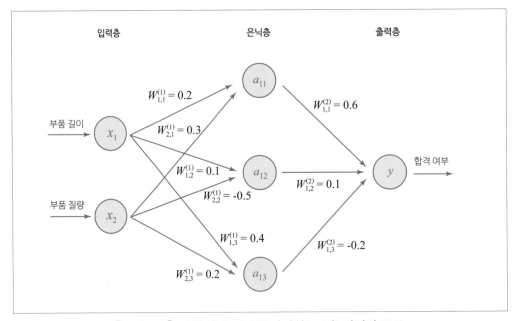

【그림 3-5】 부품 검사 결과를 판단하는 3층 신경망 구조

---

11) 더 복잡한 뉴런 구조는 4장에서 소개한다.

신경망의 순전파 연산에는 세 가지 정보가 필요하다. 첫 번째는 신경망에 대한 입력이며, 이 입력은 객체에서 추출한 특징 벡터이다. 예를 들어 [그림 3-5]에는 두 개의 입력이 있는데, 하나는 부품의 길이가 x_1이고 다른 하나는 부품의 질량이 x_2이다. 두 번째는 신경망의 연결 구조이다. 신경망은 뉴런으로 구성되며, 신경망의 구조는 뉴런의 입력과 출력 사이에 다양한 연결 관계를 갖을 수 있다. 신경망의 뉴런은 노드라 불리기도 하는데, 앞으로 이 책에서 신경망의 뉴런은 노드로 통일해 표기한다. [그림 3-5]에서 노드 a_{11}은 x_1과 x_2의 출력인 두 개의 입력을 갖는다. 또 a_{11}의 출력은 노드 y의 입력이다. 마지막 세 번째는 각 뉴런의 매개변수이다. [그림 3-5]에서 노드의 매개변수는 W로 표시한다. W의 윗첨자는 신경망의 계층 수를 의미한다. 예를 들어 첫 번째 계층 노드의 매개변수를 나타내고, $W^{(2)}$은 두 번째 계층 노드의 매개변수를 나타낸다. W의 아래 첨자는 연결된 노드 간의 번호를 의미한다. 예를 들어 $W_{1,2}^{(1)}$은 x_1과 노드 a_{12}가 연결된 엣지의 가중치를 나타낸다. 각 엣지의 가중치를 최적화하는 방법은 다음 절에서 설명하기로 하고, 이 절에서는 이러한 가중치를 이미 알고 있다고 가정한다. 신경망의 입력값, 신경망의 구조 및 엣지의 가중치가 주어지면 순전파 알고리즘을 통해 신경망의 출력값을 계산할 수 있다. [그림 3-6]은 이 신경망의 순전파 연산을 보여 준다.

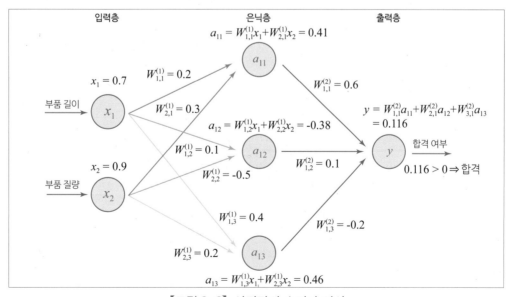

【그림 3-6】 신경망의 순전파 연산

[그림 3-6]에서 입력층에 주어진 값은 $x_1 = 0.7$과 $x_2 = 0.9$이다. 순전파 알고리즘은 입력층에서 시작하여 계층마다 쓰인다. 은닉층에는 3개의 노드가 있으며, 각 노드는 입력층에 주어진 값의 가중합을 갖는다. a_{11} 값의 계산 과정은 다음과 같다.

$$a_{11} = W_{1,1}^{(1)} x_1 + W_{2,1}^{(1)} x_2 = 0.7 \times 0.2 + 0.9 \times 0.3 = 0.14 + 0.27 = 0.41$$

a_{12}과 a_{13}도 이같은 계산 과정을 거쳐 얻으며, 구체적인 계산 과정은 [그림 3-6]에 나와 있다. 첫 번째 계층의 노드값을 얻은 후에 출력층의 값을 유도할 수 있다. 마찬가지로 출력층의 값은 첫 번째 계층의 가중합과 같다.

$$y = W_{1,1}^{(2)} a_{11} + W_{2,1}^{(2)} a_{12} + W_{3,1}^{(2)} a_{13} = 0.41 \times 0.6 + (-0.38) \times 0.1 + 0.46 \times (-0.2)$$
$$= 0.246 + (-0.038) + (0.092) = 0.116$$

이 출력값은 임계값인 0보다 크기 때문에 이 부품의 검사 결과는 합격으로 판단할 수 있다. 이것이 바로 순전파 연산이다. 순전파 연산은 행렬 곱셈으로 표현 가능하다. 입력 x_1, x_2를 1×2 크기의 행렬 $x = [x_1, x_2]$로, $W^{(1)}$을 2×3 크기의 행렬로 표현하면 다음과 같다.

$$W^{(1)} = \begin{bmatrix} W_{1,1}^{(1)} & W_{1,2}^{(1)} & W_{1,3}^{(1)} \\ W_{2,1}^{(1)} & W_{2,2}^{(1)} & W_{2,3}^{(1)} \end{bmatrix}$$

이렇게 행렬 곱셈을 사용하여 은닉층의 세 노드의 벡터값을 얻을 수 있다.

$$a^{(1)} = [a_{11}, a_{12}, a_{13}] = xW^{(1)} = [x_1, x_2] \begin{bmatrix} W_{1,1}^{(1)} & W_{1,2}^{(1)} & W_{1,3}^{(1)} \\ W_{2,1}^{(1)} & W_{2,2}^{(1)} & W_{2,3}^{(1)} \end{bmatrix}$$
$$= [W_{1,1}^{(1)} x_1 + W_{2,1}^{(1)} x_2, W_{1,2}^{(1)} x_1 + W_{2,2}^{(1)} x_2, W_{1,3}^{(1)} x_1 + W_{2,3}^{(1)} x_2]$$

출력값은 다음과 같이 표현할 수 있다.

$$[y] = a^{(1)} W^{(2)} = [a_{11}, a_{12}, a_{13}] \begin{bmatrix} W_{1,1}^{(2)} \\ W_{2,1}^{(2)} \\ W_{3,1}^{(2)} \end{bmatrix} = [W_{1,1}^{(1)} a_{11} + W_{2,1}^{(2)} a_{12} + W_{3,1}^{(2)} a_{13}]$$

위에서 행렬 곱셈 방식을 통해 순전파 알고리즘을 설명했다. TensorFlow에서 행렬 곱셈은 구현하기가 매우 쉽다. 다음은 [그림 3-5]에 있는 신경망의 순전파 과정을 TensorFlow로 구현한 것이다.

```
a = tf.matmul(x, w1)
y = tf.matmul(a, w2)
```

여기서 tf.matmul은 행렬 곱셈 기능을 구현한다. 지금까지 신경망의 순전파 알고리즘에 대해 자세히 설명함과 동시에 TensorFlow로 이 과정을 구현했다. 편향(bias), 활성화 함수(activation function) 등과 같은 복잡한 뉴런 구조는 뒤에서 계속해서 설명할 것이다. 합성곱 신경망, LSTM 구조와 같은 보다 복잡한 신경망 구조도 소개할 것이다. TensorFlow는 더욱 복잡한 신경망에 대해서도 많은 지원을 제공한다.

3.4.3 신경망 매개변수 및 TensorFlow 변수

신경망의 매개변수는 신경망이 분류 또는 회귀 문제를 해결하는 데 있어서 중요한 역할을 한다. 이 절에서는 TensorFlow가 어떤 식으로 신경망의 매개변수를 구성하고 저장하며 사용하는지 더 구체적으로 설명할 것이다. TensorFlow에서 변수(tf.Variable)의 역할은 신경망에서 매개변수를 저장하고 업데이트하는 것이다. 다른 프로그래밍 언어와 마찬가지로 TensorFlow의 변수도 초기화를 해야 한다. 신경망에서 매개변수를 임의값으로 할당하는 것이 가장 일반적이므로, TensorFlow에서 변수를 초기화하는 데 보통 난수를 사용한다. 다음 코드는 TensorFlow에서 2×3 크기의 행렬변수를 선언하는 방법이다.

```
weights = tf.Variable(tf.random_normal([2, 3], stddev=2))
```

이 코드는 TensorFlow 변수의 선언 함수 tf.Variable을 호출한다. 이 변수를 초기화하는 방법은 변수 선언 함수에 나와 있다. TensorFlow의 변수 초깃값은 임의의 숫자 또는 상수로 설정하거나 다른 변수의 초깃값 계산으로 얻을 수 있다. 위의 예에서 tf.random_normal([2, 3], stddev=2)는 평균이 0이고 표준 편차가 2인 2×3 크기의 행렬을 생성한다. tf.random_normal 함수는 평균을 매개변수 mean으로 정할 수 있으며 기본값은 0이다. 신경망의 매개변수는 통산 정규 분포를 만족하는 난수로 초기화한다. TensorFlow는 정규 분포의 난수 이외에 다른 난수 생성 함수도 지원하는데, [표 3-2]에 현재 TensorFlow에서 지원하는 모든 난수 생성 함수가 나와 있다.

【표 3-2】 TensorFlow 난수 생성 함수

함수명	난수 분포	주요 매개 변수
tf.random_normal	정규분포	평균, 표준편차, 자료형
tf.truncated_normal	정규분포, 그러나 평균으로부터 표준 편차가 2 이상인 값은 제거되고 다시 생성한다.	평균, 표준편차, 자료형
tf.random_uniform	균일분포	최소값, 최대값, 자료형
tf.random_gamma	감마분포	형상모수 alpha, 척도모수beta, 자료형

TensorFlow는 상수로 변수를 초기화하는 기능도 지원한다. [표 3-3]에 TensorFlow에서 일반적으로 사용되는 상수 생성 함수가 나와 있다.

【표 3-3】 TensorFlow 상수 생성 함수

함수명	기능	예제
tf.zeros	모든 요소가 0인 행렬을 생성	tf.zeros([2, 3], int32) -> [[0, 0, 0], [0, 0, 0]]
tf.ones	모든 요소가 1인 행렬을 생성	tf.ones([2, 3], int32) -> [[1, 1, 1], [1, 1, 1]]
tf.fill	모든 요소가 정해진 값인 행렬을 생성	tf.fill([2, 3], 9) -> [[9, 9, 9], [9, 9, 9]]
tf.constant	정해진 값의 상수를 생성	tf.constant([1, 2, 3]) -> [1,2,3]

신경망에서 편향(bias)은 일반적으로 상수로 초기화한다.

```
biases = tf.Variable(tf.zeros([3]))
```

이 코드는 초깃값이 모두 0이고 길이가 3인 변수를 생성한다. 난수 또는 상수를 사용하는 것 외에도, TensorFlow는 다른 변수의 초깃값으로 새 변수를 초기화하는 기능도 지원한다.

```
w2 = tf.Variable(weights.initialized_value())
w3 = tf.Variable(weights.initialized_value() * 2.0)
```

위의 코드에서 w2의 초깃값은 weights 변수와 동일하게 설정된다. w3의 초깃값은 weights의 초깃값의 두 배이다. TensorFlow에서 변수를 사용하기 위해선 먼저 초깃값을 선언해야 한다. 다음 예제에서는 변수를 통해 신경망 매개변수를 구현하고 순전파 연산을 구현하는 방법을 보여 준다.

```
import tensorflow as tf

# 두 변수 w1, w2를 선언한다.
# 동시에 랜덤 함수의 seed를 설정해 매번 실행할 때마다 얻는 결과가 같도록 한다.
w1 = tf.Variable(tf.random_normal([2, 3], stddev=1, seed=1))
w2 = tf.Variable(tf.random_normal([3, 1], stddev=1, seed=1))

# 이 예제에서는 입력의 특징 벡터를 하나의 상수로 정의한다.
# 여기서 x는 1*2 크기의 행렬임을 주의한다.
x = tf.constant([[0.7, 0.9]])

# 순전파 연산으로 신경망의 출력을 얻는다.
a = tf.matmul(x, w1)
y = tf.matmul(a, w2)
```

```
sess = tf.Session()
# 3.4.2절 중의 계산과 달리, 여기선 w1과 w2의 초기화가 아직 진행되지 않았으므로
# sess.run(y)를 바로 쓸 수가 없다. 아래 두 행에서 각각 w1, w2를 초기화한다.
sess.run(w1.initializer)  # w1 초기화
sess.run(w2.initializer)  # w2 초기화
# 출력: [[3.95757794]]
print(sess.run(y))
sess.close()
```

여기서 변수 w1과 w2가 선언된 후, 이 변수들로 하여금 순전파 연산을 정의해 중간 결과 a와 최종 결과 y를 얻을 수 있음을 보여 준다. w1, w2, a 및 y를 정의하는 과정은 3.1.2절에서 설명한 TensorFlow 프로그램의 첫 번째 단계에 해당한다. 이 단계에서 TensorFlow 계산 그래프의 모든 연산을 정의하지만, 정의된 연산은 실제로 수행되지 않는다. 이 연산을 수행하고 결과를 얻기 위해선 두 번째 단계로 넘어가야 한다.

TensorFlow 프로그램의 두 번째 단계에서는 세션(session)이 선언되고 세션을 통해 결과를 얻는다. 위의 예를 보면 세션을 선언하고 나서야 정의된 연산을 수행할 수 있다. 그러나 y를 계산하기 전에 선언된 모든 변수를 초기화해야 한다. 다시 말해 변수가 정의될 때 초기화 설정이 주어지더라도 실제로 실행되진 않은 것이다. 따라서 y를 계산하기 전에 w1.initializer와 w2.initializer를 실행하여 변수에 값을 할당해야 한다. 각 변수의 초기화 함수를 직접 호출하는 것이 가능하지만, 변수의 개수가 증가하거나 변수 간에 종속성이 있는 경우에 이 방법은 매우 번거롭다. 이를 해결하기 위해 TensorFlow는 보다 편리한 변수 초기화 함수를 제공한다. 아래는 모든 변수를 한 번에 초기화하는 tf.global_variables_initializer 함수이다.

```
init_op = tf.global_variables_initializer()
sess.run(init_op)
```

tf.global_variables_initializer 함수를 사용하면 변수를 하나씩 초기화할 필요가 없다. 이 함수는 변수 간의 종속성도 자동으로 처리한다. 앞으로 변수의 초기화는 이 함수를 사용할 것이다.

3.2절에서 소개한 Tensorflow의 핵심 개념은 텐서(tensor)이며, 모든 데이터는 텐서로 구성되어 있다. 그렇다면 앞서 소개한 변수는 텐서와 무슨 관계가 있을까? TensorFlow에서 변수 호출 함수인 tf.Variable은 하나의 연산이다. 이 연산은 텐서를 출력하며 이 텐서는 이 절에서 소개한 변수이다. 따라서 변수는 단지 하나의 특별한 텐서이다. 다음은 tf.Variable 연산이 TensorFlow에서 구현되는 방법에 대한 자세한 설명이다. [그림 3-7]은 신경망 순전파 예제에서 변수 w1과 관련된 계산 그래프이다.

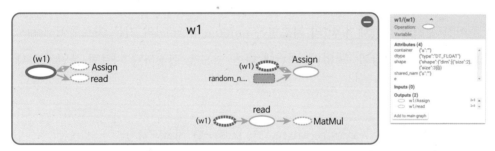

【그림 3-7】 신경망 순전파 예제에서 변수 w1과 관련된 계산 그래프[12]

[그림 3-7]에서 실선으로 표시된 타원은 w1을 나타내며 w1은 Variable 연산임을 알 수 있다. 이 그림의 하단에서 w1이 read 메소드를 통해 곱셈 연산으로 전달됨을 볼 수 있는데, 이 곱셈 연산이 바로 tf.matmul(x, w1) 이다. 변수 w1을 초기화하는 작업은 Assign 메소드를 통해 수행된다. Assign 노드의 입력은 난수 생성 함수의 출력이고, 출력은 변수 w1에 할당된다. 이것으로 변수 초기화를 끝낼 수 있다.

3.1.2절에서 TensorFlow의 컬렉션(collection)의 개념을 소개했으며, 모든 변수는 GraphKeys.VARIABLES에 자동으로 추가된다. 계산 그래프의 모든 변수는 tf.all_variables 함수로 가져올 수 있다. 계산 그래프에서 모든 변수를 가져오는 것은 전체 계

---

12) 이 그림은 9장에서 자세히 소개할 TensorBoard를 통해 시각화한 그래프이다.

산 그래프의 실행 상태를 유지하는 데 도움이 된다. 자세한 내용은 5장에서 설명한다. 신경망과 같은 머신러닝 모델을 구축할 때, 변수 선언 함수 중 trainable 매개변수로 최적화가 필요한 매개변수(신경망의 매개 변수 등)와 기타 매개변수(반복 횟수 등)을 구별할 수 있다. 변수가 선언될 때 trainable 매개변수가 True이면 이 변수는 GraphKeys.TRAINABLE_VARIABLES에 추가된다. TensorFlow에서는 tf.trainable_variables 함수를 통해 최적화해야 할 모든 매개변수를 얻을 수 있다. TensorFlow에서 제공되는 신경망 최적화 알고리즘은 기본적으로 GraphKeys.TRAINABLE_VARIABLES의 변수를 최적화 대상으로 설정되어 있다.

텐서와 마찬가지로 형상(shape)과 타입(type)도 변수의 가장 중요한 두 가지 속성이다. 대부분의 프로그래밍 언어와 마찬가지로 변수의 자료형은 변경할 수 없다. 예를 들어 위에 주어진 순전파 예제에서 w1의 자료형은 random_normal의 기본 자료형 tf.float32이며 다른 자료형이 할당될 수 없다. 예컨대 다음 코드를 실행하면 자료형 불일치에 대한 오류를 발생시킨다.

```python
w1 = tf.Variable(tf.random_normal([2, 3], stddev=1), name="w1")
w2 = tf.Variable(tf.random_normal([2, 3], dtype=tf.float64, stddev=1),
                 name="w2")
w1.assign(w2)
```

실행하면 아래와 같은 오류가 발생한다.

```
TypeError: Input 'value' of 'Assign' Op has type float64 that does not match type
float32 of argument 'ref'.
```

형상은 변수의 또 다른 중요한 속성이다. 자료형과 달리 프로그램 실행 중에 변경될 수 있지만 validate_shape=False로 설정해야 한다.

```python
w1 = tf.Variable(tf.random_normal([2, 3], stddev=1), name="w1")
```

```
w2 = tf.Variable(tf.random_normal([2, 2], stddev=1), name="w2")
# 아래 행을 실행하면 다음과 같은 형상 불일치 오류가 발생한다.
# ValueError: Shapes (2, 3) and (2, 2) are not compatible
tf.assign(w1, w2)
# 아래 행은 오류가 발생하지 않는다.
tf.assign(w1, w2, validate_shape=False)
```

TensorFlow는 형상의 변경을 지원하지만 실제로 이 방법은 거의 사용되지 않는다.

3.4.4 TensorFlow 신경망 모델 학습

3.4.3절에서는 TensorFlow 변수를 통해 어떻게 신경망의 변수를 나타내는지, 그리고 예제를 통해 신경망 순전파 연산을 설명했다. 예제에서 사용된 모든 변숫값은 임의의 값을 할당했다. 신경망을 실제에 적용하기 위해서는 매개변숫값을 보다 잘 설정해야 한다. 이 절에서는 지도 학습의 방식을 통해 매개변수를 합리적으로 설정하는 방법에 대해 간략히 소개하고, TensorFlow로 이 과정을 구현할 것이다. 신경망 매개변수를 설정하는 과정은 신경망의 학습 과정이라 할 수 있다. 학습이 잘된 신경망 모델만이 분류 또는 회귀 문제를 효과적으로 해결할 수 있다. [그림 3-8]은 신경망 모델 학습 전후의 분류 성능을 비교한 것이다. 이 모델은 학습 전에 검은색 점과 회색 점을 전혀 구분할 수 없었지만 학습 후에는 분류 성능이 향상됐음을 볼 수 있다.

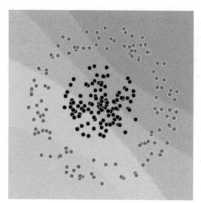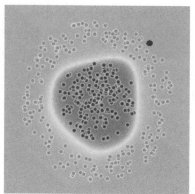

【그림 3-8】 TensorFlow 플레이그라운드 학습 전후의 분류 성능 비교

　지도 학습을 사용하여 신경망 매개변수를 설정하려면 라벨링된 데이터셋이 필요하다. 예를 들어 부품의 합격 여부를 판단하기 위해 이 데이터셋은 합격한 부품과 불합격한 부품으로 라벨링되어야 한다. [그림 3-8]에서 검은색 점과 회색 점은 훈련 데이터셋을 나타내며, 평면상의 어둡거나 밝은 부분은 신경망이 판단한 결과를 나타낸다. 3.4.1절에서 설명했듯이 색상이 어두울수록 신경망 모델은 판단에 더 확신을 갖는다. 왼쪽 그림은 신경망 학습 전에 분류한 결과이며, 모든 변수의 값은 난수이다. 이 평면의 색상은 매우 밝고 회색 점과 검은색 점 사이에 구분이 없음을 알 수 있다. 오른쪽 사진은 신경망 학습 후의 상태를 보여 준다. 검은색 점과 회색 점은 명확히 구분됐으며 중간에 밝은 원이 있다는 것 빼고는 매우 정확하게 분류했다.

　지도 학습의 가장 중요한 키포인트는 라벨링된 데이터셋에서 신경망 모델의 예측 결과를 실제 결과에 최대한 근접하게 만드는 것이다. 신경망에서 매개변수를 조정하여 훈련 데이터셋을 피팅함으로써 모델의 예측 능력을 증가시킬 수 있다. [그림 3-8] 오른쪽 그래프의 우측 위 모서리에 있는 검은색 점은 회색 점과 동일한 레이블을 가질 확률이 높다. 만일 회색 점이 불합격한 부품을 나타낸다면 이 검은색 점도 마찬가지일 것이다.

　신경망 최적화 알고리즘에서 가장 보편적인 방법은 역전파(backpropagation) 알고리즘이다. 역전파 알고리즘의 구체적인 동작 원리는 아래의 4.3절에서 설명할 것이다. 이 절에서는 신경망 학습의 전반적인 흐름과 이 연산에 대한 TensorFlow의 여러 함수에 대해 중점적으로 소개한다. [그림 3-9]는 역전파 알고리즘을 사용한 신경망 학습 순서도이다.

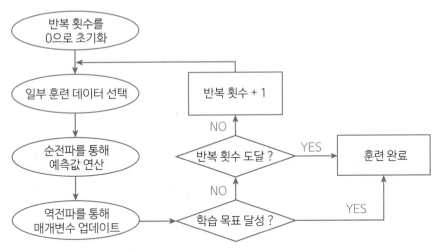

【그림 3-9】 신경망 역전파 흐름도

[그림 3-9]에서 알 수 있듯이 역전파 알고리즘은 반복성을 갖는다. 각 반복은 일부 훈련 데이터를 선택하는 것으로 시작되며, 이 일부 훈련 데이터를 배치(batch) 데이터라 한다. 그런 다음, 이 배치 데이터는 순전파 알고리즘을 통해 신경망 모델의 예측 결과를 가져온다. 훈련 데이터는 정확한 라벨링이 되어 있기 때문에 현재 신경망 모델의 예측한 값과 실제값 사이의 차이를 계산할 수 있다. 마지막으로, 역전파 알고리즘은 예측값과 실제값의 오차를 반영해 신경망 매개변수 값을 업데이트하므로, 이 배치 데이터에서 신경망 모델의 예측 결과는 실제 결과와 더욱 가까워질 수 있다.

TensorFlow를 사용하여 역전파 알고리즘을 구현하는 첫 번째 단계는 배치 데이터를 구성하는 것이다. 3.4.3절에서는 아래와 같은 상수로 샘플을 나타냈었다.

```
x = tf.constant([[0.7, 0.9]])
```

그러나 각 반복에서 선택한 데이터를 상수로 표현하면 상수가 생성될 때마다 TensorFlow는 계산 그래프에 노드를 추가하기 때문에 계산 그래프가 매우 커진다. 일반적으로 신경망 학습 과정은 수백만, 많게는 수억 회의 반복이 필요하므로 계산 그래프가 매우 커지고 사용률이 매우 낮아진다. 이 문제를 피하기 위해 TensorFlow에는 입력 데이터를 제공하기 위한 placeholder 메커니즘이 있다. 말 그대로 placeholder는 위치를 정의하는 것과 같은데, 이 위치에 있는 데이터는 프로그램 실행 시에 재지정해야 한다. 이렇게 하면 입력 데이터를 제공하기 위해 프로그램에서 많은 상수를 생성할 필요 없이 placeholder를 통해 TensorFlow 계산 그래프로 데이터를 전달하기만 하면 된다. placeholder를 정의할 때, 이 위치의 자료형을 미리 명시해야 한다. 다른 텐서와 마찬가지로 placeholder의 자료형도 변경할 수 없다. placeholder에 있는 데이터의 차원 정보는 제공된 데이터에서 가져오므로 꼭 지정하지 않아도 된다. placeholder를 통해 순전파 알고리즘을 구현한 코드는 다음과 같다.

```
import tensorflow as tf

w1 = tf.Variable(tf.random_normal([2, 3], stddev=1))
w2 = tf.Variable(tf.random_normal([3, 1], stddev=1))

# 입력 데이터의 위치를 저장할 placeholder를 정의한다. 여기서 shape는 굳이 정의하지
# 않아도 된다. 그러나 shape이 정확하다면 오류율을 줄일 수 있다.
#
x = tf.placeholder(tf.float32, shape=(1, 2), name="input")
a = tf.matmul(x, w1)
y = tf.matmul(a, w2)

sess = tf.Session()
init_op = tf.initialize_all_variables()
sess.run(init_op)

# 아래 행을 실행하면 오류가 발생한다.
# InvalidArgumentError: You must feed a value for placeholder
# tensor 'input_1' with dtype float and shape [1,2]
print(sess.run(y))

# 아래 행을 실행하면 3.4.2절의 출력 결과와 같다: [[3.95757794]]
print(sess.run(y, feed_dict={x: [[0.7,0.9]]}))
```

이 코드에서 원래 상수로 정의된 입력 x를 대체했다. 여기서 순전파 연산을 할 때 feed_dict에 x의 값을 제공해야 한다. feed_dict는 정의된 placeholder에 값을 제공하는 딕셔너리(dictionary)이다. placeholder에 값이 지정되지 않으면 프로그램 실행 시 오류가 발생한다.

위의 코드는 한 샘플에 대해서만 순전파 연산을 진행하는데, 신경망 학습을 위해선 [그림 3-9]와 같이 매번 배치 데이터를 제공해야 한다. placeholder는 이런 조건에 대해서도 지원한다. 위의 예제 중 1×2 크기의 행렬을 n×2 크기의 행렬로 변경해도 n개의 순전파 연산 결과를 얻을 수 있다. 이 결과는 n×1 크기의 행렬이며, 각 행은 한 샘플에 대한 순전파 계산 결과를 갖는다. 아래 코드는 이 예이다.

```
x = tf.placeholder(tf.float32, shape=(3, 2), name="input")
…      # 중간은 위 예제와 동일함.

# x를 정의할 때 n을 3으로 지정했으므로 3개의 샘플 데이터를 필요로 한다.
print(sess.run(y, feed_dict={x: [[0.7,0.9], [0.1,0.4], [0.5,0.8]]}))
```

```
출력 결과:
[[ 3.95757794]
 [ 1.15376544]
 [ 3.16749191]]
```

위의 예제는 여러 샘플에 대한 일회성 순전파 연산 결과를 보여 준다. 런타임에 3개의 샘플 [0.7,0.9], [0.1,0.4], [0.5,0.8]로 구성된 3×2 크기의 행렬을 placeholder에 전달해야 한다. 연산 결과는 3×1 크기의 행렬이다. 이 중 각 행의 3.95757794, 1.15376544, 3.16749191은 각 샘플 [0.7,0.9], [0.1,0.4], [0.5,0.8]에 대한 순전파 연산 결과이다.

각 배치 데이터에 대해 순전파 연산을 한 후에 손실 함수(lost function)를 정의하여 현재 예측값과 실제값의 오차를 구한다. 그리고 역전파 알고리즘을 통해 신경망 매개 변수를 조정해 오차를 줄여나간다. 손실 함수와 역전파 알고리즘은 4장에 자세히 설명되어 있

다. 아래의 코드는 간단한 손실 함수를 정의하고 TensorFlow를 통해 역전파 알고리즘
을 정의한다.

```
# 손실 함수를 정의해 예측값과 실제값의 오차를 구한다.
cross_entropy = -tf.reduce_mean(
    y_ * tf.log(tf.clip_by_value(y, 1e-10, 1.0)))
# 학습률을 정의한다. 학습률에 관한 내용은 4장에서 소개한다.
learning_rate = 0.001
# 역전파 알고리즘을 정의해 신경망의 매개변수를 최적화한다.
train_step =\
    tf.train.AdamOptimizer(learning_rate).minimize(cross_entropy)
```

위의 코드에서 cross_entropy는 예측값과 실제값 사이의 교차 엔트로피[13](cross entropy)
를 정의하며, 분류 문제에서 흔히 사용되는 손실 함수이다. 두 번째 행인 train_step은
역전파의 최적화 방법을 정의한다. 현재 TensorFlow는 7가지의 최적화 함수를 지원하
고 있으며, 독자는 상황에 따라 다양한 최적화 알고리즘을 선택할 수 있다. 비교적 자
주 사용하는 최적화 방법은 tf.train.GradientDescentOptimizer, tf.train.AdamOptimizer,
tf.train.MomentumOptimizer가 있다. 역전파 알고리즘을 정의한 후 sess.run(train_step)
을 실행하면 GraphKeys.TRAINABLE_VARIABLES의 모든 변수를 최적화하여 현재 배치
데이터의 손실 함숫값을 더 작게 만들 수 있다. 아래의 3.4.5절에서는 이렇게 완성된 신
경망 예제를 보여준다.

3.4.5 신경망 학습의 전 과정 예제

이 절에서는 가상의 데이터셋에서 신경망을 학습시킨다. 다음은 이진 분류 문제를 해
결하기 위한 신경망 학습의 완전한 코드이다.

---

13) 교차 엔트로피 손실 함수는 4장에서 자세히 설명한다.

```
import tensorflow as tf

# NumPy는 과학 계산 라이브러리이다. 이를 통해 가상의 데이터셋을 생성한다.
from numpy.random import RandomState

# 훈련 데이터의 배치 크기를 정의한다.
batch_size = 8

# 신경망의 매개변수를 정의한다. 여기서도 3.4.2절에서 주어진 신경망 구조를 사용한다.
w1 = tf.Variable(tf.random_normal([2, 3], stddev=1, seed=1))
w2 = tf.Variable(tf.random_normal([3, 1], stddev=1, seed=1))

# shape의 한 차원에서 None을 할당하면 배치 크기를 마음껏 정할 수 있다.
# 훈련 시에는 데이터를 비교적 작은 배치 크기로 나누어야 하지만, 테스트 시에는 모든
# 데이터를 한 번에 사용할 수 있다. 데이터셋이 상대적으로 작으면 이 방법이 편리하지만,
# 데이터셋이 큰 경우 대용량 데이터를 배치 데이터에 넣으면 메모리 오버플로가 발생한다.
x = tf.placeholder(tf.float32, shape=(None, 2), name='x-input')
y_ = tf.placeholder(tf.float32, shape=(None, 1), name='y-input')

# 신경망 순전파 연산을 정의한다.
a = tf.matmul(x, w1)
y = tf.matmul(a, w2)

# 손실 함수와 역전파 알고리즘을 정의한다.
cross_entropy = -tf.reduce_mean(
    y_ * tf.log(tf.clip_by_value(y, 1e-10, 1.0)))
train_step = tf.train.AdamOptimizer(0.001).minimize(cross_entropy)

# 무작위 수로 가상의 데이터셋을 생성한다.
rdm = RandomState(1)
dataset_size = 128
X = rdm.rand(dataset_size, 2)

# 규칙을 정의해 샘플에 라벨링을 한다. 여기서 x1+x2<1을 만족하는 모든 샘플의 라벨은 1,
# 다른 샘플의 라벨은 0을 할당한다. 이진 분류 문제를 해결하는 대부분의 신경망은 0과
# 1의 표현 방법을 사용한다.
```

```python
Y = [[int(x1+x2 < 1)] for (x1, x2) in X]

# 세션을 생성해 TensorFlow 프로그램을 실행한다.
with tf.Session() as sess:
    init_op = tf.global_variables_initializer()
    # 변수 초기화
    sess.run(init_op)

    print sess.run(w1)
    print sess.run(w2)

    '''
    신경망 학습 전의 매개변숫값:
    w1 = [[-0.81131822, 1.48459876, 0.06532937]
          [-2.44270396, 0.0992484, 0.59122431]]
    w2 = [[-0.81131822], [1.48459876], [0.06532937]]
    '''


    # 학습 횟수 설정
    STEPS = 5000
    for i in range(STEPS):
        # 매번 batch_size 크기의 샘플을 학습한다.
        start = (i * batch_size) % dataset_size
        end =  min(start+batch_size, dataset_size)

        # 선택된 샘플을 통해 신경망을 학습하고 매개변수를 업데이트한다.
        sess.run(train_step,
                 feed_dict={x: X[start:end], y_: Y[start:end]})
        if i % 1000 == 0:
            # 주기적으로 모든 데이터상의 교차 엔트로피를 계산하고 출력한다.
            total_cross_entropy = sess.run(
                cross_entropy, feed_dict={x: X, y_: Y})
            print("After %d training step(s), cross entropy on all data is %g" %
                    (i, total_cross_entropy))


    '''
    출력 결과:
```

```
After 0 training step(s), cross entropy on all data is 0.0674925
After 1000 training step(s), cross entropy on all data is 0.0163385
After 2000 training step(s), cross entropy on all data is 0.00907547
After 3000 training step(s), cross entropy on all data is 0.00714436
After 4000 training step(s), cross entropy on all data is 0.00578471

이 결과에서 알 수 있듯이, 학습이 진행됨에 따라 교차 엔트로피가 점차적으로
감소함을 알 수 있다. 교차 엔트로피가 작아진다는 것은 예측값과 실제값의 오
차가 작아지고 있음을 뜻한다.
'''


print(sess.run(w1))
print(sess.run(w2))

'''
신경망 학습 후의 매개변숫값
w1 = [[-1.9618274, 2.58235407, 1.68203783]
      [-3.4681716, 1.06982327, 2.11788988]]
w2 = [[-1.8247149], [2.68546653], [1.41819501]]

두 개의 매개변숫값이 바뀌었음을 알 수 있다. 이 변화가 바로 학습의 결과이며, 신경
망을 주어진 훈련 데이터셋에 더 피팅되게 하였다.
'''
```

위의 코드는 신경망 학습의 모든 과정을 구현한 것이다. 여기서 우리는 이 과정을 다음 세 단계로 결론 지을 수 있다.

① 신경망의 구조와 순전파의 출력 결과를 정의한다.

② 손실 함수를 정의하고 역전파 최적화 알고리즘을 선택한다.

③ 세션을 생성하고 훈련 데이터셋에 대해 역전파 최적화를 반복한다.

이 세 단계는 신경망의 구조와 상관없이 모두 적용된다.

CHAPTER 4

심층 신경망

4.1 딥러닝과 심층 신경망

4.2 손실 함수 정의

4.3 신경망 최적화 알고리즘

4.4 신경망 최적화

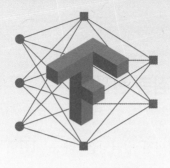

심층 신경망

3장에서는 TensorFlow의 주요 개념에 대해 알아보고 이를 통해 신경망을 학습하였다. 이번 장에서는 한발 더 나아가 알 수 없는 샘플을 더 잘 예측할 수 있도록 신경망을 설계하고 최적화하는 방법을 자세히 설명한다. 먼저 4.1절에서 딥러닝과 신경망의 개념에 대해 소개하고, 실제 예제를 통해 단층 신경망이 해결할 수 없는 문제를 심층 신경망이 해결할 수 있음을 설명한다. 4.2절에서는 신경망의 최적화 대상을 설정하는 방법에 대해 소개한다. 이 최적화 대상은 손실 함수이기도 하다. 또한, 분류 및 회귀 문제에서 자주 사용하는 여러 손실 함수를 소개하며, 손실 함수를 설정하여 최적화 대상을 실제 문제의 요구에 더 접근시키는 방법에 대한 예제를 제공한다. 4.3절에서는 신경망의 역전파 알고리즘에 대해 더 자세히 설명하고 TensorFlow 프레임워크로 역전파 연산을 구현한다. 마지막 4.4절에서는 신경망 최적화 중에 종종 직면하는 몇 가지 문제를 소개하고 이러한 문제를 해결하기 위한 구체적인 방법을 제시한다.

4.1 딥러닝과 심층 신경망

위키피디아(Wikipedia)에서 정의한 딥러닝은 '다층 비선형 변환 기법의 조합을 통해 높은 수준의 추상화를 시도하는 머신러닝 알고리즘의 집합'이다[1]. 심층 신경망은 다층 비선형 변환 기법 구현에 가장 자주 사용되는 방법이므로 딥러닝은 심층 신경망의 대명사라 할 수 있다. 위키피디아의 정의에서 알 수 있듯이 딥러닝에는 다층(Multi-Layer)과 비선형이라는 매우 중요한 요소가 있다. 왜 이 두 가지 요소를 강조할까? 이에 대해 이 절에서 자세히 살펴보고 복잡한 문제를 모델링할 때 이 두 가지 요소가 반드시 필요함을 설명하기 위한 구체적인 예를 들 것이다. 4.1.1절에서는 선형 변환의 문제점과 왜 정의에서 높은 수준의 추상화를 강조하는지 설명한다. 4.1.2절에서 비선형화하는 방법을 설명하고 TensorFlow로 이를 구현해 볼 것이다. 마지막으로 4.1.3절에서는 심층 신경망이 단층 신경망보다 더 많은 문제를 해결할 수 있음을 예제로 보여 준다.

4.1.1 선형 모델의 한계

선형 모델에서 출력은 입력의 가중합이다. 모델의 출력 y와 입력 x_i가 아래의 식을 만족한다면 선형 모델이라 할 수 있다.

$$y = \sum_i w_i x_i + b$$

여기서 w_i, $b \in R$은 모델의 매개변수이다. 선형 모델이라 불리는 이유는 입력이 하나일 경우 x와 y는 2차원 좌표에서 한 직선을 형성하기 때문이다. 마찬가지로 모델이 n개의 입력을 가질 때, x와 y는 $n+1$차원 공간에서 한 평면을 형성한다. 선형 모델에서 입력을 통해 출력을 생성하는 함수를 선형 변환이라고 한다. 위의 공식이 바로 선형 변환이

---

1) https://en.wikipedia.org/wiki/Deep_learning

다. 선형 모델의 가장 큰 특징은 임의의 선형 모델을 조합해도 여전히 선형 모델이라는 것이다. 눈치가 빠른 독자는 3.4.2절에서 소개한 순전파 알고리즘이 선형 모델을 구현한 다는 것을 알아챘을 것이다. 3.4.2절에서 순전파의 공식은 다음과 같다.

$$a^{(1)} = xW^{(1)}, y = a^{(1)}W^{(2)}$$

여기서 x는 입력, W는 매개변수이다. 위를 아래와 같이 정리하면 출력을 얻을 수 있다.

$$y = (xW^{(1)})W^{(2)}$$

행렬 곱셈의 결합 법칙에 따라 아래의 식을 얻을 수 있다.

$$y = x(W^{(1)}W^{(2)}) = xW'$$

$W^{(1)}W^{(2)}$는 W'로 나타낼 수 있다.

$$W' = W^{(1)}W^{(2)} = \begin{bmatrix} W_{1,1}^{(1)} & W_{1,2}^{(1)} & W_{1,3}^{(1)} \\ W_{2,1}^{(1)} & W_{2,2}^{(1)} & W_{2,3}^{(1)} \end{bmatrix} \begin{bmatrix} W_{1,1}^{(2)} \\ W_{2,1}^{(2)} \\ W_{3,1}^{(2)} \end{bmatrix} = \begin{bmatrix} W_{1,1}^{(1)}W_{1,1}^{(2)} + W_{1,2}^{(1)}W_{2,1}^{(2)} + W_{1,3}^{(1)}W_{3,1}^{(2)} \\ W_{2,1}^{(1)}W_{1,1}^{(2)} + W_{2,2}^{(1)}W_{2,1}^{(2)} + W_{2,3}^{(1)}W_{3,1}^{(2)} \end{bmatrix} = \begin{bmatrix} W_1' \\ W_2' \end{bmatrix}$$

따라서 입력과 출력의 관계는 다음과 같이 표현할 수 있다.

$$y = xW' = \begin{bmatrix} x_1 & x_2 \end{bmatrix} \begin{bmatrix} W_1' \\ W_2' \end{bmatrix} = [W_1'x_1 + W_2'x_2]$$

이 순전파 알고리즘은 선형 모델의 정의와 완전히 일치한다. 이 예에서 알 수 있듯이 신경망은 두 개의 계층(입력층은 포함하지 않음)을 가지고 있지만 단층 신경망과 다를 게 없다. 이로써 유추하자면, 선형 변환을 한 다층의 완전 연결 신경망과 단층 신경망 모델의 성능은 어떠한 차이도 없다. 또한, 둘 다 모두 선형 모델이다. 그러나 선형 모델로 해결할 수 있는 문제는 제한적이다. 이것이 선형 모델의 가장 큰 한계이며 딥러닝이 비선형을 강조하는 이유이기도 하다. 아래는 선형 모델의 한계성을 검증하기 위한 예이다.

부품 검사를 예로 들면 입력은 x_1과 x_2이다. 여기서 x_1은 부품 질량과 평균 질량의 차이고 x_2은 부품 길이와 평균 길이의 차이다. 특정 부품의 질량과 길이가 평균 질량과 평균 길이에 가까워진다면 이 부품은 합격할 확률이 높아진다. 따라서 훈련 데이터는 [그림 4-1]의 분포를 따를 가능성이 높다.

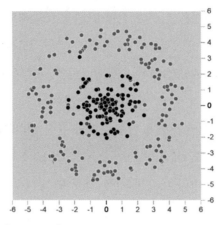

【그림 4-1】 부품 검사 훈련 데이터 분포도

[그림 4-1]의 검은색 점은 합격한 부품을 나타내고 회색 점은 불합격한 부품을 나타 낸다. 두 색의 점들은 일부 중첩되어 있지만, 대부분의 검은색 점은 원점(0,0) 근처에 있 고, 회색 점은 원점에서 상대적으로 멀리 떨어져 있음을 알 수 있다. 대부분의 실제 문제 에는 어느 정도의 규칙성이 있기 때문에 이런 분포는 실제 문제에 가깝지만 정확히 분 류하는 것은 매우 어렵거나 불가능하다. [그림 4-2]는 TensorFlow 플레이그라운드에서 이 문제에 대해 선형 모델을 사용한 결과이다.

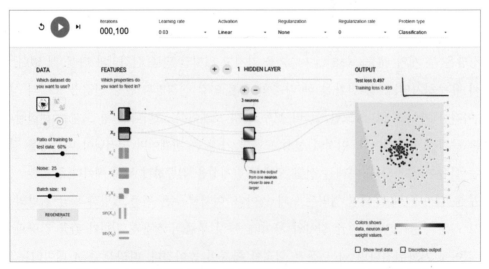

【그림 4-2】 선형 분리가 불가능한 문제에 대해 선형 모델을 사용한 결과

[그림 4-2]에서 사용한 모델은 하나의 은닉층을 가지며 상단 항목에 있는 활성화 함수[2](Activation)에서 선형(Linear)을 선택했다. 이는 기본적으로 3.4.1절에서 설명한 신경망 구조와 같다. 훈련을 100회 반복한 후 오른쪽 항목에서 훈련 결과를 볼 수 있다. [그림 4-2]에서 이 모델은 회색 점과 검은색 점을 제대로 구분하지 못하는 것을 알 수 있다. 평면 전체의 색이 상대적으로 옅지만 중간에 희미한 경계선이 있으며, 이는 이 모델이 직선으로만 나눌 수 있음을 의미한다. 따라서 문제를 직선으로 나눌 수 있는 경우엔 선형 모델을 사용하여 이 문제를 해결할 수 있다. [그림 4-3]은 직선으로 나눈 데이터를 보여 준다.

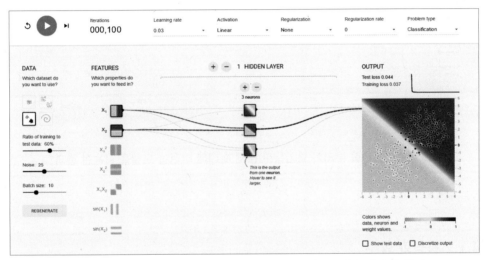

【그림 4-3】 선형 분리가 가능한 문제에 대해 선형 모델을 사용한 결과

[그림 4-3]에서 알 수 있듯이 선형 모델은 선형 분리 가능한 문제에 대해 다른 색상의 점을 제대로 구분할 수 있다. 선형 모델은 선형 분리 가능한 문제를 해결할 수 있기 때문에 딥러닝의 정의에서 딥러닝이 높은 수준의 추상화를 시도한다고 강조했다. 복잡한 문제는 적어도 직선(또는 고차원 공간의 평면)으로 나눌 수 없다. 현실에서 대부분의 문제는 선형으로 나눌 수 없다. 부품 검사 문제로 돌아가서 활성화 함수를 비선형으로 바꾸면 [그림 4-4]와 같은 결과를 얻을 수 있다. 이 예에서는 ReLU 활성화 함수를 사용했다. 다른

---

2) 활성화 함수는 4.1.2절에서 자세히 설명한다.

비선형 활성화 함수를 사용해도 유사한 결과를 얻을 수 있다. 이와 같이 비선형 요소를 추가하면 신경망 모델은 다른 색상의 점을 매우 잘 구분할 수 있다.

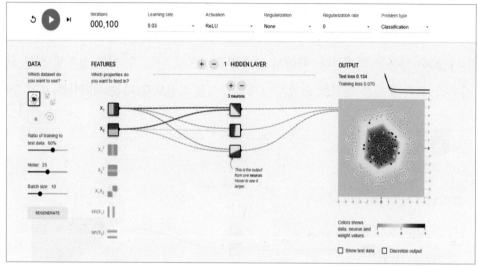

【그림 4-4】 선형 분리가 불가능한 문제에 대해 비선형 모델을 사용한 결과

4.1.2 활성화 함수

활성화 함수는 4.1.1절에서 언급되었으며 예제에서 마법 같은 효과를 보여 주었다. 이 절에서는 활성화 함수가 어떻게 동작하는지 자세히 살펴본다. 3.4.2절에서 소개한 뉴런 구조의 출력은 모든 입력의 가중합이며, 이로 인해 신경망 전체가 선형 모델이 된다. 각 뉴런(신경망의 노드)의 출력이 비선형 함수를 통과하면 신경망 모델은 더 이상 선형 모델이 아니게 된다. 이 비선형 함수가 바로 활성화 함수이다. [그림 4-5]는 활성화 함수와 편향 치를 추가한 뉴런 구조를 보여 준다.

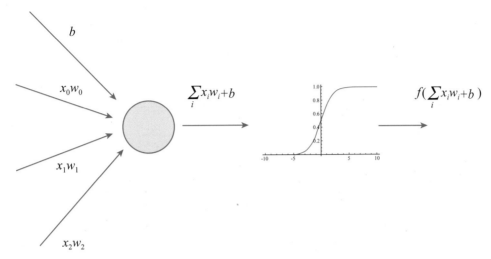

【그림 4-5】 활성화 함수와 편향치를 추가한 뉴런 구조도

다음 공식은 3.4.2절의 신경망 구조에 활성화 함수와 편향치를 추가한 순전파 알고리즘의 수학 정의이다.

$$A_1 = [a_{11}, a_{12}, a_{13}] = f(xW^{(1)} + b) = f\left([x_1, x_2]\begin{bmatrix} W_{1,1}^{(1)} & W_{1,2}^{(1)} & W_{1,3}^{(1)} \\ W_{2,1}^{(1)} & W_{2,2}^{(1)} & W_{2,3}^{(1)} \end{bmatrix} + [b_1 \quad b_2 \quad b_3]\right)$$

$$= f([W_{1,1}^{(1)}x_1 + W_{2,1}^{(1)}x_2 + b_1, W_{1,2}^{(1)}x_1 + W_{2,2}^{(1)}x_2 + b_2, W_{1,3}^{(1)}x_1 + W_{2,3}^{(1)}x_2 + b_3])$$

$$= [f(W_{1,1}^{(1)}x_1 + W_{2,1}^{(1)}x_2 + b_1), f(W_{1,2}^{(1)}x_1 + W_{2,2}^{(1)}x_2 + b_2), f(W_{1,3}^{(1)}x_1 + W_{2,3}^{(1)}x_2 + b_3)]$$

3.4.2절의 정의와 비교해 위의 정의는 두 가지가 바뀌었다. 첫 번째는 편향치(bias)가 추가됐으며, 이는 신경망에서 굉장히 자주 쓰이는 구조이다. 두 번째는 각 노드의 값이 더 이상 단순한 가중합이 아니라는 것이다. 각 노드의 출력은 가중합을 기반으로 비선형 변환을 수행한다. [그림 4-6]은 자주 사용하는 활성화 함수 그래프이다.

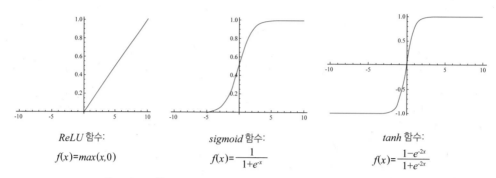

ReLU 함수:

$$f(x) = max(x, 0)$$

sigmoid 함수:

$$f(x) = \frac{1}{1+e^{-x}}$$

tanh 함수:

$$f(x) = \frac{1-e^{-2x}}{1+e^{-2x}}$$

【그림 4-6】 자주 사용하는 신경망 활성화 함수 그래프

위의 활성화 함수 그래프는 직선이 아니다. 따라서 이러한 활성화 함수를 사용하면 각 노드는 더 이상 선형 변환이 아니므로 신경망 모델도 선형이 아니게 된다. [그림 4-7] 은 편향과 ReLU 활성화 함수를 추가한 3.4.2절의 신경망 구조를 보여 준다.

[그림 4-7]에서 알 수 있듯이 편향치는 출력이 1인 노드로 표현됐다. 다음 공식은 이 새로운 신경망 모델 순전파 알고리즘의 계산 방법이다.

은닉층 유도 공식:

$$a_{11} = f(W_{1,1}^{(1)}x_1 + W_{2,1}^{(1)}x_2 + b_1^{(1)}) = f(0.7 \times 0.2 + 0.9 \times 0.3 + (-0.5)) = f(-0.09) = 0$$

$$a_{12} = f(W_{1,2}^{(1)}x_1 + W_{2,2}^{(1)}x_2 + b_2^{(1)}) = f(0.7 \times 0.1 + 0.9 \times (-0.5) + 0.1) = f(-0.28) = 0$$

$$a_{13} = f(W_{1,3}^{(1)}x_1 + W_{2,3}^{(1)}x_2 + b_3^{(1)}) = f(0.7 \times 0.4 + 0.9 \times 0.2 + (-0.1)) = f(0.36) = 0.36$$

출력층 유도 공식:

$$Y = f\left(W_{1,1}^{(2)}a_{11} + W_{1,2}^{(2)}a_{12} + W_{1,3}^{(2)}a_{13} + b_1^{(2)}\right) = f(0.09 \times 0.6 + 0.28 \times 0.1 + 0.36 \times (-0.2) + 0.1)$$

$$= f(0.054 + 0.028 + (-0.072) + 0.1) = f(0.11) = 0.11$$

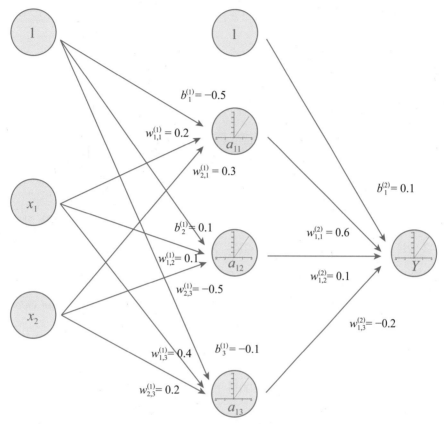

【그림 4-7】 편향치와 활성화 함수를 추가한 신경망 구조도

TensorFlow는 현재 7가지의 비선형 활성화 함수를 제공하며, 이 중 tf.nn.relu, tf.sigmoid, tf.tanh는 비교적 자주 사용하는 함수이다. 물론 TensorFlow는 사용자 정의 함수도 지원한다. TensorFlow로 [그림 4-7]을 구현한 코드는 다음과 같다.

```
a = tf.nn.relu(tf.matmul(x, w1) + biases1)
y = tf.nn.relu(tf.matmul(a, w2) + biases2)
```

위의 코드에서 알 수 있듯이 TensorFlow는 활성화 함수와 편향치를 추가한 신경망을 완벽히 지원한다.

4.1.3 다층 신경망으로 XOR 문제 해결

위의 두 절에서는 선형 변환 문제에 대해 자세히 알아보았다. 이 절에서는 실제 문제를 통해 딥러닝의 또 다른 중요한 속성인 다층 변환에 대해 설명한다. 딥러닝의 발전 역사에서 중요한 문제는 바로 XOR 문제이다. 신경망의 이론 모델은 Warren McCulloch과 Walter Pitts에 의해 제안되었으며, 1958년에 Frank Rosenblatt이 퍼셉트론(perceptron) 모델을 제안하고 신경망을 수학적으로 모델링했다. 퍼셉트론은 단층 신경망으로 이해할 수 있으며, [그림 4-5]의 신경망 구조는 퍼셉트론의 네트워크 구조이다.

퍼셉트론은 먼저 입력에 대해 가중합을 구하고 4.1.2절에서 소개한 활성화 함수를 통해 출력을 얻는다. 이 구조는 은닉층이 없는 신경망이다. 1960년 대에 신경망은 인간 두뇌의 역할을 모방한 알고리즘으로 많은 주목을 받았다. 그러나 1969년에 Marvin Minsky와 Seymour Papert가 발표한 〈*Perceptrons: An Introduction to Computational Geometry*〉에서 퍼셉트론은 XOR 연산이 불가능하다고 밝혔다[3]. 여기서 복잡한 수학 증명은 생략하고 TensorFlow 플레이그라운드에서 퍼셉트론의 네트워크 구조를 통해 XOR 연산을 시뮬레이션해 보자. [그림 4-8]은 훈련을 500회 반복한 후의 결과이다.

【그림 4-8】 XOR 문제에 대해 단층 신경망을 사용한 결과

---

3) Minsky, M.; S. Papert. *Perceptrons: An Introduction to Computational Geometry* [J]. MIT Press, 1969, ISBN 0-262-63022-2.

[그림 4-8]은 XOR 연산을 시뮬레이션할 수 있는 데이터셋을 사용했다. XOR 연산은 쉽게 말해 두 입력의 부호가 같으면 0을, 다르면 1을 출력한다. [그림 4-8]에서 보다시피 왼쪽 아래(두 입력이 −)와 오른쪽 위(두 입력이 +)의 점들은 검은색인 반면에, 다른 두 사분면의 점들은 회색 점이다. 이는 XOR 연산 규칙에 부합한다. [그림 4-8]에서 은닉층의 계층 수는 0으로 설정해야 퍼셉트론 모델을 시뮬레이션할 수 있다. 500회의 학습 후에 이 퍼셉트론 모델은 두 색상의 점을 구분할 수 없다는 것을 알 수 있다. 이는 퍼셉트론이 XOR 연산의 기능을 구현할 수 없음을 의미한다.

은닉층을 추가하면 XOR 문제를 쉽게 해결할 수 있다. [그림 4-9]는 은닉층에 4개의 노드를 가진 신경망을 500회 반복 학습시킨 후의 결과이다. [그림 4-9]에서 두 색상의 점을 제대로 구분했음을 알 수 있는 것 외에, 더 흥미로운 것은 은닉 노드의 생김새가 모두 다르다는 것이다. 이 네 개의 은닉 노드는 입력 특징에서 추출한 고차원 특징을 나타내는 것으로 생각할 수 있다. 예를 들어 첫 번째 노드는 두 입력의 논리 및 연산 결과를 대략적으로 나타낼 수 있다(두 입력이 양수일 때, 이 노드의 출력은 양수이다). 이 예에서 알 수 있듯이, 심층 신경망은 실제로 특징 추출을 조합하는 기능을 가지고 있다. 이 특성은 이미지 인식, 음성 인식 등과 같이 특징 벡터 추출에 어려움을 겪는 문제를 해결하는 데 매우 유용하다. 이로 인해 딥러닝은 비약적인 발전을 이루었다.

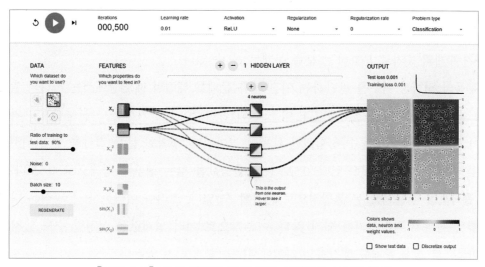

【그림 4-9】 XOR 문제에 대해 심층 신경망을 사용한 결과

4.2 — 손실 함수 정의

4.1절에서는 딥러닝의 일부 성질과 효율적인 신경망을 구성하는 방법을 설명했다. 이번 절에서는 딥러닝 모델의 성능을 향상시키기 위한 방법을 자세히 설명한다. 신경망 모델의 성능과 최적화 목표는 손실 함수(loss function)에 의해 정의된다. 4.2.1절에서는 분류 및 회귀 문제에 적용되는 전형적인 손실 함수에 대해 소개하고, 이를 TensorFlow로 구현할 것이다. 4.2.2절에서는 특정 문제에 따라 손실 함수를 정의하는 방법을 소개하고, 구체적인 예제를 통해 여러 손실 함수가 훈련 결과에 끼치는 영향을 설명한다.

4.2.1 전형적인 손실 함수

분류 문제와 회귀 문제는 지도 학습의 두 가지 주요 유형이다. 이 절에서는 분류 및 회귀 문제에 사용되는 전형적인 손실 함수를 소개한다. 분류 문제는 여러 샘플을 미리 정의된 레이블로 나누는 문제이다. 예를 들어 3장에서 부품의 적합성 여부를 판단하는 문제는 이진 분류 문제이다. 이 문제에서 샘플(부품)을 합격 또는 불합격 두 가지 레이블로 분류해야 한다. 4.3절에서 소개할 손글씨 숫자 인식 문제는 숫자가 포함된 그림을 0에서 9까지 10개의 숫자로 분류하는 분류 문제로 볼 수 있다.

부품의 적합성 여부를 판단하는 이진 분류 문제를 해결할 때, 3장에서는 하나의 출력 노드를 가진 신경망을 정의했었다. 이 노드의 출력값이 0에 가까울수록 불합격일 가능성이 높으며, 1에 가까울수록 합격일 확률이 높아진다. 정확한 분류 결과를 얻기 위해서 0.5를 임계값으로 취할 수 있다. 0.5보다 큰 출력값을 갖는 샘플은 합격으로, 0.5보다 작은 출력값을 갖는 샘플은 불합격으로 분류할 수 있다. 그러나 이러한 접근 방식은 다중 분류 문제까지 확장하기가 쉽지 않다. 이론적으로 여러 임계값을 설정할 수도 있지만, 일반적으로 실제 문제를 해결하는 과정에서는 이렇게 하지 않는다.

신경망을 통해 다중 분류 문제를 푸는 가장 일반적인 방법은 n개의 출력 노드를 설정하는 것이다. 여기서 n은 클래스의 수이다. 신경망은 하나의 샘플에 대해 n차원 배열을 출력한다. 배열 중 각 차원(출력 노드)은 클래스에 해당한다. 이상적으로 샘플이 클래스 k에 속하면 이 클래스에 해당하는 출력 노드의 출력값은 1일 것이고 다른 노드의 출력값은 0일 것이다. 숫자 1을 인식한다 했을 때, 신경망 모델의 출력 결과가 [0, 1, 0, 0, 0, 0, 0, 0, 0, 0]에 가까울수록 좋다. 그렇다면 출력 벡터가 예상 벡터와 얼마나 가까운지 어떻게 판단할까? 교차 엔트로피(cross entropy)는 일반적으로 사용되는 평가 방법 중 하나이다. 교차 엔트로피는 두 개의 확률 분포 간의 거리를 나타내는데, 이는 분류 문제에서 널리 사용되는 손실 함수이다.

교차 엔트로피는 본래 평균 코드 길이를 추정하는 데 사용되는 정보 이론의 한 개념이다. 그러나 이 책에서는 모델의 성능을 평가하는 의미로 쓰인다. 두 개의 확률 분포 p와 q가 주어지면 p의 교차 엔트로피는 q로 표현된다.

$$H(p,q) = -\sum_x p(x)\log q(x)$$

교차 엔트로피는 두 개의 확률 분포 간의 거리를 나타내지만 신경망의 출력이 반드시 확률 분포는 아니라는 점에 유의해야 한다. 확률 분포는 각 사건들이 발생할 확률을 결정하는 것이다. 사건의 수가 한정적이면 확률 분포 함수 $p(X=x)$는 다음의 식을 만족한다.

$$\forall x \quad p(X=x) \in [0,1], \sum_x p(X=x) = 1$$

즉 사건 발생 확률은 0과 1 사이에 있으며 항상 어느 한 사건은 발생한다(확률의 합은 1이다). 분류 문제에서 '하나의 샘플이 어느 한 클래스에 속함'을 확률 사건으로 본다면 훈련 데이터의 레이블은 확률 분포에 부합한다. 왜냐하면, '하나의 샘플이 정확하지 않은 클래스에 속함' 사건의 확률이 0이고, '하나의 샘플이 정확한 클래스에 속함' 사건의 확률이 1이기 때문이다. 어떻게 신경망의 순전파 결과를 확률 분포로 변환할까? 이에 대한 해답은 Softmax regression이다.

Softmax regression은 분류 결과를 최적화하는 학습 알고리즘으로 쓰일 수 있지만 TensorFlow에서는 매개변수가 없고 단지 신경망의 출력을 확률 분포로 전환시키는 추가 계층이다. [그림 4-10]은 Softmax 계층이 추가된 신경망 구조도이다.

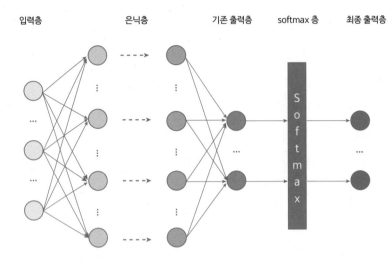

입력층 은닉층 기존 출력층 softmax 층 최종 출력층

【그림 4-10】 Softmax 계층을 통해 신경망의 출력을 확률 분포로 전환시킨다.

원래 신경망 출력을 y_1, y_2, ···, y_n 이라 하면, Softmax regression 처리 후의 출력은 다음과 같다.

$$softmax(y)_i = y_i' = \frac{e^{yi}}{\sum_{j=1}^{n} e^{yj}}$$

위의 공식에서 알 수 있듯이, 원래 신경망의 출력에 신뢰 수준을 사용해 출력을 새로이 생성했으며 확률 분포의 모든 요구 사항을 충족한다. 이 새로운 출력 결과는 각각의 클래스에 따른 샘플의 확률을 나타낸다. 이렇게 신경망의 출력을 확률 분포로 전환시킴으로써 교차 엔트로피를 통해 예측 확률 분포와 실제 확률 분포 간의 거리를 계산할 수 있다.

교차 엔트로피 공식에서 함수는 대칭이 아니라는 것$(H(p,q) \neq H(q,p))$을 알 수 있는데, 이는 확률 분포 q를 통해 확률 분포 p를 표현하는 데 어려움이 있다고 해석할 수 있다. 실제 답안은 원하는 결과이므로 교차 엔트로피가 신경망의 손실 함수일 때, p는 실제 답안을 뜻하고 q는 예측값을 뜻한다. 교차 엔트로피는 두 개의 확률 분포 사이의 거리를 나타내므로 값이 작을수록 두 확률 분포는 더욱 가까워진다. 다음은 교차 엔트로피를 통해 예측 답안과 실제 답안과의 거리를 판단하는 두 예시이다. 클래스가 3개인 분류 문제가 있다고 가정한다. 샘플의 실제 답안은 (1,0,0)이고 어느 모델이 Softmax 계층을 거쳐 출력한 예측값이 (0.5,0.4,0.1)이라면 이 둘의 교차 엔트로피 값은 다음과 같다.

$$H\big((1,0,0),(0.5,0.4,0.1)\big) = -(1 \times log0.5 + 0 \times log0.4 + 0 \times log0.1) \approx 0.3$$

또 다른 모델의 예측값이 (0.8,0.1,0.1)이라면 교차 엔트로피 값은 다음과 같다.

$$H\big((1,0,0),(0.8,0.1,0.1)\big) = -(1 \times log0.8 + 0 \times log0.1 + 0 \times log0.1) \approx 0.1$$

두 번째 예측값이 첫 번째 예측값보다 낮다는 것을 쉽게 알 수 있다. 교차 엔트로피에 의해 계산된 결과도 일치한다(두 번째 교차 엔트로피 값이 더 작다). 3.4.5절에서 이미 TensorFlow로 교차 엔트로피를 구현했으며 코드는 다음과 같다.

```
cross_entropy = -tf.reduce_mean(
    y_ * tf.log(tf.clip_by_value(y, 1e-10, 1.0)))
```

여기서 y_는 실제값이고 y는 예측값이다. 이 한 줄의 코드는 네 개의 TensorFlow 연산을 포함한다. tf.clip_by_value 함수는 텐서 값의 범위를 제한하여 연산 오류(예로 $log0$은 유효하지 않음)를 방지할 수 있다. 다음은 tf.clip_by_value의 간단한 예이다.

```
v = tf.constant([[1.0, 2.0, 3.0],[4.0,5.0,6.0]])
print(tf.clip_by_value(v, 2.5, 4.5).eval())
# 출력: [[ 2.5  2.5  3.][ 4.  4.5  4.5]]
```

2.5보다 작은 수는 2.5로 대체되었고, 4.5보다 큰 수는 4.5로 대체되었다. 이런 식으로 tf.clip_by_value 함수는 로그 연산을 수행할 때 $log0$이나 1보다 큰 확률이 나올 오류를 미연에 방지한다. 두 번째 연산은 텐서의 모든 요소에 대해 로그값을 구하는 tf.log 함수이다. 아래는 간단한 예이다.

```
v = tf.constant([1.0, 2.0, 3.0])
print(tf.log(v).eval())
# 출력: [ 0.    0.69314718  1.09861231]
```

세 번째 연산은 행렬의 곱셈이며, 교차 엔트로피를 구현하는 코드에서 '*'을 써서 바로 두 행렬의 곱을 구할 수 있다. 이 연산은 일반적인 행렬 곱셈이 아닌 아다마르 곱(Hadamard Product)으로 같은 크기의 두 행렬의 각 성분을 곱하는 연산이다. 행렬 곱셈은 tf.matmul 함수로 수행된다. 이 두 연산의 차이는 다음과 같다.

```
v1 = tf.constant([[1.0, 2.0], [3.0, 4.0]])
v2 = tf.constant([[5.0, 6.0], [7.0, 8.0]])

print((v1 * v2).eval())
# 출력: [[ 5.  12.] [ 21.  32.]]

print(tf.matmul(v1, v2).eval())
# 출력: [[ 19. 22.] [ 43.  50.]]
```

v1*v2의 결과는 각 위치에 해당하는 성분 간의 곱이다. [1,1]의 값은 다음과 같다.

$v1[1,1] \times v2[1,1] = 1 \times 5 = 5$

[1,2]의 값은 다음과 같다.

$v1[1,2] \times v2[1,2] = 2 \times 6 = 12$

tf.matmul 함수는 행렬 곱셈을 수행하므로 [1,1]의 값은 다음과 같다.

$v1[1,1] \times v2[1,1] + v1[1,2] \times v2[2,1] = 1 \times 5 + 2 \times 7 = 19$

샘플의 각 클래스에 대한 교차 엔트로피 $p(x) \, log \, q(x)$는 위의 세 가지 연산에 의해 계산된다. 이에 대한 결과는 $n \times m$ 크기의 2차원 행렬이며, 이 중 n은 배치 데이터의 샘플 개수, m은 분류할 클래스 수이다. 교차 엔트로피 공식에 따르면, 각 행의 m개 샘플을 서로 더해 모든 샘플의 교차 엔트로피를 얻고, 다시 이 n 행에 대해 평균을 구해 배치 데이터의 평균 엔트로피를 구해야 한다. 그러나 분류 문제의 클래스 수는 변하지 않으므로 전체 행렬에 대해 평균을 구해도 계산 결과는 마찬가지다. 이렇게 하면 프로그램을 보다 간결하게 만들 수 있다. 다음은 tf.reduce_mean 함수의 예시이다.

```
v = tf.constant([[1.0, 2.0, 3.0],[4.0,5.0,6.0]])
print(tf.reduce_mean(v).eval())
# 출력: 3.5
```

교차 엔트로피는 일반적으로 softmax regression과 함께 쓰이기 때문에 TensorFlow는 이 두 기능을 하나로 합친 tf.nn.softmax_cross_entropy_with_logits 함수를 제공한다. 예를 들어 softmax regression을 거친 교차 엔트로피 손실 함수는 다음 한 줄로 구현할 수 있다.

```
cross_entropy = tf.nn.softmax_cross_entropy_with_logits(y, y_)
```

여기서 y는 신경망의 출력 결과이고 y_는 실제값을 나타낸다. 이렇게 하나의 명령만으로 softmax regression을 거친 엔트로피를 얻을 수 있다. 정답이 하나뿐인 분류 문제에서 TensorFlow는 tf.nn.sparse_softmax_cross_entropy_with_logits 함수를 제공하여 더욱 신속하게 계산할 수 있다. 이 함수를 사용한 예제는 5장에서 볼 수 있다.

분류 문제와 달리 회귀 문제는 특정 값의 예측을 목적으로 한다. 예를 들어 집값 예측, 판매 예측 등은 모두 회귀 문제이다. 이 문제들이 예측해야 할 것은 사전에 정의된 클래스가 아닌 임의의 실수이다. 회귀 문제를 푸는 신경망은 일반적으로 하나의 출력 노드를 가지고 있으며, 이 노드의 출력값은 예측값이다. 회귀 문제에서 가장 많이 사용되는 손실 함수는 평균 제곱 오차[4](MSE, mean squared error)이다. 정의는 다음과 같다.

$$MSE(y, y') = \frac{\sum_{i=1}^{n}(y_i - y_i')^2}{n}$$

---

[4] 평균 제곱 오차는 분류 문제에서도 흔히 사용되는 손실 함수이다.

여기서 y_i는 batch에서의 i번째 데이터의 실제값이고, y_i'는 예측값이다. 다음 코드는 TensorFlow를 사용하여 평균 제곱 오차 손실 함수를 구현한다.

```
mse = tf.reduce_mean(tf.square(y_ - y))
```

여기서 y는 신경망의 출력값이고, y_는 실제값을 나타낸다.

4.2.2 사용자 정의 손실 함수

TensorFlow는 전형적인 손실 함수를 지원할 뿐만 아니라 모든 사용자 정의 손실 함수도 최적화한다. 이 절에서는 손실 함수를 직접 정의하여 신경망 최적화 결과를 실제 문제의 요구에 더 가깝게 하는 방법을 소개할 것이다. 아래는 상품 판매 예측 문제를 예로 든다.

상품 판매를 예측할 때, 예측치가 실제 판매량보다 높으면 판매자는 상품 생산 비용을 잃고, 예측치가 실제 판매량보다 낮으면 이윤 창출의 효율이 떨어진다. 엄밀히 말해 일반적으로 상품의 원가와 이윤은 같지 않으므로, 4.2.1절에서 소개한 평균 제곱 오차 손실 함수는 판매 수익을 극대화하기 어려울 수 있다. 예를 들어 어떤 상품의 원가가 100원이지만 이윤은 1,000원인 경우, 하나를 덜 예측하면 1,000원을 적게 벌고, 하나를 더 예측하면 100원을 적게 번다. 신경망 모델이 평균 제곱 오차를 최소화한다면 이 모델은 기대 이윤을 극대화할 수 없다. 기대 이윤을 극대화하기 위해서는 손실 함수와 이윤을 연계해야 한다. 손실 함수는 손실을 정의하므로 이익을 극대화하려면 정의한 손실 함수가 비용 혹은 가격을 의미해야 한다. 다음 공식은 예측값이 실제값보다 클 때와 작을 때의 손실 함수이다.

$$\text{Loss}(y, y') = \sum_{i=1}^{n} f(y_i, y_i'), \quad f(x, y) = \begin{cases} a(x - y) & x > y \\ b(y - x) & x_,, y \end{cases}$$

평균 제곱 오차 공식과 마찬가지로, y_i는 배치 데이터에서 i번째 데이터의 실제값이고 y'_i는 예측값이며, a와 b는 상수이다. 위의 판매 예측 문제에서 a는 1,000이고 b는 1이다. 이렇게 직접 정의한 손실 함수를 최적화함으로써 신경망 모델이 제공하는 예측값은 수익을 극대화할 수 있을 것이다. TensorFlow에서 이 손실 함수는 아래의 코드로 구현 가능하다.

```
loss = tf.reduce_sum(tf.where(tf.greater(v1, v2),
                              (v1 - v2) * a, (v2 - v1) * b))
```

위의 코드에서 tf.greater와 tf.where로 함수를 생성한다. tf.greater는 두 개의 텐서를 입력받아 각 원소의 크기를 비교해 결과를 반환한다. 두 텐서의 크기가 서로 다를 경우, TensorFlow는 NumPy 브로드캐스팅(broadcasting)과 비슷한 처리를 한다[5]. tf.where 함수는 세 개의 매개변수를 갖는다. 첫 번째는 선택 조건이며, 이 값이 True이면 두 번째 매개변수의 값을 선택하고, 그렇지 않으면 세 번째 매개변수의 값이 사용된다. tf.where 함수는 원소별로 판단 및 선택하는 것에 주의하며 아래의 예제 코드를 보자.

```
import tensorflow as tf
v1 = tf.constant([1.0, 2.0, 3.0, 4.0])
v2 = tf.constant([4.0, 3.0, 2.0, 1.0])

sess = tf.InteractiveSession()
print(tf.greater(v1, v2).eval())
# 출력: [False False  True  True]

print(tf.where(tf.greater(v1, v2), v1, v2).eval())
# 출력: [4.  3.  3.  4.]

sess.close()
```

---

5) http://docs.scipy.org/doc/numpy/user/basics.broadcasting.html

아래의 간단한 신경망을 통해 손실 함수의 모델 학습 결과에 대한 영향을 설명할 것이다. 이 신경망의 은닉층은 없으며 두 개의 입력 노드, 하나의 출력 노드를 갖는다. 여기선 위의 손실 함수를 사용했단 점을 제외하면 3.4.5절의 예제와 기본적으로 동일하다.

```python
import tensorflow as tf
from numpy.random import RandomState

batch_size = 8

# 두 개의 입력 노드
x = tf.placeholder(tf.float32, shape=(None, 2), name='x-input')
# 회귀 문제는 일반적으로 하나의 출력 노드를 필요로 한다.
y_ = tf.placeholder(tf.float32, shape=(None, 1), name='y-input')

# 단층 신경망의 순전파 연산을 정의한다.
w1 = tf.Variable(tf.random_normal([2, 1], stddev=1, seed=1))
y = tf.matmul(x, w1)

# 하나를 덜 예측할 때의 손해와 하나를 더 예측할 때의 손해를 정의한다.
loss_less = 1000
loss_more = 100
loss = tf.reduce_sum(tf.where(tf.greater(y, y_),
                              (y - y_) * loss_more,
                              (y_ - y) * loss_less))
train_step = tf.train.AdamOptimizer(0.001).minimize(loss)

# 난수로 가상의 데이터셋을 생성한다.
rdm = RandomState(1)
dataset_size = 128
X = rdm.rand(dataset_size, 2)

# 회귀의 실제값을 두 입력의 합에 난수 하나를 더한 값으로 설정한다. 난수를 더하는
# 이유는 예측 불가한 노이즈를 추가하기 위함이다. 그렇지 않으면 다른 손실 함수로도
# 예측이 가능하다. 일반적으로 노이즈는 평균이 0인 작은 값이므로 여기서 노이즈는
# -0.05~0.05 사이의 무작위 수로 설정했다.
```

```
Y = [[x1 + x2 + rdm.rand()/10.0-0.05] for (x1, x2) in X]

# 신경망 학습
with tf.Session() as sess:
    init_op = tf.global_variables_initializer()
    sess.run(init_op)
    STEPS = 5000
for i in range(STEPS):
        start = (i * batch_size) % dataset_size
        end =  min(start+batch_size, dataset_size)
        sess.run(train_step, feed_dict={x: X[start:end], y_: Y[start:end]})
print(sess.run(w1))
```

위의 코드를 실행하면 w1의 값으로 [1.0193473, 1.0428084]을 얻을 수 있다. 즉 손실 함수에서 하나를 덜 예측할 때의 손해가 더 크기 때문에(loss_less>loss_more), 예측 함수는 $1.02x_1+1.04x_2$이며 x_1+x_2보다 크다. loss_less의 값을 100으로 조정하고 loss_more의 값을 1,000으로 조정하면 w1의 값은 [0.95561135, 0.981019]가 된다. 바꾸어 말하면, 모델은 예측을 적게 하는 쪽으로 치우친다는 것이다. 평균 제곱 오차를 손실 함수로 사용하면 w1은 [0.97437561, 1.0243336]이 된다. 따라서 이 손실 함수를 사용하면 예측값을 표준 답안에 더 가깝게 만들 수 있다. 이 예에서 동일한 신경망에 대해 서로 다른 손실 함수가 훈련된 모델에 중요한 영향을 미친다는 것을 알 수 있다.

4.3 신경망 최적화 알고리즘

이 절에서는 역전파(backpropogation) 알고리즘과 경사 하강법(gradient descent) 알고리즘을 통해 신경망에서 매개변수의 값을 조정하는 방법을 보다 구체적으로 설명한다. 경사 하강법은 주로 단일 매개변수의 값을 최적화하는 데 사용되며, 역전파 알고리즘은 모든 매개변수에 경사 하강법을 적용하는데 효율적인 방식을 제공함으로써, 훈련 데이터에서 신경망의 손실 함숫값을 되도록 작게 한다. 역전파 알고리즘은 신경망 학습을 위한 핵심 알고리즘으로, 정의된 손실 함수에 따라 신경망의 매개변숫값을 최적화할 수 있으므로 훈련 데이터셋에 대한 신경망 모델의 손실을 최소화한다. 신경망 모델의 매개변수 최적화 과정은 모델의 성능을 결정하고 신경망을 사용할 때 매우 중요한 단계이다. 이 절에서는 주로 신경망 최적화 과정의 기본 개념과 주요 아이디어를 소개하고 알고리즘의 수학적 유도와 증명은 생략한다[6]. 또한, 경사 하강법 알고리즘을 사용하여 매개변숫값을 최적화하는 과정의 예를 보여 준다. 4.4절에서는 계속해서 신경망 최적화 과정에서 발생할 수 있는 문제와 해결책을 소개한다. 이 절을 숙지하면 이러한 최적화 방법을 이해하는 데 큰 도움이 될 것이다.

θ는 신경망의 매개변수를 나타내고 $J(\theta)$는 주어진 매개변수에서 훈련 데이터셋의 손실 크기를 나타내므로, 최적화 과정은 $J(\theta)$가 가장 작을 때의 θ를 구하는 것이라 볼 수 있다. 현재 모든 손실 함수에 대한 최적의 매개변숫값을 직접적으로 구하는 보편적인 방법이 없기 때문에 경사 하강법 알고리즘이 가장 많이 쓰이는 신경망 최적화 방법이다. 경사 하강법 알고리즘은 손실 함수의 경사(기울기)를 구하여 기울기가 낮은 쪽으로 계속 이동시켜서 극값에 이를 때까지 θ를 업데이트하는 것이다.

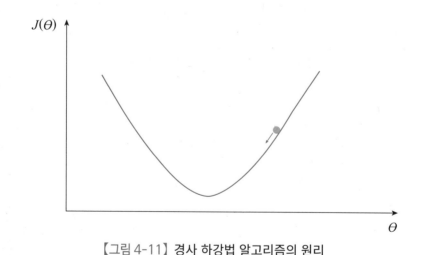

【그림 4-11】 경사 하강법 알고리즘의 원리

---

6) 관심 있는 독자는 다음 논문을 참고하길 바란다. Rumelhart D E, Hinton G E, Williams R J. *Learning representations by back-propagating errors* [M]Neurocomputing: foundations of research. MIT Press, 1986.

[그림 4-11]에서 x축은 매개변수 θ이고 y축은 손실 함수 $J(\theta)$이다. 이 그래프의 곡선은 θ의 값에 따른 $J(\theta)$의 크기를 나타낸다. 현재 매개변수와 손실 크기가 [그림 4-11]의 작은 점의 위치에 해당한다고 가정하면 경사 하강법 알고리즘은 매개변수를 x축 왼쪽으로 이동시켜 작은 점을 화살표 방향으로 이동시킨다. 매개변수의 기울기는 편미분을 통해 계산할 수 있으며, θ의 기울기는 $\frac{\partial}{\partial \theta}J(\theta)$ 이다. 다음은 학습률 η [7](learning rate)을 정의해 매번 매개변수를 업데이트할 폭을 설정해야 한다. 매개변수의 기울기 및 학습률을 통한 매개변수 업데이트 공식은 다음과 같다.

$$\theta_{n+1} = \theta_n - \eta \frac{\partial}{\partial \theta_n} J(\theta_n)$$

다음은 경사 하강법 알고리즘이 어떻게 작동하는지를 설명하기 위한 구체적인 예이다. 손실 함수 $J(x) = x_2$의 값을 최소화하는 매개변수 x를 경사 하강법 알고리즘으로 최적화한다고 가정한다. 경사 하강법 알고리즘의 첫 번째 단계는 매개변수 x의 초깃값을 임의로 생성한 다음 기울기와 학습률을 통해 x의 값을 갱신해야 한다. 이 예에서 x의 기울기가 $\nabla = \frac{\partial J(x)}{\partial x} = 2x$ 라면 매번 x에 대해 경사 하강법 알고리즘을 사용한 업데이트 공식은 $x_{n+1} = x_n - \eta \nabla$ 이다. 매개변수의 초깃값이 5이고 학습률이 0.3이라 했을 때에 최적화 과정은 [표 4-1]과 같다.

【표 4-1】 경사 하강법 알고리즘을 사용한 최적화 함수 $J(x) = x^2$

반복 횟수	현재 매개변숫값	기울기×학습률	업데이트 후의 매개변숫값
1	5	2×5×0.3=3	5-3=2
2	2	2×2×0.3=1.2	2-1.2=0.8
3	0.8	2×0.8×0.3=0.48	0.8-0.48=0.32
4	0.32	2×0.32×0.3=0.192	0.32-0.192=0.128
5	0.128	2×0.128×0.3=0.0768	0.128-0.0768=0.0512

---

7) 학습률 설정은 4.4.1절에서 자세히 설명한다.

　[표 4-1]을 보면, 5회 반복한 후에 매개변수 x의 값은 0에 가까운 0.0512가 되었다. 아주 간단한 예이지만 신경망 최적화 과정도 이와 같다. 신경망 최적화 과정은 두 단계로 나눌 수 있는데, 첫 번째 단계는 순전파 알고리즘에 의해 예측값을 먼저 계산하고 예측값과 실제값을 비교하여 두 값의 오차를 구한다. 그런 다음 두 번째 단계에서는 역전파 알고리즘을 통해 각 매개변수에 대한 손실 함수의 기울기를 구하고, 학습률과 더불어 경사 하강법 알고리즘을 사용해 각 매개변수를 업데이트한다. 이 책은 역전파 알고리즘의 구체적인 구현 방법과 수학적 증명을 생략할 것이며, 관심 있는 독자는 David Rumelhart, Geoffrey Hinton, Ronald Williams 교수가 발표한 논문 〈*Learning representations by back-propagating errors*〉[8]를 참고하길 바란다.

　주의해야 할 부분은 경사 하강법 알고리즘은 함수가 전역 최적해에 도달하도록 보장할 수 없다는 것이다. [그림 4-12]에서 주어진 함수는 전역 최적해 대신 국소 최적해를 얻을 수 있다. 작은 검은색 점에서 손실 함수의 편미분은 0이므로 매개변수가 더 이상 업데이트되지 않는다. 이 예에서 매개변수 x의 초깃값이 오른쪽의 어두운 구간에 있는 경우, 경사 하강에 의해 얻어진 결과는 검은색 점이 있는 국소 최적해일 것이다. x의 초깃값이 왼쪽의 밝은 구간에 있어야만 전역 최적해에 도달할 수 있다. 이로써 신경망을 학습시킬 때 매개변수의 초깃값은 최종 결과에 큰 영향을 미친다는 것을 알 수 있다. 손실 함수가 볼록 함수여야만 경사 하강법이 전역 최적해에 도달하는 것을 보장할 수 있다.

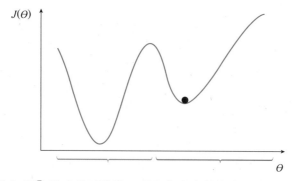

【그림 4-12】 경사 하강법 알고리즘이 전역 최적해를 얻지 못하는 예

---

8) Rumelhart D E, Hinton G E, Williams R J. *Learning representations by back-propagating errors* [M]. Neurocomputing: foundations of research. MIT Press, 1986.

경사 하강법 알고리즘의 또 다른 문제점은 계산 시간이 너무 길다는 것이다. 전체 데이터셋에서 손실을 최소화해야 하기 때문에 손실 함수 $J(\theta)$는 모든 훈련 데이터의 손실 합계이다. 따라서 반복할 때마다 전체 훈련 데이터에서 손실 함수를 계산해야 한다. 대규모 훈련 데이터에서 모든 훈련 데이터의 손실 함수를 계산하는 데는 시간이 많이 소모된다. 학습 속도를 높이기 위해 확률적 경사 하강법(stochastic gradient descent, SGD)을 사용할 수 있다. 이 알고리즘은 모든 학습 데이터의 손실 함수를 최적화하지 않고 반복마다 하나의 샘플을 무작위로 선택해 손실 함수를 최적화한다. 이러면 학습 속도를 높일 수 있다. 그러나 한 샘플에 대한 손실 함수의 값이 작아졌다고 전체 샘플에 대한 손실 함수의 값이 작아졌다고 보기 힘들기에 국소 최적해에도 도달하지 못할 수 있다.

경사 하강법과 확률적 경사 하강법의 장단점을 보완하기 위해 실제 응용에선 일반적으로 반복마다 일부 훈련 데이터의 손실 함수를 계산한다. 이 일부 데이터를 배치 데이터라고 한다. 행렬 연산을 통해 매번 배치 데이터에서 신경망 매개변수를 최적화하는 것은 단일 데이터에서 하는 것보다 많이 느리지 않다. 다른 한편으로는 배치 데이터를 사용하면 수렴에 필요한 반복 수를 크게 줄이는 동시에 수렴된 결과를 경사 하강법의 효과에 가깝게 만들 수 있다. 다음 코드는 TensorFlow에서 신경망 학습 과정을 구현하는 방법을 보여 준다. 이 책의 모든 예에서 신경망의 학습은 보통 다음과 같은 과정을 따른다.

```python
batch_size = n

# 매번 읽히는 일부 데이터는 훈련 데이터로 역전파 알고리즘을 실행하는 데 쓰인다.
x = tf.placeholder(tf.float32, shape=(batch_size, 2), name='x-input')
y_ = tf.placeholder(tf.float32, shape=(batch_size, 1), name='y-input')

# 신경망의 구조와 최적화 알고리즘을 정의한다.
loss = …
train_step = tf.train.AdamOptimizer(0.001).minimize(loss)

# 신경망 훈련
with tf.Session() as sess:
    # 매개변수 초기화
```

```
…
# 매개변수의 반복적인 업데이트
for i in range(STEPS):
    # batch_size 크기의 훈련 데이터를 준비한다. 일반적으로 모든 훈련 데이터를
    # 무작위로 섞은 다음에 선택하면 더 나은 최적화 결과를 얻을 수 있다.
    current_X, current_Y = …
    sess.run(train_step, feed_dict={x: current_X, y_: current_Y})
```

4.4 신경망 최적화

4.3절에서는 신경망 최적화의 기본 알고리즘을 소개했으며, 신경망 최적화 과정에서 발생할 수 있는 문제점과 이를 해결하기 위한 일반적인 방법을 계속해서 소개한다. 4.4.1 절에서는 지수적 감소 방법을 통한 경사 하강법 알고리즘의 학습률을 설정하는 방법을 소개한다. 이 방법은 신경망 학습 초반에 최적해를 신속히 찾게 하고, 학습 후반에 신경 망을 크게 변동시키지 않아 국소 최적해에 더 접근할 수 있다. 4.4.2절에서는 오버피팅 문제를 소개한다. 복잡한 신경망 모델을 학습시킬 때 오버피팅은 매우 흔히 발생하는 현 상이다. 이 절에서 오버피팅의 영향과 해결 방안을 자세히 설명한다. 마지막으로 4.4.3절 에서는 이동 평균 모델에 대해 소개한다. 이동 평균 모델은 각 반복의 모델을 결합하여 최종적으로 얻은 모델을 더욱 강건하게(robust) 한다.

4.4.1 학습률 설정

4.3절에서 신경망을 학습시켰을 때, 학습률을 설정해 매개변수 업데이트 속도를 제어 했다. 학습률은 매개 변수의 업데이트 폭을 결정한다. 폭이 너무 크면 매개변수가 극값

의 양쪽에서 왔다 갔다 할 수 있다. 4.3절에서 $J(x)=x^2$를 최적화하는 예제를 설명했다. 최적화 중에 사용한 학습률이 1이면 전체 최적화 과정은 [표 4-2]와 같다.

【표4-2】 학습률이 너무 클 때 경사 하강법 알고리즘의 실행 과정

반복 횟수	현재 매개변숫값	기울기×학습률	업데이트 후의 매개변숫값
1	5	$2×5×1=10$	$5-10=-5$
2	-5	$2×(-5)×1=-10$	$-5-(-10)=5$
3	5	$2×5×1=10$	$5-10=-5$

위의 표에서 알 수 있듯이 반복 횟수와 관계없이 매개변수는 극솟값으로 수렴하지 않고 5와 −5 사이에서 변동한다. 반대로 학습률이 너무 작으면 수렴을 보장할 수는 있지만 최적화 속도가 크게 저하된다. 이상적인 최적화 결과를 얻기 위해선 더 많은 반복 횟수를 필요로 한다. 예를 들어 학습률이 0.001일 때, 5회 반복 학습해 얻은 x의 값은 4.95이다. x가 0.05가 되기까지 대략 2,300회의 반복 학습이 필요한 반면, 학습률이 0.3이면 5회만 반복하면 된다. 궁극적으로 학습률은 너무 커서도 안 되고 너무 작아서도 안 된다. 학습률 설정 문제를 해결하기 위해 TensorFlow는 보다 유연한 학습률 설정 함수인 tf.train.exponential_decay를 제공한다. 이 함수를 사용하면 먼저 높은 학습률로 신속하게 최적해 주변의 값을 얻고, 반복이 진행됨에 따라 학습률을 점진적으로 낮추어 모델을 안정시킬 수 있다. exponential_decay 함수는 아래 코드의 기능을 구현한다.

```
decayed_learning_rate = \
    learning_rate * decay_rate ^ (global_step / decay_ steps)
```

여기서 decayed_learning_rate는 각 반복에서 사용되는 학습률, learning_rate는 사전 정의된 초기 학습률, decay_rate는 감소율, decay_steps는 감소 속도이다. [그림 4-13]은 반복 횟수가 증가함에 따라 학습률이 감소되는 과정을 보여 준다. tf.train.exponential_decay 함수는 staircase를 설정하여 여러 감소 모드를 선택할 수 있다. staircase의 기본

값은 False이며, 반복 횟수에 따른 학습률 변화 추세는 [그림 4-13]의 회색 곡선으로 나타냈다. staircase의 값을 True로 설정하면 global_step / decay_steps가 정수로 변환되어 학습률의 그래프를 계단 함수(staircase function)로 만든다. 이 학습률의 변화는 [그림 4-13]의 곡선으로 나타냈다. 이러한 설정에서 decay_steps는 일반적으로 데이터를 학습하는 데 필요한 반복 횟수를 나타낸다. 이 반복 횟수는 총 샘플 수를 각 배치 데이터의 샘플 수로 나눈 것이다. 그리고 매번 학습이 끝날 때마다 학습률이 감소한다. 이를 통해 훈련 데이터셋의 모든 데이터가 모델 학습에 동일한 효과를 발휘할 수 있다. 연속적인 지수적 감소 모드를 사용할 때, 각 훈련 데이터는 서로 다른 학습률을 가지며 학습률이 감소되면 해당 훈련 데이터의 모델 학습 결과에 대한 영향력도 줄어든다. 아래 코드는 tf.train. exponential_decay 함수를 사용한 예시이다.

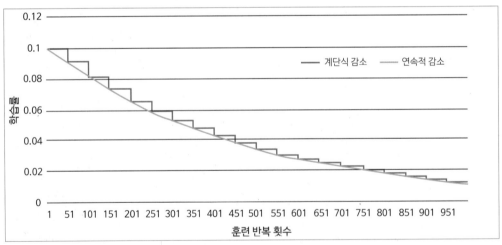

【그림 4-13】 반복 횟수에 따른 지수적 감소 학습률 변화

(초기 학습률은 0.1, 감소율은 0.9, 감소 속도는 50으로 설정했다)

```
global_step = tf.Variable(0)

# exponential_decay함수로 학습률을 생성한다.
learning_rate = tf.train.exponential_decay(
    0.1, global_step, 100, 0.96, staircase=True)
```

```
# 지수적 감소 학습률을 사용한다. minimize 함수에서 global_step을 사용하면
# global_step 매개변수가 자동으로 업데이트되므로 학습률도 이에 따라 업데이트된다.
learning_step = tf.train.GradientDescentOptimizer(learning_rate)\
                .minimize(...my loss..., global_step=global_step)
```

위의 코드에서 초기 학습률은 0.1로 설정되어 있고 staircase=True로 지정됐으므로 100회마다 학습률에 0.96을 곱한다. 일반적으로 초기 학습률, 감소율 및 감소 속도는 경험에 의해 설정된다. 또한, 손실 함수가 감소하는 속도와 반복이 끝난 후의 총 손실 사이에는 필연적인 관계가 없다. 다시 말해 신경망의 성능을 손실의 감소 속도로 결코 비교할 수 없다.

4.4.2 오버피팅(Overfitting)

위의 4.2절과 4.3절에서 훈련 데이터에서 주어진 손실 함수를 최적화하는 방법을 설명했다. 그러나 실제 응용에서 필요한 것은 훈련된 모델을 통해 알 수 없는 데이터를 판단하는 것이다. 우리가 먼저 알아두어야 할 것은 훈련 데이터에 대한 모델의 성능이 알 수 없는 데이터에 대한 성능과 반드시 같지 않다는 점이다. 이 절에서 소개할 오버피팅은 이러한 갭이 생길 수 있는 매우 중요한 요소이다. 오버피팅은 모델이 너무 복잡해서 훈련 데이터의 전반적인 경향을 '학습'하지 않고 불규칙한 노이즈 부분을 '암기'하는 것을 가르킨다. 극단적인 예로, 한 모델의 매개변수가 훈련 데이터의 수보다 많으면 훈련 데이터가 겹치지 않는 한, 이 모델은 손실이 0이 되도록 모든 훈련 데이터의 결과를 완전히 기억할 수 있다. n개의 미지수와 겹치지 않는 n개의 등식을 포함한 연립 방정식을 생각하면 수학적으로 풀 수 있다. 그러나 훈련 데이터의 무작위 노이즈에 대한 오버피팅으로 인해 매우 작은 손실 함숫값을 얻을 수는 있지만, 알 수 없는 데이터에 대해서는 신뢰할 수 있는 판단을 내릴 수 없다.

[그림 4-14]는 모델 학습의 세 가지 경우를 보여 준다. 첫 번째 모델은 너무 단순해 샘

플들을 정확히 구분하질 못한다. 두 번째 모델은 비교적 합리적이다. 훈련 데이터의 노이즈에 너무 많은 관심을 기울이지 않으며 문제의 전반적인 추세를 더 잘 설명할 수 있다. 세 번째 모델은 오버피팅이 발생했다. 서로 다른 점을 완벽히 구분하지만 훈련 데이터의 노이즈를 과하게 학습하고 문제의 전반적인 규칙을 등한시했기 때문에 알 수 없는 데이터를 제대로 구분할 수 없다. 예를 들어 그림에서 네모 'ㅁ'는 'ㅇ'와 같은 클래스에 속하는 게 아닌 'X'와 같은 클래스에 속할 가능성이 높다.

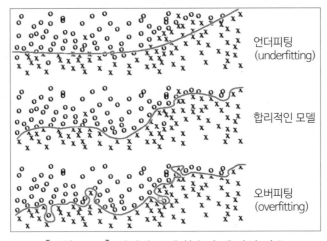

【그림 4-14】 신경망 모델 학습의 세 가지 경우

정규화(regularization)는 오버피팅을 방지하기 위해 흔히 쓰이는 방법이다. 정규화의 개념은 모델의 복잡성에 대한 지표를 손실 함수에 추가하는 것이다. 훈련 데이터에서 모델의 성능을 나타내는 데 쓰이는 손실 함수를 $J(\theta)$라 하면 $J(\theta)$를 최적화하지 않고 $J(\theta)+\lambda R(w)$를 최적화한다. 여기서 $R(w)$는 모델의 복잡성을 나타내고, λ는 모델의 복잡도를 조절하는 역할이다. 또한, λ는 가중치 w와 편향 b를 포함한 신경망의 모든 매개변수를 나타낸다. 일반적으로 모델 복잡성은 가중치 w에 의해서만 결정된다. 모델 복잡도를 나타내는 $R(w)$에는 자주 쓰이는 두 가지의 함수가 있다. 이 중 하나는 $L1$ 정규화이고 공식은 다음과 같다.

$$R(w) = \|w\|_1 = \sum_i |w_i|$$

또 다른 하나는 $L2$ 정규화이고 공식은 다음과 같다.

$$R(w) = \|w\|_2^2 = \sum_i \left| w_i^2 \right|$$

정규화 유형과 관계없이 기본적인 아이디어는 훈련 데이터의 불규칙 노이즈를 피팅할 수 없도록 모델의 가중치를 제한하는 것이다. 그러나 이 두 가지 정규화 방법은 큰 차이가 있다. 첫째, $L1$ 정규화는 매개변수를 희소하게 만들지만 $L2$ 정규화는 그렇지 않다. 매개변수가 희박해짐에 따라 많은 매개변수가 0이 되어 특징 선택(feature selection)과 유사한 기능을 수행할 수 있다. $L2$ 정규화로 인해 매개변수가 희박해지지 않는 이유는 매개변수가 0.001과 같이 작으면 이 매개변수의 제곱은 기본적으로 무시할 수 있으므로, 모델에서 이 매개변수를 더 이상 0으로 조정하지 않기 때문이다. 둘째, $L1$ 정규화 공식은 미분 불가능하지만 $L2$ 정규화 공식은 미분 가능하다. 손실 함수의 편미분은 최적화 중에 계산되어야 하기 때문에 $L2$ 정규화 손실 함수의 최적화가 더 간결하다. $L1$ 정규화 손실 함수의 최적화 과정은 더 복잡하며 방법도 여러 가지가 있다. 참고로 $L1$ 정규화와 $L2$ 정규화를 동시에 사용할 수도 있다.

$$R(w) = \sum_i \alpha \left| w_i \right| + (1 - \alpha) w_i^2$$

4.2절에서 TensorFlow는 모든 형식의 손실 함수를 최적화할 수 있다고 했다. 정규화 손실 함수도 마찬가지이다. 다음 코드는 간단한 $L2$ 정규화 손실 함수의 정의이다.

```python
w= tf.Variable(tf.random_normal([2, 1], stddev=1, seed=1))
y = tf.matmul(x, w)

loss = tf.reduce_mean(tf.square(y_ - y)) +
        tf.contrib.layers.l2_regularizer(lambda)(w)
```

위의 코드에서 loss는 손실 함수이며 두 부분으로 구성된다. 첫 번째 부분은 4.2.1절에서 설명한 평균 제곱 오차 함수이다. 두 번째 부분은 정규화로써 오버피팅을 방지한다. lambda는 정규화 항의 가중치인 $J(\theta)+\lambda R(w)$ 중에서 λ이다. w는 정규화 손실을 계산하는 데 필요한 매개변수이다. tf.contrib.layers.l2_regularizer 함수는 주어진 매개변수의 $L2$ 정규화 값을 계산할 수 있다. 마찬가지로 tf.contrib.layers.l1_regularizer는 $L1$ 정규화 값을 계산할 수 있다. 다음 코드는 이 두 함수를 사용한 예제이다.

```
weights = tf.constant([[1.0, -2.0], [-3.0, 4.0]])
with tf.Session() as sess:
    # 출력: (|1|+|-2|+|-3|+|4|)×0.5=5.여기서 0.5는 정규화의 가중치이다.
    print(sess.run(tf.contrib.layers.l1_regularizer(.5)(weights)))
    # 출력: (1²+(-2)²+(-3)²+4²)/2×0.5=7.5  9)
    print(sess.run(tf.contrib.layers.l2_regularizer(.5)(weights)))
```

간단한 신경망에서는 이 방법으로 정규화 손실 함수를 계산하는 것이 좋다. 그러나 신경망의 매개변수가 증가하면 손실 함수 loss의 정의가 길어져 가독성이 낮아지고 쉽게 오류가 발생할 수 있다. 더 큰 문제는 신경망 구조가 복잡할 때 신경망 구조를 정의하는 부분과 손실 함수를 계산하는 부분이 같은 함수에 있지 않을 수 있으므로, 변수를 사용하여 손실 함수를 계산하는 것은 불편하다. 이 문제를 해결하기 위해서 TensorFlow에서 제공하는 컬렉션(collection)을 사용할 수 있다. 컬렉션의 개념은 3.1절에서 소개한 바와 같이 계산 그래프(tf.Graph)에 텐서와 같은 개체를 저장할 수 있다. 다음 코드는 컬렉션을 이용한 5층 신경망의$L2$ 정규화 손실 함수 계산 방법이다.

```
import tensorflow as tf

# 한 계층의 가중치를 가져와 이 가중치의 L2 정규화 손실을 'losses'라는
# collection에 추가한다.
def get_weight(shape, lamda):
    # 하나의 변수를 생성한다.
    var = tf.Variable(tf.random_normal(shape), dtype = tf.float32)
```

---

9) TensorFlow는 $L2$ 정규화 손실값을 2로 나눔으로써 미분해서 얻은 결과를 더욱 간결히 한다.

```
    # add_to_collection 함수는 새로 생성된 변수의 L2 정규화 손실 항을 collection에
    # 추가한다. 이 함수의 첫 번째 매개변수인 'losses'는 collection의
    # 이름이고, 두 번째 매개변수는 추가할 이 collection의 내용이다.
    tf.add_to_collection(
        'losses',tf.contrib.layers.l2_regularizer(lamda)(var))
    # 생성된 변수를 반환한다.
    return var

x = tf.placeholder(tf.float32, shape=(None, 2))
y_ = tf.placeholder(tf.float32, shape=(None, 1))
batch_size = 8
# 각 계층의 노드 개수를 정의한다.
layer_dimension = [2, 10, 10, 10, 1]
# 신경망의 계층 수
n_layers = len(layer_dimension)

# 현재 계층의 노드를 유지한다.
cur_layer = x
# 현재 계층의 노드 개수
in_dimension = layer_dimension[0]

# 루프를 통해 5층 완전 연결 신경망 구조를 생성한다.
for i in range(1, n_layers):
    # layer_dimension[i]는 다음 계층의 노드 개수이다.
    out_dimension = layer_dimension[i]
    # 현재 계층의 가중치 변수를 생성하고 이 변수의 L2 정규화 손실을 계산 그래프의
    # collection에 추가한다.
    weight = get_weight([in_dimension, out_dimension], 0.001)
    bias = tf.Variable(tf.constant(0.1, shape=[out_dimension]))
    # ReLU 활성화 함수를 사용한다.
    cur_layer = tf.nn.relu(tf.matmul(cur_layer, weight) + bias)
    # 다음 계층으로 가기 전에 현재 계층의 노드 개수를 다음 계층의 노드 개수로
    # 업데이트한다.
    in_dimension = layer_dimension[i]

# 신경망 순전파를 정의하는 동안 모든 L2 정규화 손실이 그래프의 collection에
# 추가되었으므로 훈련 데이터에서의 손실 함수를 계산하기만 하면 된다.
```

```
mse_loss = tf.reduce_mean(tf.square(y_ - cur_layer))

# 평균 제곱 오차 손실 함수를 손실 collection에 추가한다.
tf.add_to_collection('losses', mse_loss)

# get_collection은 이 collection의 모든 원소 리스트를 반환한다. 이 예에서 이러한
# 원소는 손실 함수의 다른 부분이며 이를 서로 더하면 최종적으로 손실 함수를 얻을 수
# 있다.
loss = tf.add_n(tf.get_collection('losses'))
```

위의 코드에서 복잡한 신경망 구조에 컬렉션을 사용하면 가독성이 높아짐을 볼 수 있다. 이보다 더 복잡한 신경망 구조에서도 이런 방법을 사용해 손실 함수를 계산하면 가독성을 크게 향상시킬 수 있다.

4.4.3 이동 평균 모델

이 절에서는 테스트 데이터에서 모델을 더 강건하게(robust) 하는 방법인 이동 평균 모델을 소개한다. 확률적 경사 하강법 알고리즘을 사용하여 신경망을 학습시킬 때, 이동 평균 모델을 사용하면 많은 응용에서 테스트 데이터에서의 최종 모델 성능을 어느 정도 향상시킬 수 있다.

TensorFlow의 tf.train.ExponentialMovingAverage로 이동 평균 모델을 구현할 수 있다. ExponentialMovingAverage를 초기화할 때 감소율(decay)을 제공해야 한다. 이 감소율은 모델 업데이트 속도를 제어하는 데 사용된다. ExponentialMovingAverage는 각 변수에 대해 하나의 은닉 변수(shadow variable)를 유지한다. 은닉 변수의 초깃값은 해당하는 변수의 초깃값과 같고, 변수의 업데이트 때마다 은닉 변수의 값도 다음과 같이 업데이트된다.

$$shadow\_variable = decay \times shadow\_variable + (1-decay) \times variable$$

여기서 shadow_variable은 은닉 변수, variable은 업데이트할 변수, decay는 감소율이다. 위의 식에서 decay는 모델 업데이트 속도를 결정하므로 값이 클수록 모델은 더 안정적이게 된다. 실제 응용에서 decay는 대개 1에 매우 가까운 수로 설정된다(0.999 또는 0.9999). 학습 초기에 업데이트 속도를 높이기 위해 ExponentialMovingAverage에 num_updates를 제공해 decay를 동적으로 설정한다. ExponentialMovingAverage 초기화 중에 num_updates가 주어지면 매번 계산되는 감소율은 다음과 같다.

$$\min \left\{ \text{decay}, \frac{1 + \text{num\_updates}}{10 + \text{num\_updates}} \right\}$$

다음은 ExponentialMovingAverage가 어떻게 사용되는지 설명하기 위한 코드이다.

```python
import tensorflow as tf

# 이동 평균을 계산할 변수를 정의한다. 이 변수의 초깃값은 0이다. 이동 평균을 계산해야
# 하는 모든 변수가 실수형이어야 하므로 자료형을 tf.float32로 지정해야 한다.
v1 = tf.Variable(0, dtype=tf.float32)
# step은 반복 횟수를 저장하고 감소율을 동적 제어하는 데 쓰인다.
step = tf.Variable(0, trainable=False)

# 이동 평균 클래스를 정의한다.
ema = tf.train.ExponentialMovingAverage(0.99, step)
# 이동 평균 클래스에 변수를 할당한다.
# 여기서 리스트로 할당해야 매회 변수들이 업데이트된다.
maintain_averages_op = ema.apply([v1])

with tf.Session() as sess:
    # 모든 변수를 초기화한다.
    init_op = tf.global_variables_initializer()
    sess.run(init_op)

    # ema.average(v1)를 통해 이동 평균 후의 변숫값을 얻는다.
    # 초기화 후 v1의 값과 v1의 이동 평균은 모두 0이다.
    print(sess.run([v1, ema.average(v1)]))
    # 출력: [0.0, 0.0]
```

```
# v1의 값을 5로 업데이트한다.
sess.run(tf.assign(v1, 5))
# v1의 이동 평균을 업데이트한다.
# 감소율은 min{0.99,(1+step)/(10+step)= 0.1}=0.1이므로,
# v1의 이동 평균은 0.1×0+0.9×5=4.5로 업데이트된다.
sess.run(maintain_averages_op)
print(sess.run([v1, ema.average(v1)]))
# 출력: [5.0, 4.5]


# step의 값을 10000으로 업데이트한다.
sess.run(tf.assign(step, 10000))
# v1의 값을 10으로 업데이트한다.
sess.run(tf.assign(v1, 10))
# v1의 이동 평균을 업데이트한다.
# 감소율은 min{0.99,(1+step)/(10+step) ≈ 0.999}=0.99이므로,
# v1의 이동 평균은 0.99×4.5+0.01×10=4.555로 업데이트된다.
sess.run(maintain_averages_op)
print(sess.run([v1, ema.average(v1)]))
# 출력: [10.0, 4.5549998]


# 이동 평균을 다시 업데이트해 얻은 값은 0.99×4.555+0.01×10=4.60945이다.
sess.run(maintain_averages_op)
print(sess.run([v1, ema.average(v1)]))
# 출력: [10.0, 4.6094499]
```

위의 코드는 ExponentialMovingAverage의 간단한 예이고, 5장에서 실제 응용에 이동 평균을 사용하는 예제를 제공한다.

CHAPTER 5

MNIST 숫자 인식

5.1 MNIST 데이터 처리

5.2 신경망 모델 학습 및 비교

5.3 변수 관리

5.4 TensorFlow 모델 저장 및 불러오기

5.5 TensorFlow 실행 예제 코드

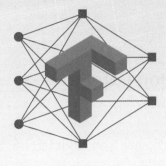

MNIST 숫자 인식

4장에서는 신경망 모델을 학습할 때 고려해야 할 주요 문제와 이를 해결하기 위한 일반적인 방법을 소개했다. 이 장에서는 실제 문제를 통해 4장에서 소개한 해결책을 검증할 것이다. 본 장에서 사용할 데이터셋은 많은 딥러닝 교재에 쓰이는 MNIST 손글씨 숫자 인식 데이터셋이다.

먼저 5.1절에서 MNIST 손글씨 숫자 인식 데이터셋을 소개하고 TensorFlow로 MNIST 데이터를 처리한다[1]. 그리고 5.2절은 4장에서 언급한 신경망 구조 설계와 매개변수 최적화의 여러 방법을 비교하고, 실제 문제에서의 여러 가지 최적화 방법에 의한 성능 향상을 검증한다. 이어서 5.3절과 5.4절에서는 5.2절에서 구현한 신경망의 결점을 살펴본다. 이 중에서 5.3절은 TensorFlow 변수 재사용 문제와 변수의 네임스페이스(namespace)를 소개하고, 5.4절에서는 학습된 모델을 바로 사용할 수 있도록 신경망 모델을 유지하는 방법을 설명한다. 마지막으로 5.5절에서는 5.3절과 5.4절에 주어진 예제 코드를 통합하여 MNIST 문제를 해결해 보자.

---

1) TensorFlow에서 MNIST 데이터셋 처리 클래스를 제공하므로 이 장에서는 직접 사용한다. 이미지 데이터 처리 방법은 7장에서 자세히 설명한다.

5.1 MNIST 데이터 처리

MNIST는 널리 알려진 손글씨 숫자 인식 데이터셋이며, 많은 교재에서 딥러닝 입문용으로 주로 쓰인다. 여기서 이 데이터셋에 대해 간략히 설명하고 TensorFlow의 MNIST 패키지를 소개한다. TensorFlow의 패키지를 사용하면 MNIST 데이터셋을 보다 쉽게 사용할 수 있다. MNIST 데이터셋은 NIST 데이터셋의 하위 데이터셋으로, 훈련 데이터로 6만 개의 이미지가 있고 테스트 데이터로 1만 개의 이미지가 포함되어 있다. MNIST 데이터셋의 각 이미지는 0에서 9까지의 숫자를 나타낸다. 각 이미지는 28×28 픽셀로 이루어져 있으며 숫자는 이미지 정중앙에 위치한다.

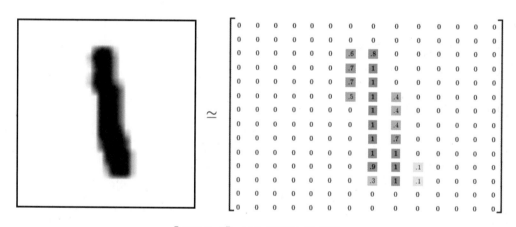

【그림 5-1】 숫자 이미지 및 행렬

[그림 5-1]의 왼쪽은 숫자 1의 이미지이고, 오른쪽은 이에 해당하는 행렬이다[2]. Yann LeCun 교수의 웹 사이트(http://yann.lecun.com/exdb/mnist)에서 MNIST 데이터셋에 관한 자세한 설명을 볼 수 있다. MNIST 데이터셋은 4개의 다운로드 파일을 제공하며, [표 5-1]에 이 파일들의 내용을 요약했다.

---

2) 본래 MNIST 데이터셋의 이미지는 28×28픽셀이지만 명확히 보기 위해 14×14로 축소했다.

【표 5-1】 MNIST 데이터 다운로드 주소 및 내용

웹 사이트 주소	내용
http：//yann.lecun.com/exdb/mnist/train-images-idx3-ubyte.gz	훈련 데이터 이미지
http：//yann.lecun.com/exdb/mnist/train-labels-idx1-ubyte.gz	훈련 데이터 레이블
http：//yann.lecun.com/exdb/mnist/t10k-images-idx3-ubyte.gz	테스트 데이터 이미지
http：//yann.lecun.com/exdb/mnist/t10k-labels-idx1-ubyte.gz	테스트 데이터 레이블

이 데이터셋은 훈련 데이터와 테스트 데이터만 제공하지만 모델 학습의 효과를 확인하기 위해 일반적으로 훈련 데이터의 일부를 검증(validation) 데이터로 분할한다. 검증 데이터의 역할은 5.2.2절에서 더 자세히 설명할 것이다. 사용자의 편의를 위해 TensorFlow는 MNIST 데이터를 처리하는 클래스를 제공한다. 이 클래스는 자동으로 데이터셋을 다운로드하고 원본 데이터를 분석해서 신경망의 학습 및 테스트에 쓰이는 형식으로 변환한다.

```python
from tensorflow.examples.tutorials.mnist import input_data

# MNIST 데이터셋을 로드한다. 지정된 주소 /path/to/MNIST_data에 다운로드된 데이터가
# 없으면 TensorFlow는 [표 5-1]에 제공된 URL에서 데이터를 자동으로 다운로드한다.
mnist = input_data.read_data_sets("path/to/MNIST_data/", one_hot=True)

# Training data size: 55000.
print("Training data size: ", mnist.train.num_examples)

# Validating data size: 5000.
print("Validating data size: ", mnist.validation.num_examples)

# Testing data size: 10000.
print("Testing data size: ", mnist.test.num_examples)

# Example training data: [ 0. 0. 0. …   0.380  0.376  …  0. ].
print("Example training data: ", mnist.train.images[0])
```

```
# Example training data label: [ 0.  0.  0.  0.  0.  0.  0.  1.  0.  0.]
print("Example training data label: ", mnist.train.labels[0])
```

위의 코드에서 알 수 있듯이 input_data.read_data_sets 함수로 생성된 클래스는 자동으로 MNIST 데이터셋을 train, validation, test 세 개의 데이터셋으로 분할한다. 다운로드된 데이터는 5만 5,000개의 학습 데이터, 5,000개의 검증 데이터, 1만 개의 테스트 데이터로 나뉜다. 처리 후의 이미지는 길이가 784인 1차원 배열이며 이 배열의 요소는 이미지의 픽셀에 해당한다(28×28=784). 신경망의 입력은 특징 벡터이기 때문에 이미지의 2차원 행렬을 1차원 배열에 배치하면 신경망의 입력층에 더욱 용이하게 제공할 수 있다. 행렬의 원소값은 [0, 1]이며 색상의 음영을 나타낸다. 여기서 0은 흰색, 1은 검은색을 나타낸다. 확률적 경사 하강법을 사용하기 위해, input_data.read_data_sets 함수로 생성된 클래스는 mnist.train.next_batch 함수도 제공한다. 이 함수는 전체 훈련 데이터의 일부분을 배치 데이터로 가져온다. 다음 코드는 이 함수의 예시이다.

```
batch_size = 100
# train에서 batch_size개의 훈련 데이터를 가져온다.
xs, ys = mnist.train.next_batch(batch_size)

print("X shape:", xs.shape)
# 출력: X shape: (100, 784)

print("Y shape:", ys.shape)
# 출력: Y shape: (100, 10)
```

5.2 신경망 모델 학습 및 비교

이 절에서는 MNIST 데이터셋을 사용하여 4장에서 설명한 신경망 모델 설계 및 최적화 방법을 연구하고 이를 구현해 본다. 먼저 5.2.1절에서 TensorFlow로 MNIST 문제를 해결한다. 여기서 4장에서 설명한 모든 최적화 방법을 통합하여 훈련된 신경망은 MNIST 테스트 데이터셋에서 약 98.4%의 정확도를 얻을 수 있다. 그리고 5.2.2절에서는 신경망 학습 과정에서 검증 데이터셋의 역할을 설명한다. 여기선 5.2.1절에서 얻은 검증 데이터를 통해, 검증 데이터에 대한 신경망의 성능이 신경망 모델을 평가하는 기준 또는 반복 횟수를 결정하는 근거가 될 수 있음을 증명한다. 마지막으로 5.2.3절에서 MNIST 데이터셋으로 4장에서 설명한 모든 최적화 방법을 검증해 본다. 이를 통해 이러한 최적화 방법은 신경망의 분류 정확도를 어느 정도 향상시킬 수 있다는 것을 알 수 있다.

5.2.1 TensorFlow 신경망 학습

이 절은 MNIST 손글씨 숫자 인식 문제를 해결하기 위한 완전한 코드로 구성되었다. 이는 4장에서 설명한 신경망 구조 설계 및 훈련 최적화의 모든 방법으로 구현하였다. 코드를 보기 전에 먼저 4장에서 언급한 주요 개념을 검토하기 바란다. 신경망 구조에서 딥러닝은 활성화 함수를 사용해 신경망 구조의 비선형화를 구현해야 하고, 복잡한 문제를 해결하기 위해 하나 이상의 은닉층을 사용하여 신경망의 구조를 더 깊게 만들 필요가 있다. 더 나아가 지수적 감소 학습률 설정, 오버피팅 방지를 위한 정규화 사용 및 이동 평균 모델의 사용을 통해 최종 모델을 더 강건하게 만들 수 있다.

```
import tensorflow as tf
from tensorflow.examples.tutorials.mnist import input_data

# MNIST 데이터셋 관련 상수
```

```
INPUT_NODE = 784        # 입력층의 노드 수, 이미지의 픽셀 수와 같다.
OUTPUT_NODE = 10        # 출력층의 노드 수, 레이블의 수와 같다.


# 신경망 매개변수 설정
LAYER1_NODE = 500        # 은닉층의 노드 수, 이 예제에선 하나의 은닉층을 사용한다.
BATCH_SIZE = 100         # 숫자가 작을수록 확률적 경사 하강법에 가깝고,
                         # 클수록 경사 하강법에 가깝다.

LEARNING_RATE_BASE = 0.8         # 초기 학습률
LEARNING_RATE_DECAY = 0.99       # 지수적 감소율
REGULARIZATION_RATE = 0.0001     # 정규화 항의 가중치, J(θ) + λR(w)에서 λ.
TRAINING_STEPS = 30000           # 학습 횟수
MOVING_AVERAGE_DECAY = 0.99      # 이동 평균 감소율


# 신경망의 입력과 모든 매개변수가 주어지면 순전파 결과를 계산하는 보조 함수이다.
# 여기서 ReLU 활성화 함수를 사용한 3층 완전 연결 신경망을 정의한다. 은닉층을 추가해
# 다층 신경망 구조를 구축하고, ReLU 활성화 함수를 통해 비선형화를 구현한다.
# 또한, 이 함수에서는 매개변수 평균을 계산하는 데 쓰이는 클래스를 가져와
# 테스트할 시에 이동 평균 모델을 쉽게 사용할 수 있다.
def inference(input_tensor, avg_class, weights1, biases1, weights2, biases2):
    # 이동 평균 클래스가 없으면 매개변수의 현재값을 직접 사용한다.
    if avg_class == None:
        # 은닉층의 순전파 결과를 계산한다. 여기서 ReLU 활성화 함수를 사용한다.
        layer1 = tf.nn.relu(tf.matmul(input_tensor, weights1) + biases1)
        # 출력층의 순전파 결과를 계산한다. 손실 함수를 계산할 때 softmax 함수가 함께
        # 계산되므로 여기에 활성화 함수를 추가할 필요가 없다. 게다가 softmax를
        # 추가하지 않아도 예측 결과에 영향을 미치지 않는다. 왜냐하면, 예측 시 상이한
        # 클래스에 대응되는 노드 출력값의 상대적인 크기를 사용하기 때문이다. 따라서
        # 전체 신경망의 순전파를 계산할 때 최종적으로 softmax 층을 추가하지 않아도
        # 된다.
        return tf.matmul(layer1, weights2) + biases2


    else:
        # 먼저 avg_class.average 함수를 사용하여 변수의 이동 평균값을 계산한 다음
        # 해당 신경망 순전파 결과를 계산한다.
        layer1 = tf.nn.relu(
            tf.matmul(input_tensor, avg_class.average(weights1)) +
            avg_class.average(biases1))
```

```
        return tf.matmul(layer1, avg_class.average(weights2)) + \
                        avg_class. average(biases2)
```

```
# 모델 학습 프로세스
def train(mnist):
    x = tf.placeholder(tf.float32, [None, INPUT_NODE], name='x-input')
    y_ = tf.placeholder(tf.float32, [None, OUTPUT_NODE], name='y-input')

    # 은닉층의 매개변수 생성
    weights1 = tf.Variable(
                tf.truncated_normal([INPUT_NODE, LAYER1_NODE], stddev=0.1))
    biases1 = tf.Variable(tf.constant(0.1, shape=[LAYER1_NODE]))
    # 출력층의 매개변수 생성
    weights2 = tf.Variable(
                tf.truncated_normal([LAYER1_NODE, OUTPUT_NODE], stddev=0.1))
    biases2 = tf.Variable(tf.constant(0.1, shape=[OUTPUT_NODE]))

    # 현재 매개변수의 신경망 순전파 연산을 진행한다. 여기서 이동 평균 계산에 쓰이는
    # 클래스로 None이 주어졌으므로 매개변수의 이동 평균을 사용하지 않는다.
    y = inference(x, None, weights1, biases1, weights2, biases2)

    # 학습 횟수를 저장하는 변수를 정의한다. 이 변수는 이동 평균을 계산할 필요가
    # 없으므로 trainable=False로 설정했다. 신경망을 학습시킬 때, 학습 횟수를
    # 나타내는 변수는 일반적으로 학습할 수 없는 매개변수로 지정한다.
    global_step = tf.Variable(0, trainable=False)

    # 이동 평균 감소율과 학습 횟수의 변수가 주어지면 이동 평균 클래스를 초기화한다.
    # 4장에서 설명했듯이 주어진 학습 횟수 변수는 학습 초기에 업데이트 속도를
    # 가속할 수 있다.
    variable_averages = tf.train.ExponentialMovingAverage(
        MOVING_AVERAGE_DECAY, global_step)

    # 신경망 매개변수를 나타내는 모든 변수에 이동 평균을 사용한다.
    # tf.trainable_variables는 그래프 상의 GraphKeys.TRAINABLE_VARIABLES
    # 요소를 반환한다. 이 요소는 trainable=False로 지정되지 않은 변수이다.
    variables_averages_op = variable_averages.apply(tf.trainable_variables())
```

```
# 이동 평균이 사용된 후의 순전파를 연산한다. 이동 평균은 변수 자체의 값을
# 변경하지 않는 대신 이동 평균을 기록하기 위한 은닉 변수를 유지한다.
# 따라서 이동 평균을 사용해야 할 경우 average 함수를 호출해야 한다.
average_y = inference(x, variable_averages, weights1, biases1, weights2, biases2)


# 교차 엔트로피는 예측값과 실제값의 차이를 나타내는 손실 함수로 계산된다. 여기서
# TensorFlow에서 제공하는 sparse_softmax_cross_entropy_with_logits 함수로
# 교차 엔트로피를 계산한다. 이 함수는 분류 문제가 하나의 레이블을 가질 때 교차
# 엔트로피 계산 속도를 높이는 데 사용할 수 있다. MNIST 이미지에는 0에서 9까지의
# 숫자가 하나만 있으므로 이 함수를 사용하여 교차 엔트로피 손실을 계산할 수 있다.
# 여기서 logits 는 softmax 층을 포함하지 않은 신경망의 순전파 연산 결과이고,
# labels는 훈련 데이터의 레이블이다. 레이블은 길이가 10인 1차원 배열이기 때문에
# tf.argmax를 사용해 레이블에 해당하는 번호를 할당해야 한다.
cross_entropy = tf.nn.sparse_softmax_cross_entropy_with_logits(
                logits=y, labels=tf.argmax(y_, 1))
# 현재 배치 데이터에서 모든 샘플의 교차 엔트로피 평균을 계산한다.
cross_entropy_mean = tf.reduce_mean(cross_entropy)


# L2 정규화 손실 함수를 계산한다.
regularizer = tf.contrib.layers.l2_regularizer(REGULARIZATION_RATE)
# 모델의 정규화 손실을 계산한다. 일반적으로 가중치 항의 정규화 손실만 계산하고
# 편향치 항은 사용하지 않는다.
regularization = regularizer(weights1) + regularizer(weights2)
# 전체 손실은 교차 엔트로피 손실과 정규화 손실의 합과 같다.
loss = cross_entropy_mean + regularization
# 지수 감소의 학습률을 설정한다.
learning_rate = tf.train.exponential_decay(
    LEARNING_RATE_BASE,          # 반복이 진행됨에 따라 학습률은 감소한다.
    global_step,                 # 현재 반복 횟수
    mnist.train.num_examples / BATCH_SIZE,      # 모든 훈련 데이터를
                                                # 완료하는데 필요한 반복 횟수
    LEARNING_RATE_DECAY)         # 학습률 감소 속도

# tf.train.GradientDescentOptimizer 최적화 알고리즘을 사용해 손실 함수를 최적화 한다.
# 여기서의 손실 함수는 교차 엔트로피 손실과 L2 정규화 손실을 포함한다.
train_step = \
    tf.train.GradientDescentOptimizer(learning_rate=learning_rate).\
```

```
        minimize(loss, global_step=global_step)
```

```
# 매번 데이터를 넘겨 받을 때마다 역전파를 통해 신경망 매개 수와 각 매개변수의
# 이동 평균을 업데이트해야 한다. 이를 한 번에 업데이트하기 위해 TensorFlow는
# tf.control_dependencies와 tf.group 두 가지 메커니즘을 제공한다. 다음 두 줄의
# 코드는 train_op = tf.group(train_step, variables_averages_op)과 동일하다.
with tf.control_dependencies([train_step, variables_averages_op]):
    train_op = tf.no_op(name='train')
```

```
# 이동 평균 모델이 사용된 신경망 순전파 연산 결과가 올바른지 확인해 보자.
# tf.argmax(average_y, 1)는 각 샘플의 예측 레이블을 계산한다. 여기서
# average_y는 batch_size×10인 2차원 배열이고 각 행은 한 샘플의 순전파 결과를
# 나타낸다. tf.argmax의 두 번째 매개변수 '1'은 최댓값을 선택하는 오퍼레이션을
# 1차원에서만 진행함을 나타낸다. 즉 각 행에서 최댓값에 해당하는 레이블을
# 선택한다. 따라서 길이가 batch인 1차원 배열이며, 이 배열의 값은 각 샘플에
# 해당하는 숫자 인식 결과를 나타낸다. tf.equal은 두 텐서의 각 차원을 비교해
# 동일하면 True를 반환하고, 그렇지 않으면 False를 반환한다.
correct_prediction = tf.equal(tf.argmax(average_y, 1), tf.argmax(y_, 1))
# 이 연산은 먼저 논리형을 실수형으로 변환하고 평균을 계산한다. 이 평균은 이
# 데이터셋에서 모델의 정확도이다.
accuracy = tf.reduce_mean(tf.cast(correct_prediction, tf.float32))
```

```
# 세션을 초기화하고 학습을 시작한다.
with tf.Session() as sess:
    tf.global_variables_initializer().run()
    # 검증 데이터를 준비한다. 일반적으로 신경망의 학습 과정에서 검증 데이터는
    # 학습 중지 조건을 판단하고 성능을 평가하는 데 쓰이곤 한다.
    validate_feed = {x: mnist.validation.images,
                     y_: mnist.validation.labels}
```

```
    # 테스트 데이터를 준비한다. 실제 응용에서 이 데이터는 쓰이지 않으며,
    # 모델 성능에 대한 최종 평가 기준에 불과하다.
    test_feed = {x: mnist.test.images, y_: mnist.test.labels}
```

```
    # 신경망 반복 학습
    for i in range(TRAINING_STEPS):
        # 1000회마다 검증 데이터셋에 대한 테스트 결과를 출력한다.
```

```python
        if i % 1000 == 0:
            # 검증 데이터셋에 대한 이동 평균을 계산한다. MNIST 데이터셋이 작기
            # 때문에 모든 검증 데이터를 한 번에 처리할 수 있다. 계산의 편의를 위해
            # 이 예제에서는 검증 데이터를 작은 배치 데이터로 나누지 않는다. 신경망
            # 모델이 더 복잡하거나 검증 데이터가 큰 경우, 배치 크기가 너무 크면
            # 계산 시간이 길어지고 메모리 오버 플로우까지도 발생할 수 있다.
            validate_acc = sess.run(accuracy, feed_dict=validate_feed)
            print("After %d training step(s), validation accuracy "
                    "using average model is %g " % (i, validate_acc))

        # 배치 데이터를 구성하고 학습을 시작한다.
        xs, ys = mnist.train.next_batch(BATCH_SIZE)
        sess.run(train_op, feed_dict={x: xs, y_: ys})

    # 학습이 끝나고 테스트 데이터에 대한 신경망 모델의 최종 정확도를 계산한다
    test_acc = sess.run(accuracy, feed_dict=test_feed)
    print("After %d training step(s), test accuracy using average "
            "model is %g" % (TRAINING_STEPS, test_acc))


# 메인 함수
def main(argv=None):
    mnist = input_data.read_data_sets("/tmp/data", one_hot=True)
    train(mnist)


# TensorFlow가 제공하는 메인 함수 tf.app.run은 위에 정의된 메인 함수를 호출한다.
if __name__ == '__main__':
    tf.app.run()
```

위의 코드를 실행하면 다음과 같은 출력 결과를 얻을 수 있다[3].

```
Extracting /tmp/data/train-images-idx3-ubyte.gz
Extracting /tmp/data/train-labels-idx1-ubyte.gz
Extracting /tmp/data/t10k-images-idx3-ubyte.gz
Extracting /tmp/data/t10k-labels-idx1-ubyte.gz
After 0 training step(s), validation accuracy on average model is 0.105
After 1000 training step(s), validation accuracy using average model is 0.9774
After 2000 training step(s), validation accuracy using average model is 0.9816
After 3000 training step(s), validation accuracy using average model is 0.9834
After 4000 training step(s), validation accuracy using average model is 0.9832

...

After 27000 training step(s), validation accuracy using average model is 0.984
After 28000 training step(s), validation accuracy using average model is 0.985
After 29000 training step(s), validation accuracy using average model is 0.985
After 29999 training step(s), validation accuracy using average model is 0.985
After 30000 training step(s), test accuracy on average model is 0.984.............
```

학습 초반에 학습이 진행됨에 따라 검증 데이터에 대한 모델의 성능이 좋아짐을 위의 결과에서 알 수 있다. 4,000회부터 정확도가 들쑥날쑥해지는데, 이는 손실값이 이미 극솟값에 다다랐으며 학습을 끝내도 된다는 의미다.

5.2.2 검증 데이터를 사용한 모델 평가

위 코드의 앞부분에서 초기 학습률, 지수적 감소율, 은닉층 노드 수, 반복 횟수 등 7가지 매개변수를 설정하였다. 그렇다면 이러한 매개변숫값을 어떻게 설정할까? 대부분의 경우, 신경망을 구성하는 매개변수는 모두 많은 실험을 통해 조정된다. 신경망 모델

---

3) 신경망 모델 학습 과정의 무작위 요인에 의해 동일한 결과를 얻을 수 없다.

의 성능은 최종적으로 테스트 데이터를 통해 평가되지만, 우리는 테스트 데이터에 대한 모델의 성능을 기준으로 매개변수를 선택해선 안 된다. 테스트 데이터를 사용하여 매개변수를 선택하면 신경망 모델이 테스트 데이터에 과도하게 피팅되어 알 수 없는 데이터를 예측할 수 없게 된다. 신경망 모델의 궁극적인 목표는 알 수 없는 데이터에 대한 판단 능력을 갖는 것이므로, 알 수 없는 데이터에 대한 모델의 성능을 평가하기 위해선 테스트 데이터를 훈련 과정에 개입시키면 안 된다. 따라서 일반적으로 훈련 데이터의 일부를 검증 데이터셋으로 추출한다. 검증 데이터를 사용하면 매개변수에 따른 모델의 성능을 평가할 수 있다. 검증 데이터셋을 사용하는 것 외에도 교차 검증(cross validation)을 사용하여 모델의 효과를 검증할 수 있다. 그러나 본래 신경망 학습 시간은 비교적 길기 때문에 교차 검증을 사용하면 많은 시간이 걸린다. 따라서 빅데이터의 경우 일반적으로 모델의 성능을 평가하기 위해 검증 데이터셋을 더 많이 사용한다.

이 절에서는 검증 데이터가 모델의 성능에 대한 기준으로 부합하다는 것을 증명하기 위해, 반복 횟수에 따른 검증 데이터와 테스트 데이터에 대한 정확도를 비교해 볼 것이다. 5.2.1절의 코드에 아래의 코드를 추가해 동일한 모델의 검증 데이터와 테스트 데이터에 대한 정확도를 1,000회마다 동시에 출력할 수 있다.

```
# 이동 평균 모델의 검증 데이터와 테스트 데이터에 대한 정확도를 계산한다.
validate_acc = sess.run(accuracy, feed_dict=validate_feed)
test_acc = sess.run(accuracy, feed_dict=test_feed)
# 정확도 출력
print("After %d training step(s), validation accuracy using average "
      "model is %g, test accuracy using average model is %g"  %
      (i, validate_acc, test _acc))
```

[그림 5-2]는 위의 코드에서 얻은 정확도를 곡선으로 나타낸 것이다. 회색 곡선은 반복 횟수 증가에 따른 검증 데이터에 대한 정확도이고, 곡선은 테스트 데이터에 대한 정확도이다. 두 곡선이 완전히 일치하지는 않지만 추세는 비슷하며 상관 계수(correlation coefficient)는 0.9999보다 크다. 이는 MNIST 문제에서 모델의 검증 데이터에 대한 정확도를 통해 모델의 성능을 평가할 수 있음을 의미한다.

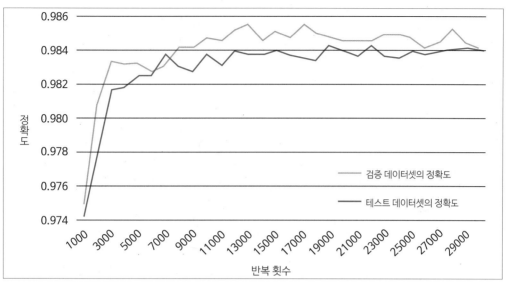

【그림 5-2】 반복 횟수에 따른 검증 데이터셋과 테스트 데이터셋에 대한 이동 평균 모델의 정확도

물론 위의 결론은 MNIST 데이터셋에 해당하는 것이며, 다른 문제의 경우 구체적인 데이터 분석이 필요하다. 검증 데이터의 분포가 테스트 데이터의 분포를 잘 나타내지 못하면 두 데이터셋에 대한 모델의 성능은 다를 수 있다. 따라서 검증 데이터를 선택하는 방법은 매우 중요하다. 일반적으로 선택된 검증 데이터 분포가 테스트 데이터 분포에 가까울수록, 검증 데이터에 대한 모델의 성능은 테스트 데이터에 대한 모델의 성능을 반영할 수 있다.

5.2.3 모델 성능 비교

이 절에서는 MNIST 데이터셋을 사용하여 4장에서 언급한 여러 최적화 방법이 신경망 모델 정확도에 미치는 영향을 비교할 것이다. 다양한 최적화 방법을 평가하기 위한 기준으로는 MNIST 테스트 데이터셋에 대한 정확도를 사용한다. 최적화 방법으로는 4장에서 배운 다음과 같은 5가지 방법을 사용한다. 신경망 구조의 설계에서는 활성화 함수와 은닉층을 사용해야 한다. 신경망 최적화에서는 지수 감소 학습률을 사용하거나, 정규화 손실 함수 및 이동 평균 모델을 추가할 수 있다. 동일한 신경망 매개변수[4]에서 서로 다른 최적화 방법을 사용해 3만 회 반복 학습한 후에 얻은 최종 모델의 정확도 그래프는 [그림 5-3]과 같다. 이 그래프의 평가 주체는 모든 최적화 방법으로 훈련된 모델과 이 중 하나씩 제외한 최적화 방법으로 훈련된 모델이다. 이 방법으로 각 최적화 방법의 효과를 쉽게 검증할 수 있다.

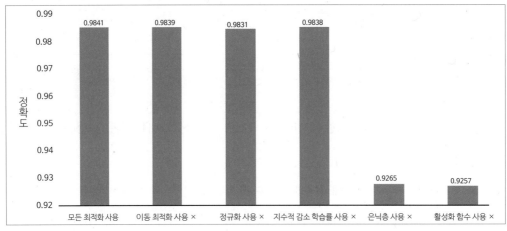

【그림 5-3】 여러 모델의 정확도

[그림 5-3]에서 신경망의 구조를 조정하는 것이 정확도에 매우 큰 영향을 준다는 것을 명확하게 볼 수 있다. 은닉층이 없거나 활성화 함수가 없는 경우, 모델의 정확도는 약 92.6%로 은닉층과 활성화 함수를 사용해 얻을 수 있는 약 98.4%의 정확도를 한참 밑돈다. 이는 신경망의 구조가 최종 모델의 성능에 본질적인 영향을 미친다는 점을 보여 준다. 6장에서는 좀 더 특수한 신경망 구조인 합성곱 신경망을 소개한다. 합성곱 신경망은 이미지 처리에 특화됐으며 정확도를 99.5%까지 끌어올릴 수 있다.

[그림 5-3]에서 볼 수 있듯이 이동 평균 모델, 지수 감소 및 정규화를 사용해 얻은 정확도의 향상은 두드러지지 않는다. 이 중 모든 최적화 방법을 사용한 모델과 이동 평균을 사용하지 않은 모델 및 지수 감소 학습률을 사용하지 않은 모델은 약 98.4%의 정확

---

4) 이 절에서 신경망 모델에 사용되는 매개변수는 5.2.1절에 나와 있는 코드의 매개변수와 동일하다. 유일한 예외는 활성화 함수가 쓰이지 않은 모델의 학습률이 0.05란 점이다.

도를 얻을 수 있다. 이는 이동 평균 모델과 지수 감소 학습률이 신경망 매개변수의 업데이트 속도를 어느 정도 제한하지만, MNIST 데이터에서 수렴 속도가 워낙 빠르기 때문에 최종 모델에 대한 이 두 가지 최적화 방법의 영향은 크지 않은 것이다. [그림 5-2]를 보면 4,000회 때부터 이미 가장 높은 정확도에 도달했음을 볼 수 있다. 학습 초반에 이동 평균 모델 또는 지수 감소 학습률의 사용 여부는 학습 결과에 대해 많은 영향을 미치지 않는다. [그림 5-4]는 모든 최적화 방법을 사용한 모델의 정확도와 평균 절대 기울기[5]의 변화를 보여 준다. [그림 5-5]는 반복 횟수에 따른 정확도와 학습률 감소 변화를 나타낸 그래프이다.

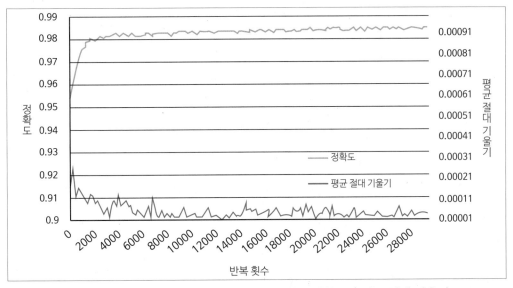

【그림 5-4】 모든 최적화 방법을 사용한 모델의 정확도와 평균 절대 기울기

---

5) 평균 절대 기울기는 모든 매개변수 기울기 절댓값의 평균값이다.

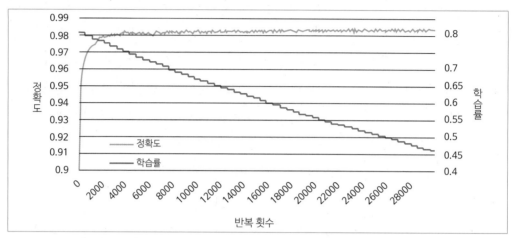

【그림 5-5】 모든 최적화 방법을 사용한 모델의 정확도와 학습률 감소

[그림 5-4]에서 보듯이 처음 4,000회 동안 정확도의 변화가 가장 크다. 4,000회 이후엔 기울기 자체가 비교적 작기 때문에 매개변수의 변화도 비교적 완만해진다. 따라서 이동 평균 모델 또는 지수 감소 학습률의 효과는 약해진다. [그림 5-5]를 보면 학습률 곡선은 계단식으로 감소하고, 처음 4,000회 동안 감소된 학습률과 초기 학습률의 차이가 크지 않다. 그렇다면 이는 이러한 최적화 방법이 그다지 유용하지 않음을 의미하는 것일까? 대답은 '아니오'이다. 문제가 더 복잡해지면 이렇게 빨리 수렴할 수 없으며 이동 평균 모델과 지수 감소 학습률은 비로소 진가를 발휘할 수 있다. 예를 들어 Cifar-10 이미지 분류 데이터셋에서 이동 평균 모델을 사용하면 오류율을 11% 줄일 수 있고, 지수 감소 학습률을 사용하면 오류율을 7% 줄일 수 있다.

이동 평균 모델 및 지수 감소 학습률과 비교할 때, 정규화 손실 함수를 사용한 효과가 더욱 두드러지게 나타난다. 정규화 손실 함수를 사용한 신경망 모델은 6%가량의 오류율을 줄일 수 있다. [그림 5-6]과 [그림 5-7]은 정규화가 모델 최적화 과정에 미치는 영향을 보여 준다. 여기서 서로 다른 손실 함수를 사용한 두 신경망 모델을 비교한다. 이중 한 모델은 교차 엔트로피 손실만을 최소화한다. 다음 코드는 교차 엔트로피 모델을 최적화하는 최적화 함수이다.

```
train_step = tf.train.GradientDescentOptimizer(learning_rate)\
                .minimize(cross_entropy_mean, global_step=global_step)
```

또 다른 모델은 교차 엔트로피와 $L2$ 정규화 손실 합을 최적화한다.

```
loss = cross_entropy_mean + regularaztion
train_step = tf.train.GradientDescentOptimizer(learning_rate)\
                .minimize(loss, global_step=global_step)
```

[그림 5-6]에서 실선은 두 모델의 정확도를 나타내고 점선은 현재 배치 데이터에 대한 교차 엔트로피 손실을 나타낸다.

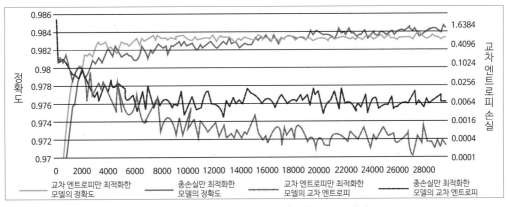

【그림 5-6】 교차 엔트로피와 정확도의 관계

[그림 5-6]에서 교차 엔트로피만 최적화한 모델의 교차 엔트로피(회색 점선)가 전체 손실을 최적화한 모델의 교차 엔트로피보다 작다. 그러나 테스트 데이터에서 전체 손실을 최적화한 모델이 교차 엔트로피만을 최적화한 모델보다 좋다. 그 이유는 4장에서 설명한 오버피팅 문제에 있다. 교차 엔트로피만을 최적화한 모델은 훈련 데이터에 더 잘 피팅될 수 있지만(교차 엔트로피 손실이 더 적음), 데이터에 잠재된 규칙을 잘 찾지 못해 테스트 정확도가 낮다.

　[그림 5-7]은 두 모델의 손실 함숫값의 변화를 보여 준다. 왼쪽 그림은 교차 엔트로피만을 최적화한 모델의 그래프이다. 반복이 진행됨에 따라 정규화 손실이 계속 증가하는 것을 볼 수 있다. MNIST 문제는 상대적으로 간단하기 때문에 학습 후반에 기울기가 매우 작아져([그림 5-4] 참고) 정규화 손실이 빠르게 증가하지 않는다. 문제가 더 복잡하고 학습 후반에 기울기가 더 크면 전체 손실(교차 엔트로피 손실+정규화 손실)이 U자 형태로 나타난다. 오른쪽 그림은 모든 손실을 최적화한 모델의 그래프이다. 이 모델의 정규화 손실 부분도 반복이 진행됨에 따라 점차 작아지므로 그래프는 감소하는 추세를 보인다.

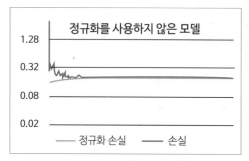 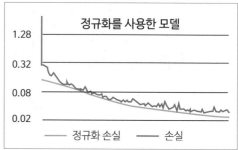

【그림 5-7】 정규화 손실값과 전체 손실 변화

　전반적으로 말하면, MNIST 데이터셋을 통해 활성화 함수, 은닉층이 모델의 질적 향상에 큰 도움을 줬음을 효과적으로 검증했다. MNIST 문제는 상대적으로 간단하기 때문에 이동 평균 모델, 지수 감소 학습률 및 정규화 손실은 정확도에 거의 영향을 주지 않는다. 그러나 실험 결과를 더 분석함으로써 이러한 최적화 방법은 실제로 4장에서 언급한 신경망 최적화 과정의 문제를 해결할 수 있다고 결론 내릴 수 있다. 해결해야 할 문제와 사용된 신경망 모델이 더 복잡해지면 이러한 최적화 방법은 학습 결과에 큰 영향을 줄 수 있을 것이다.

5.3 변수 관리

5.2.1절에서 신경망 순전파 연산을 하나의 함수에서 처리했다. 이런 방식으로 모델의 순전파 연산 결과를 얻기 위해 동일한 함수를 훈련 및 테스트 과정에서 균등하게 호출할 수 있다. 이 함수는 다음과 같이 정의되었다.

```
def inference(input_tensor, avg_class, weights1, biases1, weights2, biases2):
```

이 함수의 변수는 신경망의 모든 매개변수를 포함한다. 그러나 신경망의 구조가 더 복잡하고 매개변수가 더 많은 경우 매개변수를 전달하고 관리하는데 더 나은 방법이 필요하다. TensorFlow는 변수명으로 변수를 생성하거나 가져오는 메커니즘을 제공한다. 이 메커니즘을 통해 다른 함수에서 매개변수의 형식으로 변수를 전달할 필요 없이 변수명으로 변수를 직접 사용할 수 있다. TensorFlow에서 변수명으로 변수를 가져오는 메커니즘은 주로 tf.get_variable과 tf.variable_scope 함수로 구현된다.

4장에서 tf.Variable 함수로 변수를 생성했다. tf.Variable 함수 외에도 TensorFlow는 변수를 생성하거나 가져오는 tf.get_variable 함수를 제공한다. 이 함수를 사용해 변수를 생성하는 것은 기본적으로 tf.Variable의 기능과 동일하다. 다음 코드는 이 두 함수를 통해 같은 변수를 생성하는 예이다.

```
# 다음 두 정의는 동일하다.
v = tf.get_variable("v", shape=[1], initializer=tf.constant_initializer(1.0))
v = tf.Variable(tf.constant(1.0, shape=[1]), name="v")
```

tf.Variable과 tf.get_variable 함수로 변수를 생성하는 과정은 기본적으로 같다. 위의 initializer 함수와 3.4.3절에서 소개한 난수 및 상수 생성 함수는 대부분 일대일 대응한다. 예를 들어 위에서 사용된 상수 초기화 함수 tf.constant_initializer와 상수 생성 함수

tf.constant는 기능상 서로 일치한다. TensorFlow는 7가지 초기화 함수를 제공하며 [표 5-2]에 정리하였다.

【표 5-2】 TensorFlow 변수 초기화 함수

초기화 함수	기능	주요 매개변수
tf.constant_initializer	주어진 상수로 초기화	상숫값
tf.random_normal_initializer	정규 분포를 만족하는 난수로 초기화	정규 분포의 평균, 표준 편차
tf.truncated_normal_initializer	정규 분포를 만족하는 난수로 초기화 (표준 편차가 2 이상인 값은 다시 생성)	정규 분포의 평균, 표준 편차
tf.random_uniform_initializer	균일 분포를 만족하는 난수로 초기화	최댓값, 최솟값
tf.uniform_unit_scaling_initializer	균일 분포를 만족하고 출력 자릿수에 영향을 주지 않는 난수로 초기화	factor(값을 스케일하는 배율 인수)
tf.zeros_initializer	모든 변수를 0으로 초기화	shape
tf.ones_initializer	모든 변수를 1로 초기화	shape

tf.get_variable 함수와 tf.Variable 함수의 가장 큰 차이점은 변수명을 지정하는 데 있다. tf.Variable 함수의 변수명은 선택적이며 name="v"의 형식으로 지정한다. 반면에 tf.get_variable 함수는 변수명을 반드시 지정해 이 변수를 생성하거나 가져올 수 있다. 위의 예제에서 tf.get_variable은 먼저 이름이 v인 변수를 생성하는데, 생성에 실패한 경우(이를테면 동명의 변수가 이미 있는 경우)에 오류가 발생한다. 이는 변수 재사용으로 인한 의도치 않은 문제를 미연에 방지하기 위한 것이다. 예를 들어 신경망 매개변수를 정의할 때 첫 번째 레이어의 가중치를 weights라 명명하고, 두 번째 레이어의 가중치도 weights라 명명한다면 변수 재사용 오류가 발생한다. 이렇게 하지 않으면 오류를 찾기가 더욱 어려워질 것이다. tf.get_variable 함수로 이미 생성된 변수를 가져오기 위해선 tf.variable_scope 함수를 통해 컨텍스트 관리자를 생성하고 이 컨텍스트 관리자에서 tf.get_variable이 이미 생성된 변수를 가져오도록 명시해야 한다. 다음 코드로 tf.variable_scope 함수를 통해 tf.get_variable 함수를 제어해 이미 생성된 변수를 가져와 보자.

```python
# foo 네임스페이스 안에 변수 v를 생성한다.
with tf.variable_scope("foo"):
    v = tf.get_variable("v", [1], initializer=tf.constant_initializer(1.0))


# foo 네임스페이스 안에 변수 v가 이미 생성됐으므로, 아래의 모든 코드는 에러가 발생한다.
# Variable foo/v already exists, disallowed. Did you mean to set reuse=True
# in VarScope?
with tf.variable_scope("foo"):
    v = tf.get_variable("v", [1])


# 컨텍스트 관리자를 생성할 때, 매개변수 reuse를 True로 설정하면 tf.get_variable
# 함수로 이미 선언된 변수를 가져올 수 있다.
with tf.variable_scope("foo", reuse=True):
    v1 = tf.get_variable("v", [1])
    print(v == v1)    # True를 출력하고 v와 v1이 같은 변수임을 나타낸다.


# reuse가 True로 설정되면 tf.variable_scope는 이미 생성된 변수만 가져온다.
# 변수 v가 네임스페이스 bar에서 생성되지 않았으므로 다음 코드는 오류를 발생시킨다.
# Variable bar/v does not exist, disallowed. Did you mean to set reuse=None
# in VarScope?
with tf.variable_scope("bar", reuse=True):
    v = tf.get_variable("v", [1])
```

tf.variable_scope 함수가 reuse=True로 컨텍스트 관리자를 생성하면 이 컨텍스트 관리자의 모든 tf.get_variable 함수는 이미 생성된 변수를 바로 가져온다. 만일 변수가 존재하지 않으면 tf.get_variable 함수는 오류를 보고한다. 이와 반대로, tf.variable_scope 함수가 reuse=None 또는 reuse=False로 컨텍스트 관리자를 생성하면 tf.get_variable 함수는 새로운 변수를 생성한다. 또한, 동일한 변수명이 이미 존재하면 오류가 발생한다. tf.variable_scope 함수는 중첩될 수 있다. 다음은 tf.variable_scope 함수가 중첩될 때 reuse의 값이 결정되는 방법을 보여 준다.

```
with tf.variable_scope("root"):
    # tf.get_variable_scope().reuse 함수를 통해 현재 컨텍스트 관리자의 reuse의
    # 값을 얻을 수 있다.

    print(tf.get_variable_scope().reuse)              # 출력: False

    with tf.variable_scope("foo", reuse=True):        # reuse=True인 새로운
                                                      # 컨텍스트 관리자 생성
        print(tf.get_variable_scope().reuse)          # 출력: True
        with tf.variable_scope("bar"):                # reuse를 지정하지 않은
                                                      # 컨텍스트 관리자 생성. 이때,
                                                      # reuse의 값은 상위 컨텍스트
                                                      # 에서의 값과 같다.

            print(tf.get_variable_scope().reuse)      # 출력: True
    print(tf.get_variable_scope().reuse)              # 출력: False
```

tf.variable_scope 함수로 생성된 컨텍스트 관리자는 TensorFlow 네임스페이스를 생성하고, 이 네임스페이스 내에 생성된 변수명은 전부 이 네임스페이스를 접두사로 갖는다. 따라서 tf.get_variable에 의해 수행되는 기능을 제어하는 것 외에도 tf.variable_scope 함수는 변수를 관리하는 네임스페이스 방식을 제공한다. 다음 코드는 tf.variable_scope를 통해 변수명을 관리하는 방법을 보여 준다.

```
v1 = tf.get_variable("v", [1])
print(v1.name)          # v:0이 출력된다. 'v'는 변수명, '0'은 이 연산의 첫 번째 결과
                        # 임을 나타낸다.

with tf.variable_scope("foo"):
    v2 = tf.get_variable("v", [1])
    print(v2.name)      # foo/v:0이 출력된다. tf.variable_scope에서 생성된 변수는
                        # 네임스페이스 이름이 변수명 앞에 추가되며, 네임스페이스의
                        # 이름과 변수명은 /로 구분된다.

with tf.variable_scope("foo"):
```

```
    with tf.variable_scope("bar"):
        v3 = tf.get_variable("v", [1])
        print(v3.name)            # foo/bar/v:0이 출력된다.
                                  # 네임스페이스는 중첩될 수 있으며, 변수명 앞에는 모든
                                  # 네임스페이스 이름이 접두어로 붙는다.

    v4 = tf.get_variable("v1", [1])
    print(v4.name)                # foo/v1:0이 출력된다. 네임스페이스가 종료되면 변수명 앞
                                  # 에 더 이상 접두사가 붙지 않는다.

# 익명의 네임스페이스를 생성하고 reuse=True로 설정한다.
with tf.variable_scope("", reuse=True):
    v5 = tf.get_variable("foo/bar/v", [1])      # 다른 네임스페이스의 변수는 네임
                                                # 스페이스 이름이 붙은 변수명으로
                                                # 가져올 수 있다. 예를 들어 여기서
                                                # 네임스페이스 foo/bar/에 생성된
                                                # 변수를 foo/bar/v로 가져온다.
    print(v5 == v3)                             # True를 출력한다.
    v6 = tf.get_variable("foo/v1", [1])
    print(v6 == v4)                             # True를 출력한다.
```

tf.variable_scope와 tf.get_variable 함수를 사용하여 5.2.1절에서 정의한 순전파 연산 함수를 개선해 보자.

```
def inference(input_tensor, reuse=False):
    # 첫 번째 레이어의 변수와 순전파 연산을 정의한다.
    with tf.variable_scope('layer1', reuse=reuse):
        # 전달된 reuse에 따라 변수를 생성할지 이미 생성된 변수를 사용할지 판단한다.
        # 처음 신경망을 구축할 때는 새로운 변수를 만들고, reuse=True를 사용하면
        # 이 함수를 호출할 때마다 매번 변수를 전달할 필요가 없다.
        weights = tf.get_variable("weights", [INPUT_NODE, LAYER1_NODE],
            initializer=tf.truncated_normal_initializer(stddev=0.1))
        biases = tf.get_variable("biases", [LAYER1_NODE],
```

```
            initializer=tf.constant_initializer(0.0))
        layer1 = tf.nn.relu(tf.matmul(input_tensor, weights) + biases)

    # 두 번째 레이어의 변수와 순전파 연산도 위와 유사하게 정의한다.
    with tf.variable_scope('layer2', reuse=reuse):
        weights = tf.get_variable("weights", [LAYER1_NODE, OUTPUT_NODE],
            initializer=tf.truncated_normal_initializer(stddev=0.1))
        biases = tf.get_variable("biases", [OUTPUT_NODE],
            initializer=tf.constant_initializer(0.0))
        layer2 = tf.matmul(layer1, weights) + biases

    # 최종적으로 순전파 연산 결과를 반환한다.
    return layer2

x = tf.placeholder(tf.float32, [None, INPUT_NODE], name='x-input')
y = inference(x)

# 학습된 신경망을 사용해야 하는 경우에 inference(new_x, True)를 호출할 수 있다.
# 이동 평균 모델을 사용하려면 5.2.1절의 코드를 참조하길 바란다. 이동 평균을 계산하는
# 클래스를 inference 함수에 전달하기만 하면 되고, 변수를 가져오거나 생성하는 부분은
# 수정할 필요가 없다.
new_x = ...
new_y = inference(new_x, True)
```

위의 코드와 같은 방식을 사용하면 더 이상 모든 변수를 다른 함수에 전달할 필요가
없다. 신경망 구조가 더 복잡하고 매개변수가 더 많은 경우, 이 변수 관리 방법을 사용
하면 프로그램의 가독성이 크게 향상된다.

5.4 / TensorFlow 모델 저장 및 불러오기

5.2.1절의 코드는 학습이 끝나면 다음에 또 사용할 수 있도록 모델을 저장하지 않고 바로 종료된다. 학습 결과를 다시 사용하기 위해선 학습된 신경망을 저장해야 한다. 5.4.1절에서는 TensorFlow를 통해 훈련된 모델을 저장하고 저장된 모델 파일에서 모델을 불러오는 방법을 소개할 것이다. 그리고 5.4.2절에서 TensorFlow 저장 원리와 저장 파일의 데이터 형식을 설명할 것이다.

5.4.1 저장 및 불러오기 코드 구현

TensorFlow는 신경망 모델을 저장하고 불러오는 매우 간단한 API인 tf.train.Saver 클래스를 제공한다. 다음 코드는 TensorFlow 계산 그래프를 저장하는 방법을 보여 준다.

```python
import tensorflow as tf

# 두 변수를 선언하고 합을 계산한다.
v1 = tf.Variable(tf.constant(1.0, shape=[1]), name="v1")
v2 = tf.Variable(tf.constant(2.0, shape=[1]), name="v2")
result = v1 + v2

init_op = tf.global_variables_initializer()
# 모델을 저장하기 위한 tf.train.Saver 클래스를 선언한다.
saver = tf.train.Saver()

with tf.Session() as sess:
    sess.run(init_op)
    # 모델을 /path/to/model/model.ckpt에 저장한다.
    saver.save(sess, "/path/to/model/model.ckpt")
```

위의 코드는 간단한 신경망 모델을 저장하는 기능을 구현한다. 이 코드에서 TensorFlow 모델은 saver.save 함수를 통해 /path/to/model/model.ckpt에 저장된다. TensorFlow 모델은 대개 '.ckpt'라는 파일 확장자를 갖는다. 여기서 하나의 파일 경로만 지정하지만 이 디렉토리에는 세 개의 파일이 생성된다. 이는 TensorFlow가 계산 그래프 의 구조와 매개변숫값을 나눠서 저장하기 때문이다.

위에서 생성되는 첫 번째 파일은 model.ckpt.meta이며 계산 그래프의 구조를 저장한 다. 계산 그래프의 원리는 3장에서 설명했으므로 여기선 간단히 신경망의 네트워크 구조 로 이해할 수 있다. 두 번째 파일은 model.ckpt로 모든 변수를 저장한다. 마지막은 단순 히 체크포인트 리스트와 경로를 저장한 checkpoint 파일이다. 이 파일들의 자세한 내용 은 5.4.2절에서 다룰 것이다. 다음 코드를 실행하면 이미 저장된 모델을 불러올 수 있다.

```python
import tensorflow as tf

# 위와 같은 방식으로 변수를 선언한다.
v1 = tf.Variable(tf.constant(1.0, shape=[1]), name="v1")
v2 = tf.Variable(tf.constant(2.0, shape=[1]), name="v2")
result = v1 + v2

saver = tf.train.Saver()

with tf.Session() as sess:
    # 이미 저장된 모델을 불러와 모델의 변숫값을 통해 덧셈 연산을 진행한다.
    saver.restore(sess, "/path/to/model/model.ckpt")
    print(sess.run(result))
```

모델을 불러오는 코드는 기본적으로 모델을 저장하는 코드와 동일하다. 모델을 불러 오는 코드도 먼저 계산 그래프의 모든 연산을 정의하고 tf.train.Saver 클래스를 선언한 다. 두 코드의 유일한 차이점은 모델을 불러오는 코드에서 변수의 값을 초기화하지 않 고 이미 저장된 모델에서 불러온다는 것이다. 그래프 상의 연산을 반복적으로 정의하기 싫다면 이미 저장된 그래프를 불러올 수도 있다.

```
import tensorflow as tf
# 저장된 그래프를 불러온다.
saver = tf.train.import_meta_graph(
    "/path/to/model/model.ckpt/model.ckpt.meta")
with tf.Session() as sess:
    saver.restore(sess, "/path/to/model/model.ckpt")
    # 텐서명으로 텐서를 가져온다.
    print(sess.run(tf.get_default_graph().get_tensor_by_name("add:0")))
    # 출력: [ 3.]
```

위 코드는 계산 그래프에서 사전에 정의된 모든 변수를 저장하고 불러온다. 그러나 때로는 일부 변수를 저장하거나 가져와야 할 때도 있다. 예를 들어 이전에 훈련시킨 5층 신경망 모델이 있는데 6층 신경망을 시도하고 싶다면 5층 신경망 모델의 매개변수를 새로운 모델에 가져와 마지막 계층만 훈련하면 된다.

일부 변수를 저장하거나 불러오기 위해 tf.train.Saver 클래스를 선언할 경우 저장하거나 불러올 변수를 별도의 리스트로 지정할 수 있다. 예를 들어 모델을 불러오는 코드에서 saver=tf.trainSaver([v1])와 같이 수정하면 v1만 불러올 수 있게 된다. 만약 이를 실행하면 변수가 초기화되지 않았다는 오류가 발생한다.

```
tensorflow.python.framework.errors.FailedPreconditionError: Attempting to
use uninitialized value v2
```

v2가 로드되지 않아 초기화 전에 v2의 값이 존재하지 않기 때문이다. 이외에도 tf.train.Saver 클래스는 변수를 저장하거나 불러올 때 재명명할 수 있다.

```
# 여기에 선언된 변수명은 저장된 모델의 변수명과 다르다.
v1 = tf.Variable(tf.constant(1.0, shape=[1]), name="other-v1")
v2 = tf.Variable(tf.constant(2.0, shape=[1]), name="other-v2")

# tf.train.Saver()를 바로 사용해 모델을 불러오면 변수를 찾을 수 없다는 오류가
```

```
# 발생한다.
# tensorflow.python.framework.errors.NotFoundError: Tensor name "other-v2"
# not found in checkpoint files /path/to/model/model.ckpt

# 딕셔너리(dictionary)로 변수를 재명명하면 원래 모델의 변수를 불러올 수 있다.
# 이 딕셔너리는 원래 이름이 v1인 변수가 v1(name="other-v1")에 로드되고 v2라는
# 변수가 v2(name="other-v2")에 로드된다.
saver = tf.train.Saver({"v1": v1, "v2": v2})
```

위의 코드에서 v1과 v2의 이름이 변경되었다. 저장된 모델을 tf.train.Saver 기본 생성자로 직접 불러오면 변수를 찾을 수 없다는 오류가 발생한다. 저장할 때의 변수명과 불러올 때의 변수명이 일치하지 않기 때문이다. 하지만 딕셔너리를 사용하면 이 둘의 변수명을 연관 지을 수 있다.

이것의 주요 목적 중 하나는 이동 평균의 사용을 용이하게 하는 것이다. 4.4.3절에서 설명한 변수의 이동 평균을 사용하면 신경망 모델을 더욱 강건하게(robust) 만든다. TensorFlow에서 모든 변수의 이동 평균은 은닉 변수에 의해 유지되므로, 변수의 이동 평균을 얻으려면 사실상 은닉 변수의 값을 얻어야 한다. 모델을 불러올 때 은닉 변수를 직접 변수 자체에 매핑하면 변수의 이동 평균을 얻기 위해 함수를 호출할 필요가 없어진다. 다음 코드는 이동 평균 모델을 저장하는 예제이다.

```
import tensorflow as tf

v = tf.Variable(0, dtype=tf.float32, name="v")
# 이동 평균 모델을 선언하지 않으면 변수 v만 있으므로 'v:0'을 출력한다.
for variables in tf.global_variables():
    print(variables.name)


ema = tf.train.ExponentialMovingAverage(0.99)
maintain_averages_op = ema.apply(tf.global_variables())
# 이동 평균 모델을 선언한 후, TensorFlow는 자동으로 은닉 변수
# v/ExponentialMoving Average를 생성한다. 따라서 'v:0'과
# 'v/ExponentialMovingAverage:0'을 출력한다.
```

```
for variables in tf.global_variables():
    print(variables.name)

saver = tf.train.Saver()
with tf.Session() as sess:
    init_op = tf.global_variables_initializer()
    sess.run(init_op)

    sess.run(tf.assign(v, 10))
    sess.run(maintain_averages_op)
    # TensorFlow는 v:0과 v/ExponentialMovingAverage:0을 모두 저장한다.
    saver.save(sess, "/path/to/model/model.ckpt")
    print(sess.run([v, ema.average(v)]))        # 출력: [10.0, 0.099999905]
```

다음 코드는 변수명을 변경해 변수의 이동 평균을 구한다. 아래의 출력 결과를 보면 v의 값이 위 코드의 v의 이동 평균임을 알 수 있다. 이렇게 완전히 같은 코드로 이동 평균 모델의 순전파를 연산할 수 있다.

```
v = tf.Variable(0, dtype=tf.float32, name="v")
# 변수명을 변경해 원래 변수 v의 이동 평균을 v에 할당한다.
saver = tf.train.Saver({"v/ExponentialMovingAverage": v})
with tf.Session() as sess:
    saver.restore(sess, "/path/to/model/model.ckpt")
    print(sess.run(v))        # 출력: 0.099999905
```

tf.train.ExponentialMovingAverage 클래스는 이동 평균 변수명을 쉽게 변경할 수 있도록 tf.train.Saver 클래스에 필요한 변수 재명명 딕셔너리를 생성하는 variables_to_restore 함수를 제공한다. 다음 코드는 variables_to_restore 함수 사용의 예이다.

```
import tensorflow as tf
```

```
v = tf.Variable(0, dtype=tf.float32, name="v")
ema = tf.train.ExponentialMovingAverage(0.99)

# variables_to_restore함수를 사용해 위 코드의 딕셔너리를 생성할 수 있다.
# {"v/ExponentialMovingAverage": v}.
# 아래 코드를 실행하면 다음과 같이 출력된다.
# {'v/ExponentialMovingAverage': <tensorflow.python.ops.variables.Variable
# object at 0x7ff6454ddc10>}
# 여기서 Variable 클래스는 v를 나타낸다.
print(ema.variables_to_restore())

saver = tf.train.Saver(ema.variables_to_restore())
with tf.Session() as sess:
    saver.restore(sess, "/path/to/model/model.ckpt")
    print(sess.run(v))          # 출력: 0.099999905
```

tf.train.Saver를 사용하면 TensorFlow 프로그램을 실행하는 데 필요한 모든 정보를 저장하지만, 일부 정보가 불필요할 때도 있다. 예를 들어 테스트 또는 오프라인 예측에서 변수 초기화, 모델 저장 등과 같은 보조 노드의 정보는 필요 없이, 신경망 입력에서 출력까지 어떻게 계산됐는지만 알면 된다. 6장에서 소개할 전이 학습에서 비슷한 상황이 발생한다. 또한, 변숫값과 계산 그래프 구조를 서로 다른 파일에 저장하면 불편하므로, convert_variables_to_constants 함수를 통해 계산 그래프의 변수와 그 값을 상수로 저장함으로써 계산 그래프를 하나의 파일에 저장할 수 있다. 다음은 이에 대한 예제이다.

```
import tensorflow as tf
from tensorflow.python.framework import graph_util

v1 = tf.Variable(tf.constant(1.0, shape=[1]), name="v1")
v2 = tf.Variable(tf.constant(2.0, shape=[1]), name="v2")
result = v1 + v2

init_op = tf.global_variables_initializer()
with tf.Session() as sess:
```

```
sess.run(init_op)
# 현재 계산 그래프의 GraphDef 부분을 불러온다. 이 부분만 있으면 입력층부터
# 출력층까지의 계산을 완료할 수 있다.
graph_def = tf.get_default_graph().as_graph_def()

# 그래프의 변수와 그 값을 상수로 변환하고 그래프에서 불필요한 노드를 제거한다.
# 일부 시스템 연산도 계산 그래프의 노드로 변환됨을 5.4.2절에서 볼 수 있다. 정의된
# 일부 연산만 필요하다면 이와 무관한 노드는 저장하거나 불러올 필요가 없다.
# 다음 한 줄의 코드에서 마지막 매개변수 ['add']는 저장할 노드 이름이다.
# add 노드는 위에 정의된 두 변수의 합을 구하는 연산이다. 주의해야 할 것은
# 연산 노드의 이름이 주어져야 한다. 따라서 뒤에 :0[6]이 붙지 않는다.
output_graph_def = graph_util.convert_variables_to_constants(
    sess, graph_def, ['add'])
# 불러온 모델을 파일에 저장한다.
with tf.gfile.GFile("/path/to/model/combined_model.pb", "wb") as f:
    f.write(output_graph_def.SerializeToString())
```

아래의 코드를 통해 이미 정의된 덧셈 연산을 수행할 수 있다. 이는 계산 그래프의 일부 노드만을 필요로 할 경우에 더욱 편리한 방법을 제공한다. 6장에서는 이 방법으로 전이 학습을 한다.

```
import tensorflow as tf
from tensorflow.python.platform import gfile

with tf.Session() as sess:
    model_filename = "/path/to/model/combined_model.pb"
    # 저장된 모델 파일을 읽고 GraphDef 프로토콜 버퍼로 해석된다.
    with gfile.GFile(model_filename, 'rb') as f:
        graph_def = tf.GraphDef()
        graph_def.ParseFromString(f.read())

    # graph_def에 저장된 그래프를 현재 그래프로 불러온다.
```

---

6) 3장에서 소개한 바와 같이 텐서명 뒤에 0이 붙으면 첫 번째 출력을 의미한다. 연산 노드의 이름 뒤에는 0이 붙지 않는다.

```
# return_elements=["add:0"]으로 반환된 텐서 이름이 주어진다.
# 계산 노드의 이름은 저장할 때 주어지므로 "add"이고, 텐서의 이름은 불러올 때
# 주어지므로 add:0이 된다.
result = tf.import_graph_def(graph_def, return_elements=["add:0"])
print(sess.run(result))
```

5.4.2 원리와 데이터 형식

5.4.1절에서 saver.save 함수가 호출될 경우 생성되는 3개의 파일을 소개했다. 신경망 모델의 저장 및 불러오기는 이 세 개의 파일로 이루어진다. 이번 절은 이 파일들에 저장되는 내용 및 데이터 형식에 대해 다룬다. 각 파일에 대해 설명하기 전에 먼저 3장에서 설명한 TensorFlow의 기본 개념을 살펴보자. TensorFlow는 그래프 형식을 통해 연산을 표현하는 프로그래밍 시스템이며, 모든 연산은 계산 그래프의 노드로 표현된다. TensorFlow는 메타 그래프(MetaGraph)를 통해 노드의 정보와 노드 실행에 필요한 모든 메타 데이터를 기록한다. 이 메타 그래프는 MetaGraphDef 프로토콜 버퍼에 의해 정의되는데[7], MetaGraphDef의 내용이 바로 첫 번째 파일이다. MetaGraphDef 프로토콜 버퍼는 다음과 같이 다섯 개의 속성을 포함한다.

```
message MetaGraphDef {
    MetaInfoDef meta_info_def = 1;

    GraphDef graph_def = 2;
    SaverDef saver_def = 3;
    map<string, CollectionDef> collection_def = 4;
    map<string, SignatureDef> signature_def = 5;
}
```

---

7) 프로토콜 버퍼(Protocol Buffer)에 관한 내용은 2.1절에서 설명했다.

5.4.1절의 변수 덧셈 예제에서 메타 그래프를 생성하여 MetaGraphDef 프로토콜 버퍼의 여러 속성에 저장된 정보를 차례대로 설명한다. MetaGraphDef 정보를 담고 있는 파일은 기본적으로 '.meta'라는 파일 확장자를 갖는다. 5.4.1절의 첫 번째 예제를 실행하면 생성되는 model.ckpt.meta 파일이 이런 경우다. 이 파일은 바이너리 파일이라 직접 볼 수 없다. TensorFlow는 디버깅을 간편하게 하기 위한 export_meta_graph 함수를 제공한다. 이 함수는 MetaGraphDef 프로토콜 버퍼를 json 형식으로 내보내는 기능을 한다.

```python
import tensorflow as tf

# 두 변수와 덧셈을 정의한다.
v1 = tf.Variable(tf.constant(1.0, shape=[1]), name="v1")
v2 = tf.Variable(tf.constant(2.0, shape=[1]), name="v2")
result1 = v1 + v2

saver = tf.train.Saver()
# export_meta_graph 함수를 통해 계산 그래프의 메타 그래프를 json형식으로 내보내고
# 지정된 경로에 저장한다.
saver.export_meta_graph("/path/to/model.ckpt.meta.json",  as_text=True)
```

다음은 meta_graph.proto 파일과 관련하여 TensorFlow 메타 그래프에 저장된 정보이다.

① meta_info_def 속성

meta_info_def 속성은 MetaInfoDef에 의해 정의되고, 계산 그래프의 메타 데이터 및 연산 방법의 정보를 기록한다. 다음은 MetaInfoDef 프로토콜 버퍼의 정의이다.

```
message MetaInfoDef {
    string meta_graph_version = 1;
    OpList stripped_op_list = 2;
    google.protobuf.Any any_info = 3;
```

```
    repeated string tags = 4;
}
```

계산 그래프의 메타 데이터는 계산 그래프의 버전 번호(meta_graph_version속성) 및 사용자가 지정한 일부 태그(tags속성)를 포함한다. saver에 별도로 지정하지 않은 경우 이 속성들은 기본적으로 공백을 갖는다. model.ckpt.meta.json 파일에서 meta_info_def 속성의 stripped_op_list 속성만 비어 있지 않는다. stripped_op_list 속성은 계산 그래프에 사용된 모든 연산 방법의 정보를 기록한다. 연산 방법의 정보를 기록하기 때문에, 특정 연산이 계산 그래프 상에 여러 번 나타난다 해도 stripped_op_list에선 한 번만 나타난다. stripped_op_list 속성의 메시지는 OpList이다. 이 메시지는 OpDef 메시지의 리스트이며 다음과 같이 정의된다.

```
message OpDef {
    string name = 1;
    repeated ArgDef input_arg = 2;
    repeated ArgDef output_arg = 3;
    repeated AttrDef attr = 4;

    string summary = 5;
    string description = 6;
    OpDeprecation deprecation = 8;

    bool is_commutative = 18;
    bool is_aggregate = 16;
    bool is_stateful = 17;
    bool allows_uninitialized_input = 19;
};
```

OpDef 메시지에서 앞의 4개 속성은 연산의 핵심 정보이다. 첫 번째 속성인 name은 연산 이름이며 한 연산의 유일한 식별자이다. 이후에 설명할 GraphDef 속성과 같은 TensorFlow 메타 그래프의 다른 속성에서 연산 이름을 통해 연산을 참조한

다. OpDef의 두 번째와 세 번째 속성인 input_arg와 output_arg는 연산의 입력과
출력이다. 여러 개의 입출력이 있을 수 있으므로 두 속성은 모두 리스트(repeated)이
다. 네 번째 속성인 attr은 기타 연산 매개변수 정보이다. model.ckpt.meta.json 파
일에선 모두 7개의 연산이 정의됐다. 아래에서 비교적 대표적인 연산을 하나 골라
OpDef의 데이터 구조를 설명한다.

```
op {
    name: "Add"
    input_arg {
        name: "x"
        type_attr: "T"
    }
    input_arg {
        name: "y"
        type_attr: "T"
    }
    output_arg {
        name: "z"
        type_attr: "T"
    }
    attr {
        name: "T"
        type: "type"
        allowed_values {
            list {
                type: DT_HALF
                type: DT_FLOAT
                ...
            }
        }
    }
}
```

위는 Add 연산이다. 이 연산은 2개의 입력과 1개의 출력을 갖고, 입출력 속성은 type_attr로 지정됐으며 T의 값을 갖는다. OpDef의 attr 속성에서 이름이 T인 속성이 나타나야 한다. 위의 예에서 이 속성에는 연산 입출력에 허용되는 매개변수 (allowed_values)가 지정됐다.

② graph_def 속성

graph_def 속성은 주로 계산 그래프의 노드 정보를 기록한다. 계산 그래프의 노드는 연산을 나타낸다. meta_info_def 속성이 이미 모든 연산의 자세한 정보를 포함하므로 graph_def 속성은 연산의 연결 구조에만 초점을 맞춘다. graph_def 속성은 GraphDef 프로토콜 버퍼에 의해 정의되며 NodeDef 메시지의 리스트를 포함한다. 다음 코드는 GraphDef와 NodeDef의 정의이다.

```
message GraphDef {
    repeated NodeDef node = 1;
    VersionDef versions = 4;
};

message NodeDef {
    string name = 1;
    string op = 2;
    repeated string input = 3;
    string device = 4;
    map<string, AttrValue> attr = 5;
};
```

GraphDef 중에 versions 속성은 TensorFlow 버전 번호를 저장한다. GraphDef의 주요 정보는 node 속성에 저장돼 있으며, 계산 그래프의 모든 노드 정보를 기록한다. 기타 속성과 마찬가지로 NodeDef 중에 name 속성이 있으며 역시 한 노드의 유일한 식별자이다. op 속성은 노드가 사용되는 TensorFlow 연산 방법의 이름이며, 이 이름은 계산 그래프의 meta_info_def 속성에서 연산에 대한 자세한 정보를 찾는 데 사용될 수 있다.

NodeDef 중에 input 속성은 연산의 입력을 정의하는 문자열 리스트이다. 각 문자열 값은 node:src_output 형식으로 되어 있는데, 여기서 node 부분은 노드의 이름이고 src_output은 이 입력이 지정 노드의 몇 번째 출력임을 나타낸다. src_output이 0이면 이를 생략할 수 있다. 예를 들면 node:0은 node라는 노드의 첫 번째 출력임을 나타내며 node로 쓰일 수 있다.

NodeDef 중에 device 속성은 연산 처리 장치를 지정한다. 여기서 연산 처리 장치란, 로컬 컴퓨터의 CPU 또는 GPU가 될 수 있고, 원격 컴퓨터의 CPU 또는 GPU가 될 수도 있다. 이를 지정하는 방법은 10장에서 자세히 설명한다. device 속성이 비었으면 TensorFlow는 런타임에 이 연산을 실행하는데 가장 적합한 장치를 자동으로 선택한다. 마지막으로 NodeDef 중에 attr 속성은 현재 연산과 관련된 구성 정보를 지정한다. 다음은 graph_def 속성을 보다 구체적으로 설명하기 위한 model.ckpt.meta.json 파일의 일부 노드이다.

```
graph_def {
    node {
        name: "v1"
        op: "Variable"
        attr {
            key: "_output_shapes"
            value {
                list { shape { dim { size: 1 } } }
            }
        }
        attr {
            key: "dtype"
            value {
                type: DT_FLOAT
            }
        }
    ...
    }
```

```
node {
    name: "add"
    op: "Add"
    input: "v1/read"
    input: "v2/read"
    ...
}
node {
    name: "save/control_dependency"
    op: "Identity"
    ...
}

versions {
    producer: 9
}
}
```

위는 model.ckpt.meta.json 파일의 graph_def 속성에 있는 대표적인 노드들이다. 첫 번째 노드는 변수 정의 연산이다. 앞서 언급했듯이 TensorFlow에선 변수 정의도 연산에 속한다. 이 연산의 이름은 v1(name: "v1")이고 연산 방법의 이름은 Variable(op: "Variable")이다. 여러 변수를 정의할 수 있으므로 NodeDef의 node 속성에 여러 개의 변수 정의 노드가 있을 수 있다. 그러나 연산 방법은 단 하나이기 때문에 MetaInfoDef의 stripped_op_list 속성엔 Variable이란 연산 방법만 있을 뿐이다. 계산 그래프의 노드 이름과 연산 방법을 지정하는 것 외에도 NodeDef에서 연산 관련 속성을 정의한다. 노드 v1에서 attr 속성은 이 변수의 형상(shape)과 자료형을 지정한다.

두 번째 노드는 덧셈 연산의 노드를 나타낸다. 2개의 입력을 지정하는데 하나는 v1/read이고, 나머지 하나는 v2/read이다. 이 중 v1/read을 대표하는 노드는 v1의 값을 읽을 수 있다. v1의 값은 노드 v1/read의 첫 번째 출력이기 때문에 뒤에 붙는 :0을 생략할 수 있다. v2/read도 마찬가지로 v2을 대표하는 노드이다. 위의 샘플 파일의 마지막 노드는 save/control_dependency로, 모델을 저장하거나 불러올 때 자동으로 생성된다. 이 파일 마지막에 versions 속성은 model.ckpt.meta.json 파일을 생성할 때 사용된 TensorFlow 버전 번호를 지정한다.

③ saver_def 속성

saver_def 속성은 저장 파일의 파일명, 저장 및 불러오기 작업의 이름과 저장 빈도, 기록 삭제와 같은 모델을 불러오거나 저장할 때 쓰여야 할 일부 매개변수가 기록된다. SaverDef 중에 saver_def는 다음과 같이 정의된다.

```
message SaverDef {
    string filename_tensor_name = 1;
    string save_tensor_name = 2;
    string restore_op_name = 3;
    int32 max_to_keep = 4;
    bool sharded = 5;
    float keep_checkpoint_every_n_hours = 6;

    enum CheckpointFormatVersion {
        LEGACY = 0;
        V1 = 1;
        V2 = 2;
    }
    CheckpointFormatVersion version = 7;
}
```

다음은 model.ckpt.meta.json 파일의 saver_def 속성에 대한 내용이다.

```
saver_def {
    filename_tensor_name: "save/Const:0"
    save_tensor_name: "save/control_dependency:0"
    restore_op_name: "save/restore_all"
```

```
    max_to_keep: 5
    keep_checkpoint_every_n_hours: 10000.0
}
```

filename_tensor_name 속성에 파일명을 지정하는 텐서의 이름이 주어진다. 이 텐서는 노드 save/Const의 첫 번째 출력이다. save_tensor_name 속성에는 모델을 저장하는 연산에 해당하는 노드 이름이 주어진다. 이 노드는 graph_def 속성에 주어진 save/control_dependency 노드이다. restore_op_name에는 모델을 불러오는 연산의 이름이 주어진다. max_to_keep 속성과 keep_checkpoint_every_n_hours 속성은 tf.train.Saver 클래스가 이전에 저장된 모델을 지우는 방법을 설정한다. 예를 들어 max_to_keep이 5이고 saver.save가 6번째로 호출되면 첫 번째에 저장된 모델은 자동으로 삭제된다. keep_checkpoint_every_n_hours를 설정하면 n시간마다 max_to_keep을 기준으로 모델 하나를 더 저장할 수 있다.

④ collection_def 속성

TensorFlow의 계산 그래프(tf.graph)에서 여러 컬렉션을 유지할 수 있는데, 이는 collection_def 속성을 통해 이루어진다. collection_def 속성은 컬렉션 이름과 내용을 매핑한 것이며, 이 중 컬렉션 이름은 문자열이고 내용은 CollectionDef 프로토콜 버퍼이다. 다음 코드는 CollectionDef의 정의이다.

```
message CollectionDef {
    message NodeList {
        repeated string value = 1;
    }

    message BytesList {
        repeated bytes value = 1;
    }
```

```
message Int64List {
    repeated int64 value = 1 [packed = true];
}

message FloatList {
    repeated float value = 1 [packed = true];
}

message AnyList {
    repeated google.protobuf.Any value = 1;
}

oneof kind {
    NodeList node_list = 1;
    BytesList bytes_list = 2;
    Int64List int64_list = 3;
    FloatList float_list = 4;
    AnyList any_list = 5;
}
}
```

위의 정의를 보다시피 계산 그래프의 컬렉션은 주로 4가지의 컬렉션을 유지한다. NodeList는 계산 그래프에 있는 노드의 컬렉션을 관리한다. BytesList는 문자열이나 직렬화한 프로토콜 버퍼의 컬렉션을 관리한다. 예를 들어 텐서는 프로토콜 버퍼로 표현되고 텐서의 컬렉션은 BytesList에 의해 유지된다. Int64List는 정수 컬렉션을, FloatList는 실수 컬렉션을 관리한다. model.ckpt.meta.json 파일의 collection_def 속성의 내용은 다음과 같다.

```
collection_def {
    key: "trainable_variables"
    value {
        bytes_list {
```

```
        value: "\n\004v1:0\022\tv1/Assign\032\tv1/read:0"
        value: "\n\004v2:0\022\tv2/Assign\032\tv2/read:0"
      }
    }
}
collection_def {
  key: "variables"
  value {
    bytes_list {
      value: "\n\004v1:0\022\tv1/Assign\032\tv1/read:0"
      value: "\n\004v2:0\022\tv2/Assign\032\tv2/read:0"
    }
  }
}
```

위의 예제 코드에는 두 개의 컬렉션이 있다. 하나는 모든 변수의 컬렉션인 variables이다. 또 다른 하나는 훈련 가능한 변수의 컬렉션인 trainable_variables이다. 여기서 두 컬렉션의 요소는 변수 v1, v2로 동일하다. 이들은 모두 시스템에 의해 자동으로 관리된다[8].

MetaGraphDef 프로토콜 버퍼의 주요 속성에 대한 설명을 통해 이 절에서 TensorFlow 모델 저장 시에 얻은 첫 번째 파일의 내용을 살펴보았다. 계산 그래프의 구조를 유지하는 것 외에도 변숫값을 저장하는 것 또한 굉장히 중요한 부분이다. 5.4.1절의 tf.Saver로 얻은 model.ckpt 파일은 모든 변수의 값을 저장한다. 이 파일은 SSTable 형식으로 저장되며 대략 (key, value) 리스트로 이해할 수 있다.

변수의 이름, 현재 슬라이스의 정보 및 변숫값은 SavedSlice 프로토콜 버퍼에 의해 저장된다. TensroFlow는 tf.train.NewCheckpointReader 클래스를 제공하여 model.ckpt 파일에 저장된 변수의 정보를 읽을 수 있다. 다음 코드는 tf.train.NewCheckpointReader 클래스를 사용하는 방법을 보여 준다.

---

8) TensorFlow에서 자동으로 관리하는 컬렉션은 3장에서 이미 자세히 소개했다.

```
import tensorflow as tf

# tf.train.NewCheckpointReader로 checkpoint에 저장된 모든 변수를 읽을 수 있다.
reader = tf.train.NewCheckpointReader('/path/to/model/model.ckpt')

# 모든 변수를 읽는다. 변수명과 형상으로 이루어진 딕셔너리로 구성된다.
all_variables = reader.get_variable_to_shape_map()
for variable_name in all_variables:
    # variable_name은 변수명, all_variables[variable_name]은 변수의 형상
    print(variable_name, all_variables[variable_name])

# 이름이 v1인 변숫값을 가져온다.
print("Value for variable v1 is ", reader.get_tensor("v1"))
```

```
출력 결과:
v1 [1]                              # 변수v1의 형상은 [1].
v2 [1]                              # 변수v2의 형상은 [1].
Value for variable v1 is [ 1.]      # 변수v1의 값은 1.
```

마지막 파일의 이름은 정해져 있으며 checkpoint라고 한다. 이 파일은 자동으로 생성되며 tf.train.Saver 클래스에 의해 관리된다. 이 클래스로 저장되는 모든 TensorFlow 모델의 파일명은 checkpoint 파일에 기록된다. 저장된 TensorFlow 모델 파일을 삭제하면 모델에 해당하는 파일명이 checkpoint 파일에서도 삭제된다. checkpoint의 내용 형식은 CheckpointState 프로토콜 버퍼이며, 이에 대한 정의는 다음과 같다.

```
message CheckpointState {
    string model_checkpoint_path = 1;
    repeated string all_model_checkpoint_paths = 2;
}
```

model_checkpoint_path 속성은 가장 최근의 TensorFlow 모델 파일의 파일명을 저장하고, all_model_checkpoint_paths 속성은 아직 삭제되지 않은 모델의 파일명을 나열한다. 다음은 5.4.1절의 예제 코드에서 생성한 checkpoint 파일이다.

```
model_checkpoint_path: "/path/to/model/model.ckpt"
all_model_checkpoint_paths: "/path/to/model/model.ckpt"
```

5.5 TensorFlow 실행 예제 코드

MNIST 문제를 해결하기 위한 코드는 이미 5.2.1절에 주어졌지만 이 코드의 확장성은 좋지 않다. 5.3절에서 언급했듯이 순전파 연산 함수는 모든 변수를 전달받아야 하고, 신경망 구조가 더 복잡해져 매개변수가 많아지면 코드의 가독성이 매우 떨어지게 된다. 게다가 많은 양의 중복 코드가 생겨 프로그래밍 효율이 저하된다. 또 다른 문제점은 훈련된 모델을 저장하지 않았다는 데 있다. 프로그램이 종료되면 훈련된 모델을 더 이상 사용할 수 없게 된다. 더 심각한 문제는 신경망 모델을 학습시키는 데 몇 시간에서 며칠, 심지어 몇 주의 오랜 시간이 걸린다는 것이다. 훈련 과정에서 프로그램이 종료되면 실행 도중에 저장을 하지 않아 많은 시간과 리소스를 낭비하게 된다. 따라서 훈련 과정에서 주기적으로 모델을 저장해야 한다.

5.3절에서 설명한 변수 관리 메커니즘과 5.4절에서 설명한 모델 저장 및 불러오기 메커니즘을 종합하여 이 절에서는 신경망 모델 훈련의 모범 예제를 소개한다. 훈련과 테스트를 분리하면 유연성이 향상된다. 예를 들어 신경망을 학습시키는 프로그램은 학습된 모델을 지속적으로 출력할 수 있으며, 테스트 프로그램은 주기적으로 최신 모델의 정확도를 확인할 수 있다. 모듈 분리 외에도 여기서는 순전파 연산을 단일 라이브러리 함수로 만들었다. 신경망의 순전파 연산은 훈련 및 테스트 과정에서 쓰이기 때문에 라

이브러리 함수의 방식을 사용하면 더 편리하고, 훈련 및 테스트 과정에서 쓰일 순전파 연산 방법의 일관성을 유지할 수 있다.

이 절에서는 리팩토링을 적용해 MNIST 문제를 해결한다. 리팩토링 후의 코드는 3개의 파일로 나뉘는데, 첫 번째는 mnist_inference.py이며, 이는 순전파 과정과 신경망의 매개변수를 정의한다. 두 번째는 mnist_train.py이고 신경망 학습 과정을 정의한다. 세 번째는 mnist_eval.py로 테스트 과정을 정의한다. 다음은 mnist_inference.py 코드이다.

```python
# -*- coding: utf-8 -*-
import tensorflow as tf

# 신경망 구조와 관련된 매개변수를 정의한다.
INPUT_NODE = 784
OUTPUT_NODE = 10
LAYER1_NODE = 500


# tf.get_variable 함수로 변수를 가져온다. 이 변수는 신경망 훈련 시에 생성되며,
# 이 변숫값은 테스트 중에 저장된 모델에 의해 로드된다. 또한, 변수를 가져올 때 이동
# 평균 변수의 재명명이 가능하므로, 학습하는 동안 변수 자체를 동일한 이름으로 사용할
# 수 있고 테스트 시에 변수의 이동 평균값을 사용할 수 있어 더 편리하다. 이 함수에서
# 변수의 정규화 손실도 손실 컬렉션에 추가한다.
def get_weight_variable(shape, regularizer):
    weights = tf.get_variable(
        "weights", shape, initializer=tf.truncated_normal_initializer(stddev=0.1))

    # 정규화 생성 함수가 주어지면 현재 변수의 정규화 손실을 컬렉션에 추가한다.
    # 여기서 add_to_colleciton 함수를 사용하여 losses라는 컬렉션에 텐서를 추가한다.
    # 이는 사용자 정의 컬렉션이며, TensorFlow에서 자동으로 관리하지 않는다.
    if regularizer != None:
        tf.add_to_collection('losses', regularizer(weights))
    return weights


# 신경망의 순전파 과정을 정의한다.
def inference(input_tensor, regularizer):
    # 첫 번째 계층의 변수를 정의하고 순전파 과정을 정의한다.
```

```
    with tf.variable_scope('layer1'):
        # 여기서 tf.get_variable이나 tf.Variable에는 본질적인 차이가 없다.
        # 왜냐하면, 이 함수는 학습이나 테스트 중에 동일한 프로그램에서 여러 번 호출
        # 되지 않기 때문이다. 동일한 프로그램에서 여러 번 호출되는 경우 첫 번째
        # 호출 후에 reuse 매개변수를 True로 설정해야 한다.
        weights = get_weight_variable(
            [INPUT_NODE, LAYER1_NODE], regularizer)
        biases = tf.get_variable(
            "biases", [LAYER1_NODE], initializer=tf.constant_initializer(0.0))
        layer1 = tf.nn.relu(tf.matmul(input_tensor, weights) + biases)

    # 마찬가지로 두 번째 레이어의 변수를 정의하고 순전파 과정을 정의한다.
    with tf.variable_scope('layer2'):
        weights = get_weight_variable(
            [LAYER1_NODE, OUTPUT_NODE], regularizer)
        biases = tf.get_variable(
            "biases", [OUTPUT_NODE],
            initializer=tf.constant_initializer(0.0))
        layer2 = tf.matmul(layer1, weights) + biases

    # 순전파 최종 결과를 반환한다.
    return layer2
```

이 코드에서 신경망의 순전파 알고리즘이 결정된다. inference 함수는 특정 신경망 구조와 관계없이 훈련 또는 테스트 중에 바로 호출할 수 있다. 다음은 mnist_train.py 코드이다.

```
# -*- coding: utf-8 -*-
import os

import tensorflow as tf
from tensorflow.examples.tutorials.mnist import input_data
```

```python
# mnist_inference.py에서 정의된 변수와 순전파 함수를 불러온다.
import mnist_inference

# 신경망 매개변수를 할당한다.
BATCH_SIZE = 100
LEARNING_RATE_BASE = 0.8
LEARNING_RATE_DECAY = 0.99
REGULARAZTION_RATE = 0.0001
TRAINING_STEPS = 30000
MOVING_AVERAGE_DECAY = 0.99
# 모델 저장 경로와 모델명
MODEL_SAVE_PATH = "/path/to/model/"
MODEL_NAME = "model.ckpt"

def train(mnist):
    # 입출력 placeholder를 정의한다.
    x = tf.placeholder(
        tf.float32, [None, mnist_inference.INPUT_NODE], name='x-input')
    y_ = tf.placeholder(
        tf.float32, [None, mnist_inference.OUTPUT_NODE], name='y-input')

    regularizer = tf.contrib.layers.l2_regularizer(REGULARAZTION_RATE)
    # mnist_inference.py에서 정의된 순전파 과정을 사용한다.
    y = mnist_inference.inference(x, regularizer)
    global_step = tf.Variable(0, trainable=False)

    # 5.2.1 예제와 마찬가지로 손실 함수, 학습률, 이동 평균 및 학습 과정을 정의한다.
    variable_averages = tf.train.ExponentialMovingAverage(
        MOVING_AVERAGE_DECAY, global_step)
    variables_averages_op = variable_averages.apply(
        tf.trainable_variables())
    cross_entropy = tf.nn.sparse_softmax_cross_entropy_with_logits(
        logits=y, labels=tf.argmax(y_, 1))
    cross_entropy_mean = tf.reduce_mean(cross_entropy)
    loss = cross_entropy_mean + tf.add_n(tf.get_collection('losses'))
    learning_rate = tf.train.exponential_decay(
        LEARNING_RATE_BASE,
```

```python
        global_step,
        mnist.train.num_examples / BATCH_SIZE,
        LEARNING_RATE_DECAY)
    train_step = tf.train.GradientDescentOptimizer(learning_rate)\
                    .minimize(loss, global_step=global_step)
    with tf.control_dependencies([train_step, variables_averages_op]):
        train_op = tf.no_op(name='train')

    # saver클래스를 초기화한다.
    saver = tf.train.Saver()
    with tf.Session() as sess:
        tf.global_variables_initializer().run()

        # 검증 데이터에 대한 모델의 성능은 학습 과정에서 더 이상 테스트하지 않는다.
        # 검증 및 테스트는 별도의 프로그램에서 완료한다.

        for i in range(TRAINING_STEPS):
            xs, ys = mnist.train.next_batch(BATCH_SIZE)
            _, loss_value, step = sess.run([train_op, loss, global_step],
                                            feed_dict={x: xs, y_: ys})
            # 1,000회마다 모델을 저장한다.
            if i % 1000 == 0:
                # 현재 학습 상황을 출력한다. 여기서 현재 미니 배치에서 모델의 손실
                # 함수 크기만 출력한다. 손실 함수의 크기를 통해 학습 상황에 대해
                # 대략적으로 이해할 수 있다. 검증 데이터셋에 대한 정확도는 별도의
                # 프로그램에서 얻는다.
                print("After %d training step(s), loss on training "
                    "batch is %g." % (step, loss_value))
                # 현재 모델을 저장한다. 여기서 주어진 global_step으로 파일명 뒤에
                # 반복 횟수를 추가할 수 있다. 예를 들어 "model.ckpt-1000"은
                # 1,000회 반복 학습 후 얻은 모델을 나타낸다.
                saver.save(
                    sess, os.path.join(MODEL_SAVE_PATH, MODEL_NAME),
                    global_step=global_step)

def main(argv=None):
    mnist = input_data.read_data_sets("/tmp/data", one_hot=True)
```

```
    train(mnist)

if __name__ == '__main__':
    tf.app.run()
```

위의 코드를 실행하면 다음과 같은 결과를 얻을 수 있다.

```
~/mnist$ python mnist_train.py
Extracting /tmp/data/train-images-idx3-ubyte.gz
Extracting /tmp/data/train-labels-idx1-ubyte.gz
Extracting /tmp/data/t10k-images-idx3-ubyte.gz
Extracting /tmp/data/t10k-labels-idx1-ubyte.gz
After 1 training step(s), loss on training batch is 3.32075.
After 1001 training step(s), loss on training batch is 0.241039.
After 2001 training step(s), loss on training batch is 0.227391.
After 3001 training step(s), loss on training batch is 0.138462.
After 4001 training step(s), loss on training batch is 0.132074.
After 5001 training step(s), loss on training batch is 0.103472.
...
```

위의 새로운 코드에서 훈련과 테스트를 함께 실행하지 않았다. 훈련 과정에서 현재 미니 배치에 대한 손실 함수의 크기는 성능을 대략적으로 추정하기 위해 1,000회마다 출력된다. 위의 과정에서 훈련된 모델은 1,000회마다 저장되므로 별도의 테스트 프로그램을 통해 이동 평균 모델에서 보다 쉽게 테스트할 수 있다. 다음은 mnist_eval.py 코드이다.

```
# -*- coding: utf-8 -*-
import time
import tensorflow as tf
from tensorflow.examples.tutorials.mnist import input_data
```

```
# mnist_inference.py과 mnist_train.py에서 정의된 변수와 함수를 불러온다.
import mnist_inference
import mnist_train

# 10초마다 최신 모델을 불러와 테스트 데이터에 대한 정확도를 확인한다.
EVAL_INTERVAL_SECS = 10

def evaluate(mnist):
    with tf.Graph().as_default() as g:
        # 입출력을 정의한다.
        x = tf.placeholder(
            tf.float32, [None, mnist_inference.INPUT_NODE], name='x-input')
        y_ = tf.placeholder(
            tf.float32, [None, mnist_inference.OUTPUT_NODE], name='y-input')
        validate_feed = {x: mnist.validation.images, y_:mnist.validation. labels}

        # 앞서 정의한 함수로 순전파를 계산한다. 테스트 시엔 정규화 손실값이
        # 필요없으므로 정규화 손실을 계산하는 함수가 None으로 설정되었다.
        y = mnist_inference.inference(x, None)

        # 순전파 결과로 정확도를 계산한다. 알 수 없는 샘플에 대해 분류를 하고 싶다면
        # tf.argmax(y,1)을 사용해 입력 샘플의 예측 클래스를 얻을 수 있다.
        correct_prediction = tf.equal(tf.argmax(y, 1), tf.argmax(y_, 1))
        accuracy = tf.reduce_mean(tf.cast(correct_prediction, tf.float32))

        # 변수 재명명을 통해 모델을 불러오면 순전파 연산 중에 더 이상 이동 평균을
        # 구하는 함수로 평균값을 얻을 필요가 없다. 이렇게 mnist_inference.py에서
        # 정의된 순전파 연산 과정을 완전히 공유할 수 있다.
        variable_averages = tf.train.ExponentialMovingAverage(
                                mnist_train.MOVING_AVERAGE_DECAY)
        variables_to_restore = variable_averages.variables_to_restore()
        saver = tf.train.Saver(variables_to_restore)

        # 정확도의 변화를 보기 위해 EVAL_INTERVAL_SECS초마다 정확도를 계산한다.
        while True:
            with tf.Session() as sess:
                # tf.train.get_checkpoint_state함수는 checkpoint 파일을 통해
```

```
            # 디렉토리에서 가장 최근 모델의 파일명을 자동으로 찾는다.
            ckpt = tf.train.get_checkpoint_state(
                mnist_train.MODEL_SAVE_PATH)
            if ckpt and ckpt.model_checkpoint_path:
                # 모델을 불러온다.
                saver.restore(sess, ckpt.model_checkpoint_path)
                # 파일명을 통해 모델 저장 시의 반복 횟수를 얻는다.
                global_step = ckpt.model_checkpoint_path\
                                        .split('/')[-1].split('-')[-1]
                accuracy_score = sess.run(accuracy,
                                            feed_dict=validate_feed)
                print("After %s training step(s), validation "
                        "accuracy = %g" % (global_step, accuracy_score))
            else:
                print('No checkpoint file found')
                return
            time.sleep(EVAL_INTERVAL_SECS)

def main(argv=None):
    mnist = input_data.read_data_sets("/tmp/data", one_hot=True)
    evaluate(mnist)

if __name__ == '__main__':
    tf.app.run()
```

위에 주어진 mnist_eval.py 프로그램은 10초에 한 번씩 실행되고, 매번 가장 최근에 저장된 모델을 읽어 MNIST 검증 데이터셋에 대한 정확도를 계산한다. 이를 실행하면 다음 결과를 얻을 수 있다. 10초마다 새로운 모델을 출력한다는 보장이 없기 때문에 같은 결과가 반복될 수 있음을 보여 준다.

```
~/mnist$ python mnist_eval.py
Extracting /tmp/data/train-images-idx3-ubyte.gz
Extracting /tmp/data/train-labels-idx1-ubyte.gz
Extracting /tmp/data/t10k-images-idx3-ubyte.gz
```

```
Extracting /tmp/data/t10k-labels-idx1-ubyte.gz
After 1 training step(s), test accuracy = 0.1282
After 1001 training step(s), validation accuracy = 0.9769
After 1001 training step(s), validation accuracy = 0.9769
After 2001 training step(s), validation accuracy = 0.9804
After 3001 training step(s), validation accuracy = 0.982
After 4001 training step(s), validation accuracy = 0.983
After 5001 training step(s), validation accuracy = 0.9829
After 6001 training step(s), validation accuracy = 0.9832
After 6001 training step(s), validation accuracy = 0.9832

...
```

CHAPTER

6

이미지 인식과 합성곱 신경망

6.1 이미지 인식 문제 및 데이터셋

6.2 합성곱 신경망 개요

6.3 합성곱 신경망 구조

6.4 합성곱 신경망 모델

6.5 합성곱 신경망 전이 학습

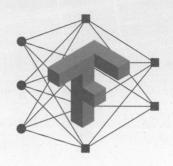

이미지 인식과 합성곱 신경망

5장에서 MNIST 데이터셋으로 4장에서 소개한 신경망 설계와 최적화 방법을 검증하였다. 실험 결과로부터 신경망의 구조가 신경망의 정확도에 큰 영향을 미친다는 것을 알 수 있다. 본 장에서는 매우 많이 쓰이는 신경망인 합성곱 신경망(Convolutional Neural Network, CNN)에 대해 설명할 것이다. 합성곱 신경망은 자연어 처리[1], 신약 개발[2], 기상이변 탐지[3], 심지어 바둑 인공지능[4]에도 널리 사용된다. 이 장에서는 주로 합성곱 신경망을 이미지 인식에 적용해 합성곱 신경망의 기본 원리와 TensorFlow로 이를 구현하는 방법에 대해 알아본다.

먼저 6.1절에서는 이미지 인식 분야에서 해결할 문제와 주로 쓰이는 데이터셋을 소개한다. 그리고 6.2절에서는 합성곱 신경망의 주요 아이디어와 전반적인 아키텍처에 대해 알아본다. 이어서 6.3절에서는 합성곱 계층과 풀링 계층의 네트워크 구조와 TensorFlow

1) *Learning Semantic Representations Using Convolutional Neural Networks for Web Search*, *A Deep Architecture for Semantic Parsing*, *A Convolutional Neural Network for Modelling Sentences* 及 *Convolutional Neural Networks for Sentence Classification*.

2) Wallach I, Dzamba M, Heifets A. *AtomNet: A Deep Convolutional Neural Network for Bioactivity Prediction in Structure-based Drug Discovery* [J]. Mathematische Zeitschrift, 2015.

3) Liu Y, Racah E, Prabhat, et al. *Application of Deep Convolutional Neural Networks for Detecting Extreme Weather in Climate Datasets* [J]. 2016.

4) Clark C, Storkey A. *Teaching Deep Convolutional Neural Networks to Play Go* [J]. Eprint Arxiv, 2015.

로 이를 구현하는 방법에 대해 자세히 설명한다. 6.4절에서 두 개의 고전적인 합성곱 신경망 모델을 사용하여 합성곱 신경망의 아키텍처를 설계하는 방법과 신경망의 각 계층을 구성하는 방법에 대해 설명한다. 여기서 우린 TensorFlow로 LeNet-5를 구현하고 TensorFlow-Slim으로 더 복잡한 Inception-v3 모델의 Inception 모듈을 구현해 본다. 마지막으로 6.5절에서 TensorFlow를 통해 합성곱 신경망의 전이 학습을 구현하는 방법을 소개한다.

6.1 이미지 인식 문제 및 데이터셋

시각은 굉장히 중요한 감각 중 하나이다. 인간의 입장에서 보면, 손으로 쓴 숫자를 인식하고 사진 속 물체나 얼굴 윤곽을 찾는 것은 매우 간단한 작업이다. 그러나 컴퓨터가 이미지의 내용을 인식하는 것은 쉬운 일이 아니다. 이미지 인식 문제는 컴퓨터가 이미지 속 다양한 유형의 물체를 자동으로 인식하도록 이미지의 내용을 처리, 분석 및 이해시키는 것이다. 한 예로 5장에서 소개한 MNIST 문제가 바로 컴퓨터를 통해 이미지 속 손글씨 숫자를 인식한 것이다. 인공지능의 중요한 분야인 이미지 인식은 최근 몇 년 동안 매우 빠른 속도로 발전했는데, 이 발전의 배후에는 이 장에서 설명할 합성곱 신경망이 있었다. [그림 6-1]은 MNIST 데이터셋에서 연도에 따른 주류 이미지 인식 알고리즘의 오류율이다.

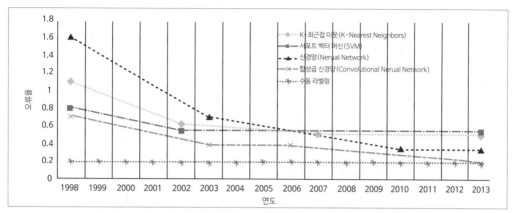

【그림 6-1】 MNIST 데이터셋에서 여러 알고리즘의 성능 변화[5][6]

[그림 6-1]의 가장 아래의 점선은 사람이 직접 분류했을 때의 오류율을 나타낸다. 합성곱 신경망은 다른 알고리즘보다 더 낮은 오류율을 얻을 수 있고 맨 아래 점선에 매우 가까운 것을 볼 수 있다. MNIST 데이터셋의 1만 개의 테스트 데이터에서 가장 좋은 성능을 갖는 딥러닝 알고리즘은 사람의 눈으로 인식하는 것보다 단지 한 장 더 틀릴 뿐이다.

MNIST 데이터셋은 상대적으로 간단한 데이터셋이며, 더 복잡한 이미지 인식 데이터셋에서 합성곱 신경망은 더 뛰어난 성능을 갖는다. Cifar 데이터셋은 잘 알려진 이미지 분류 데이터셋이다. 이는 Cifar-10과 Cifar-100으로 나뉜다. Cifar 데이터셋의 이미지는 32×32 크기의 컬러 이미지이며 Alex Krizhevsky, Vinod Nair, Geoffrey Hinton에 의해 편집 및 정리되었다.

Cifar-10 데이터셋은 10개의 레이블을 가지며, 각각 6,000장씩 총 6만 장의 이미지로 구성된다. [그림 6-2]의 왼쪽에는 Cifar-10 데이터셋의 각 레이블에 속하는 샘플 이미지 중 일부와 해당 레이블의 이름이 나와 있다. [그림 6-2]의 오른쪽은 Cifar-10에 속한 비행기 이미지이다. 이미지의 픽셀이 32×32이므로 확대하면 흐릿하지만 비행기의 윤곽은 알

---

5) 수치는 http://yann.lecun.com/exdb/mnist에서 가져옴.
6) 수동 라벨링 오류율 참조: Simard P, Lecun Y, Denker J S. *Efficient Pattern Recognition Using a New Transformation Distance* [M]// Advances in Neural Information Processing Systems (NIPS 1992). 1993.

아볼 수 있다. Cifar 공식 웹 사이트 https://www.cs.toronto.edu/~kriz/cifar.html에서 여러 형식의 데이터셋을 다운로드할 수 있으며 구체적인 내용은 생략한다.

 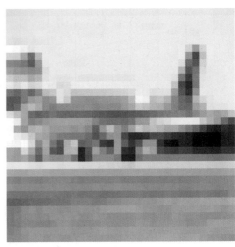

【그림 6-2】 Cifar-10 데이터셋 샘플 이미지

MNIST 데이터셋과 마찬가지로 Cifar-10 이미지 크기는 고정되어 있으며 각 이미지에 단 하나의 개체(entity)를 포함한다[7]. MNIST와의 차이점은 흑백이 아닌 컬러 이미지이며 분류하기가 더 어려워졌다는 점이다. Cifar-10 데이터셋에서 사람이 직접 분류한 정확도는 94%[8]로, 이는 MNIST 정확도에 한참 못 미치는 수치이다. [그림 6-3]은 두 데이터셋에서 선별한 비교적 알아보기 힘든 이미지이다. 사람의 눈으로 봤을 때 왼쪽 이미지보단 오른쪽 이미지를 분류하기가 더 쉽다. 현재 Cifar-10 데이터셋에서 가장 좋은 이미지 인식 알고리즘의 정확도는 95.59%[9]이며, 이 또한 합성곱 신경망이 사용되었다.

---

7) MNIST 데이터셋의 각 이미지는 하나의 숫자만을 포함하며, Cifar-10과 Cifar-100 데이터셋의 각 이미지는 한 종류의 물체만을 포함한다.
8) http://torch.ch/blog/2015/07/30/cifar.html
9) Springenberg J T, Dosovitskiy A, Brox T, et al. *Striving for Simplicity: The All Convolutional Net* [J]. Eprint Arxiv, 2014.

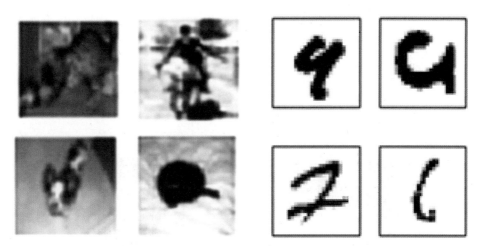

【그림 6-3】 MNIST와 Cifar-10 데이터셋에서 알아보기 힘든 샘플 이미지

MNIST 데이터셋이건 Cifar 데이터셋이건 간에 실제 이미지 인식 문제와 비교할 때 두 가지 큰 문제점이 있다. 첫째, 현실에서 이미지 해상도는 32×32보다 훨씬 높으며 고정되어 있지 않다. 둘째, 실생활에는 많은 종류의 물체가 있다. 10종 또는 100종의 물체만으로는 충분하지 않으며, 하나의 이미지에 한 종류의 물체만 있는 것이 아니다. 실제 이미지 인식 문제에 더 접근하기 위해 스탠퍼드대학의 페이페이 리(Fei-Fei Li) 교수는 ImageNet을 개발해 이 두 가지 문제를 크게 해결했다.

ImageNet은 WordNet[10]기반의 이미지 데이터베이스이다. ImageNet에서 약 1,500만 장의 이미지가 WordNet의 약 2만 개의 동의어 집합과 연관 지어졌다. 현재 ImageNet과 연관된 각 WordNet 동의어 집합은 현실의 물체를 나타내며 분류 문제의 레이블로 간주할 수 있다. ImageNet의 이미지는 모두 인터넷에서 크롤링되어 아마존 미케니컬 터크(Amazon Mechanical Turk)를 통해 WordNet의 동의어 집합에 분류된다[11]. ImageNet에서 한 장의 이미지에 서로 다른 여러 물체가 있을 수 있다.

---

10) WordNet은 명사, 동사, 형용사와 부사를 동의어 집합으로 구성하고 다양한 동의어 집합 간의 관계를 표시한 대규모 영어 어휘 데이터베이스이다. WordNet에 관한 자세한 내용은 다음 사이트 참조. https://wordnet.princeton.edu/
11) ImageNet이미지의 구체적인 분류 과정은 다음 논문을 참조. Deng J, Dong W, Socher R, et al. *ImageNet: A large-scale hierarchical image database* [C]// Computer Vision and Pattern Recognition, 2009. CVPR 2009. IEEE Conference on. IEEE, 2009.

[그림 6-4]는 여러 개체가 직사각형으로 표시된 ImageNet의 한 이미지이다. 물체 인식 문제에서 개체의 프레임에 사용되는 사각형을 일반적으로 경계 박스(bounding box)라고 한다. [그림 6-4]에는 두 개의 의자, 한 명의 사람과 한 마리의 개, 이렇게 총 4개의 개체가 있다. ImageNet의 일부 이미지는 레이블이 표시된 것도 있다.

【그림 6-4】 ImageNet 샘플 이미지[12]

ImageNet은 매년 이미지 인식과 관련된 대회(ImageNet Large Scale Visual Recognition Challenge, ILSVRC)를 여는데 매번 문제가 조금씩 달라진다. ImageNet의 공식 웹 사이트 http://www.image-net.org/challenges/LSVRC에는 이전 ILSVRC의 주제와 데이터셋이 나열되어 있다. 이 책에서는 가장 많이 사용되는 ILSVRC2012 이미지 분류 데이터셋을 중점으로 설명한다.

ILSVRC2012 이미지 분류 데이터셋의 과제는 Cifar 데이터셋과 기본적으로 동일하게 이미지 속 주요 물체를 인식하는 것이다. ILSVRC2012 이미지 분류 데이터셋은 1,000개의 레이블로 구성된 120만 장의 이미지가 포함되어 있으며, 각 이미지는 하나의 레이블에 속한다. 이 이미지들은 인터넷에서 직접 가져왔으므로 수 KB에서 수 MB까지 그 크기가 다양하다.

---

12) 이 이미지는 ImageNet 공식 웹 사이트에서 가져옴.

　[그림 6-5]는 ImageNet 이미지 분류 데이터에서 여러 알고리즘의 top-5 정확도를 보여준다. top-N 정확도란 모델이 예측한 최상위 N개 범주 가운데 하나가 정답인 경우의 확률을 뜻한다. 이미지 분류 문제에 대한 많은 학술 논문에서 top-3 또는 top-5 정확도로 비교하곤 한다. 이 그림에서 볼 수 있듯이, 더 복잡한 ImageNet 문제에서 합성곱 신경망 기반의 이미지 인식 알고리즘은 인간을 훨씬 뛰어넘는 판단 능력을 가진다. 왼쪽 그림은 전통적인 알고리즘과 딥러닝 알고리즘의 정확도를 비교한 것이다. 딥러닝, 특히 합성곱 신경망은 이미지 인식 문제에 질적인 도약을 가져왔다. 2013년 이후에는 모든 연구가 딥러닝 알고리즘에 중점을 뒀다. 6.2절부터 합성곱 신경망의 기본 원리와 TensorFlow로 이를 구현하는 방법을 설명한다.

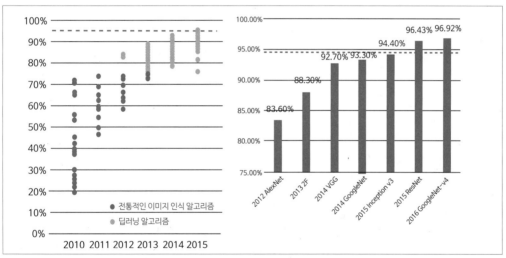

【그림 6-5】 ImageNet ILSVRC2012 이미지 분류 데이터셋에서 여러 알고리즘의 정확도

6.2 합성곱 신경망 개요

합성곱 신경망은 6.1절에서 이미지 인식 문제를 설명할 때 여러 번 언급되었다. 합성곱 신경망은 6.1절에서 설명한 모든 이미지 분류 데이터셋에서 탁월한 성능을 발휘한다. 앞서 소개한 신경망은 인접한 계층 사이에 모든 노드가 선으로 연결되어 있으므로, 이 책에서는 이런 네트워크 구조를 완전 연결 계층이라 한다. 합성곱 신경망 또는 순환 신경망[13]과 완전 연결 계층만을 포함한 신경망을 구분하기 위해, 이 책에서는 완전 연결 계층만을 포함한 신경망을 완전 연결 신경망이라 부른다. 4장과 5장에서 설명한 신경망은 모두 완전 연결 신경망이다. 이 절에서는 합성곱 신경망과 완전 연결 신경망의 차이점을 설명하고 합성곱 신경망을 구성하는 기본 네트워크 구조를 소개한다. [그림 6-6]은 완전 연결 신경망 구조와 합성곱 신경망 구조를 비교한 것이다.

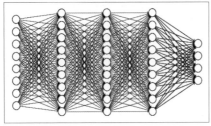 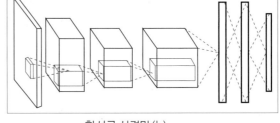

완전 연결 신경망(a)   합성곱 신경망(b)
【그림 6-6】완전 연결 신경망 구조와 합성곱 신경망 구조

[그림 6-6]에 보이는 완전 연결 신경망 구조와 합성곱 신경망 구조는 직관적으로 보면 다르지만 사실 매우 비슷하다. 이 그림을 보면 합성곱 신경망도 각 층의 노드로 구성되었다. 완전 연결 신경망과 같이 합성곱 신경망의 각 노드는 하나의 뉴런이다[14]. 완전 연결 신경망에서 인접한 두 계층 사이의 노드는 연결되므로, 일반적으로 각 계층에 있는 노드는 연결 구조를 쉽게 보여 주기 위해 열로 구성한다. 합성곱 신경망의 경우, 인접한

---

13) 순환 신경망은 8장에서 자세히 설명한다.
14) 4장의 그림 4-5에서 뉴런의 구조에 대해 설명하였다.

두 계층 사이에 일부 노드만 연결된다. 각 계층의 뉴런 크기를 나타내기 위해 각 합성곱 계층의 노드는 일반적으로 3차원 배열로 구성된다.

유사한 구조 이외에도, 합성곱 신경망의 입출력 및 학습 과정은 기본적으로 완전 연결 신경망과 동일하다. 이미지 분류를 예로 들면, 합성곱 신경망의 입력층은 원본 이미지의 픽셀이고, 출력층의 각 노드는 서로 다른 레이블의 신뢰도를 나타내는데, 이는 완전 연결 신경망의 입출력과 일치한다. 마찬가지로, 4장에서 소개한 손실 함수와 매개변수 최적화 과정은 합성곱 신경망에도 적용된다. 이후에 볼 수 있듯이, TensorFlow에서 합성곱 신경망을 학습시키는 과정과 완전 연결 신경망을 학습시키는 것은 어떠한 차이도 없다. 합성곱 신경망과 완전 연결 신경망의 유일한 차이는 인접한 계층의·연결 방식에 있다. 합성곱 신경망의 연결 구조를 더 설명하기 전에, 이 절에서는 먼저 완전 연결 신경망이 왜 이미지 데이터를 제대로 처리하지 못하는지에 대해 설명한다.

완전 연결 신경망을 사용하여 이미지를 처리할 때 가장 큰 문제는 완전 연결 계층의 매개변수가 너무 많다는 것이다. MNIST 데이터셋의 경우, 각 이미지의 형상은 (28,28,1)이며, 이 중 28×28은 이미지의 크기, ×1은 하나의 색상 채널을 갖는 흑백 이미지임을 나타낸다. 첫 번째 은닉층의 노드 수가 500개라 가정하면 완전 연결 신경망은 28×28×500＋500＝392,500개의 매개변수를 갖게 된다. 이미지가 더 커질 때, 예를 들면 Cifar-10 데이터셋에서 각 이미지의 형상은 (32,32,3)이며, 32×32은 이미지의 크기, ×3은 세 개의 색상 채널인 RGB 채널을 갖는 컬러 이미지임을 나타낸다[15]. 따라서 입력층에는 3,072개의 노드가 있고, 위와 같은 조건에서 완전 연결 신경망은 3,072×500＋500≈150만 개의 매개변수를 갖게 된다. 매개변수의 개수가 증가하면 계산 속도가 느려질 뿐만 아니라 오버피팅 되기 쉽다. 따라서 신경망에서 매개변수의 개수를 효과적으로 줄이기 위해서는 보다 합리적인 신경망 구조가 필요하다. 이를 만족하는 신경망이 바로 합성곱 신경망이다.

[그림 6-7]은 더 구체적인 합성곱 신경망의 구조도이다.

---

15) RGB 채널은 빨간색, 초록색, 파란색으로 구성된다. 픽셀마다 각 채널은 휘도값을 갖기 때문에 이미지를 3차원 배열로 나타낼 수 있다.

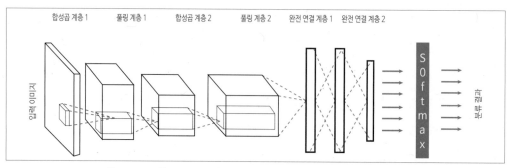

합성곱 계층 1　　풀링 계층 1　　합성곱 계층 2　　풀링 계층 2　　완전 연결 계층 1　완전 연결 계층 2

【그림 6-7】 이미지 분류 문제에 대한 합성곱 신경망 구조

합성곱 신경망 앞의 몇 계층에서 각 계층의 노드는 모두 3차원 배열로 구성된다. 예를 들어 Cifar-10 데이터셋의 이미지를 처리할 때, 입력층은 32×32×3 크기의 3차원 배열로 구성될 수 있다. [그림 6-7]의 점선 부분은 합성곱 신경망의 연결을 보여 주는데, 앞의 몇 계층에서 각 노드는 상위 계층의 일부 노드에만 연결되어 있다. 합성곱 신경망의 구체적인 연결 방법은 6.3절에서 설명한다. 합성곱 신경망은 다음과 같은 5가지 구조로 구성된다.

① 입력층 : 입력층은 전체 신경망의 입력이다. 이미지 처리의 합성곱 신경망에서 일반적으로 이미지의 픽셀 배열을 나타낸다. 예를 들어 [그림 6-7]에서 가장 왼쪽의 3차원 배열은 한 장의 이미지를 나타낼 수 있다. 이 중 3차원 배열의 너비와 높이는 이미지의 크기를 나타내며, 깊이는 이미지의 색상 채널을 나타낸다. 예를 들어 흑백 이미지의 채널 수는 1이고, RGB 이미지의 채널 수는 3이다. 합성곱 신경망은 입력층부터 마지막 완전 연결 계층까지 상위 계층의 3차원 배열을 여러 신경망 구조를 통해 하위 계층의 3차원 배열로 변환한다.

② 합성곱 계층 : 이름에서 알 수 있듯이 합성곱 계층은 합성곱 신경망에서 가장 중요한 부분이다. 기존의 완전 연결 계층과는 달리 합성곱 계층에서 각 노드의 입력은 상위 계층의 블록이며, 이 블록의 크기는 일반적으로 3×3 또는 5×5이다. 이를 깊이 분석해 고유한 특징을 부각시킨 새로운 이미지를 만들어 낸다. 일반적으로 합성곱 계층에 의해 처리된 노드 배열은 더 깊어지므로, [그림 6-7]에서 합성곱 계층을 지난 노드 배열의 채널 수가 증가하는 것을 볼 수 있다.

③ 풀링(Pooling) 계층 : 풀링 계층은 입력 데이터의 채널을 변경하지 않지만 배열의 크기

를 줄일 수 있다. 풀링 연산은 고해상도 이미지를 저해상도 이미지로 변환하는 것이라 볼 수 있다. 풀링 계층을 통해 마지막 완전 연결 계층의 노드 수를 감소시켜 신경망의 매개변수를 줄일 수 있다.

④ 완전 연결 계층 : [그림 6-7]과 같이 여러 합성곱 계층과 풀링 계층을 지나 마지막에 일반적으로 한두 개의 완전 연결 계층을 통해 분류 결과가 출력된다. 합성곱 계층과 풀링 계층을 몇 차례 지나면 이미지에서 쓸모 있는 정보를 이미 추상화했다고 간주할 수 있다. 우리는 이 합성곱 계층과 풀링 계층을 이미지 특징 추출 과정이라 생각할 수 있다. 특징 추출이 완료된 후에도 분류를 끝내려면 완전 연결 계층을 사용해야 한다.

⑤ Softmax 층 : 4장에서 설명한 것처럼 Softmax 층은 분류 문제에 주로 사용된다. 이를 통해 현재 샘플의 범주별 확률을 얻을 수 있다.

합성곱 신경망에서 사용되는 입력층, 완전 연결 계층 및 Softmax 층은 4장에서 상세히 설명했으므로 다시 언급하지 않는다. 합성곱 신경망의 특수한 두 네트워크 구조인 합성곱 계층과 풀링 계층은 아래 6.3절에서 자세히 설명한다.

6.3 합성곱 신경망 구조

다음 두 절에서 합성곱 계층과 풀링 계층의 네트워크 구조와 순전파 과정을 소개하고 TensorFlow를 통해 이를 구현해 본다. 합성곱 신경망을 최적화하기 위한 수학 공식은 이 책에서 다루지 않지만, 최적화 프로세스는 TensorFlow를 사용하여 쉽게 수행할 수 있다.

6.3.1 합성곱 계층

합성곱 신경망 구조의 가장 중요한 부분이 [그림 6-8]에 나타나 있는데 이 부분을 필터(filter) 또는 커널(kernel)이라 한다. TensorFlow 문서에서 이를 필터라 쓰였기 때문에 이 책에서도 이 구조를 필터로 통칭한다. [그림 6-8]에서 볼 수 있듯이 필터는 상위 계층의 부분 노드 배열을 하위 계층의 단위 노드 배열로 변환할 수 있다. 단위 노드 배열은 너비와 높이가 1이지만 깊이는 제한이 없는 노드 집합을 나타낸다.

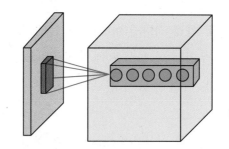

【그림 6-8】 합성곱 계층 필터(filter)의 구조[16]

각각의 합성곱 계층에서 필터에 의해 처리되는 노드 배열의 너비와 높이는 수동으로 지정되며 이 노드 배열의 크기는 필터의 크기라고도 불린다. 자주 쓰이는 필터의 크기는 3×3 또는 5×5이다. 필터에 의해 처리된 배열 깊이는 현재 계층의 노드 배열의 깊이와 일치하기 때문에 노드 배열은 3차원이지만 필터의 크기는 2차원만 지정하면 된다. 필터에서 수동으로 지정해야 하는 또 다른 설정은 단위 노드 배열의 깊이이며 필터의 깊이라고 불린다. 필터의 크기는 입력 노드의 크기이고, 깊이는 출력 노드 배열의 깊이임을 유의해야 한다. 위의 그림에서 좌측 배열의 크기는 필터의 크기이고 우측 단위 배열의 깊이는 필터의 깊이이다. 6.4절에서는 몇 가지 합성곱 신경망 구조를 통해 합성곱 계층 필터의 크기와 깊이를 설정하는 방법을 알아볼 것이다.

[그림 6-8]에서 볼 수 있듯이 필터의 순전파 과정은 좌측 배열의 노드를 통해 우측 단위 배열의 노드를 계산하는 것이다. 다음은 필터의 순전파 과정을 직관적으로 이해하기 위한 구체적인 예이다. 이 예제에서는 2×2×3 크기의 노드 배열이 필터를 통해 1×1×5 크기의 단위 노드 배열로 바뀌는 과정을 보여 준다. 필터의 순전파 과정은 완전 연결

---

16) http://cs231n.github.io/convolutional-networks/

계층과 유사하게 2×2×3×5+5=65개의 매개변수가 필요하며, 이 중에 마지막 +5는 편향 매개변수의 개수이다. 출력 단위 노드 배열의 i번째 노드에 대한 필터 입력 노드(x,y,z)의 가중치를 $w^i_{x,y,z}$ 로 나타내고, i번째 출력 노드에 대응되는 편향 매개변수를 bi로 나타낸다면, 단위 배열의 i번째 노드의 값 $g(i)$는 다음과 같다.

$$g(i) = f(\sum_{x=1}^{2}\sum_{y=1}^{2}\sum_{z=1}^{3} a_{x,y,z} \times w^i_{x,y,z} + b^i)$$

여기서 ax, y, z는 필터의 노드(x,y,z)의 값이고, f는 활성화 함수이다. [그림 6-9]는 a, w^0, b^0가 주어졌을 때 ReLU 활성화 함수를 사용한 $g(0)$의 계산 과정을 보여 준다. a와 w^0의 값은 [그림 6-9]의 좌측에 주어진다. 여기서 3차원 배열의 값은 3개의 행렬로 표현되며 이 행렬을 특징 맵(feature map)이라 한다. [그림 6-9]에서 • 기호는 내적을 나타내며 행렬에서 서로 대응되는 원소들의 곱을 합한 것이다. $g(0)$의 계산 과정은 그림의 우측에 나와 있다. $w^1 \sim w^4$와 $b^1 \sim b^4$가 주어지면 $g(1) \sim g(4)$의 값도 이렇게 계산할 수 있다. a와 w^i가 두 개의 벡터로 구성되면 3장에서 설명한 대로 벡터 곱셈을 통해 필터의 연산을 할 수 있다.

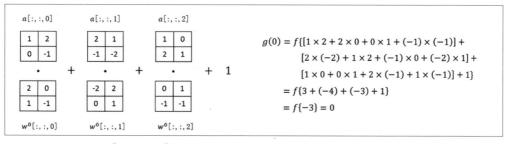

【그림 6-9】 필터를 사용하여 g(0)의 값을 계산하는 과정

합성곱 계층 구조의 순전파 과정은 신경망의 현재 계층의 왼쪽 위 모서리에서 오른쪽 하단 모서리로 필터를 이동하며 해당하는 단위 배열을 계산하여 얻는 것이다. [그림 6-10]은 합성곱 계층의 순전파 과정을 보여 준다. 필터의 움직임을 더 잘 보기 위해 여기서 1개의 필터를 적용한다. 이 그림은 3×3 특징 맵에 2×2 필터를 사용한 합성곱 계층의 순전파 과정을 보여 준다. 이 과정에서 먼저 좌측 상단 부분 배열에 대해 이 필터를 사용한 다음, 우측 상단으로 이동하고 다시 좌측 하단으로 이동하고 마지막으로 우측 하

단으로 이동한다. 필터를 이동할 때마다 값을 계산할 수 있다(k개의 필터가 적용된다면 k개의 채널을 갖는다). 이 값들을 한데 모아 새로운 특징 맵이 생성되면 순전파 과정은 끝이 난다. [그림 6-10]의 오른쪽은 위와 같이 계산해 생성된 새로운 특징 맵이다.

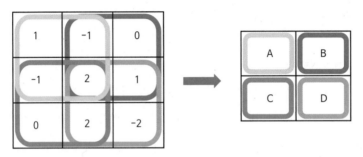

【그림 6-10】 합성곱 계층의 순전파 과정

필터의 크기가 1×1이 아닌 경우, 새로 생성된 특징 맵의 크기가 현재 계층 특징 맵의 크기보다 작아질 수밖에 없다. 이를 피하기 위해 현재 계층 특징 맵의 모서리에 제로 패딩(zero-padding)을 사용할 수 있다. 이렇게 하면 두 특징 맵의 크기를 같게 유지할 수 있다. [그림 6-11]은 제로 패딩을 사용한 합성곱 계층의 순전파 과정을 보여 준다. 그림에서 보듯이 제로 패딩을 사용해 얻은 특징 맵의 크기는 3×3이다.

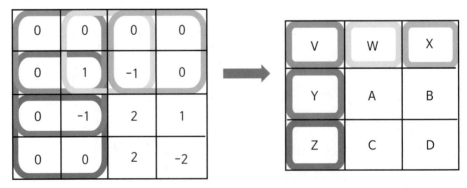

【그림 6-11】 제로 패딩(zero-padding)을 사용한 합성곱 계층의 순전파 과정[17]

---

17) 여기서의 제로 패딩 방식은 TensorFlow의 구현 방식과 약간의 차이는 있지만 원리는 같다.

제로 패딩을 사용하는 것 외에도 필터를 적용하는 간격인 스트라이드(stride)를 설정해 최종 특징 맵의 크기를 조정할 수 있다. [그림 6-10]과 [그림 6-11]에서 필터는 한 번에 한 칸만 이동한다. [그림 6-12]는 필터의 스트라이드가 2이고 제로 패딩을 사용한 합성곱 계층의 순전파 과정을 보여 준다.

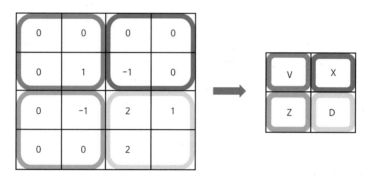

【그림 6-12】 필터의 스트라이드가 2이고 제로 패딩을 사용한 합성곱 계층의 순전파 과정

위의 그림에서 볼 수 있듯이, 스트라이드의 너비와 높이가 2이면 필터는 2칸씩 이동해 계산하므로 출력 특징 맵의 너비와 높이는 입력 특징 맵 크기의 절반이 된다. 다음은 제로 패딩을 동시에 사용했을 때 생성될 특징 맵의 크기를 계산하는 수식이다.

$$out_{height} = \lceil in_{height}/stride_{height} \rceil$$
$$out_{width} = \lceil in_{width}/stride_{width} \rceil$$

여기서 out_{height} 는 출력 특징 맵의 높이를 나타내며 입력 특징 맵의 높이를 스트라이드의 높이를 나눠 반올림한 값과 같다. out_{width}도 위와 같이 계산된다. 제로 패딩을 사용하지 않으면 출력 특징 맵의 크기는 다음과 같다.

$$out_{height} = \lceil (in_{height} - filter_{height} + 1)/stride_{height} \rceil$$
$$out_{width} = \lceil (in_{width} - filter_{width} + 1)/stride_{width} \rceil$$

[그림 6-10], [그림 6-11], [그림 6-12]에서 필터의 매개변수를 설정하는 방법은 언급하지 않고 필터를 이동시키는 방식만 설명했기 때문에 계산된 배열에 값을 채우지 않았다.

합성곱 신경망에서 각 합성곱 계층에 사용되는 필터의 매개변수는 동일하다. 이것은 합성곱 신경망의 매우 중요한 성질이다. 이를 직관적으로 이해하면 필터의 매개변수 공유는 이미지 상의 내용이 위치의 영향을 받지 않게 할 수 있다는 것이다. MNIST 손글씨 숫자 인식을 예로 들면, 숫자 '1'이 좌측 상단에 있든 우측 하단에 있든 이미지의 레이블은 변하지 않는다는 것이다. 왜냐하면, 좌측 상단과 우측 하단에 사용된 필터의 매개변수가 동일하므로 합성곱 계층을 통과하면 숫자의 위치와 관계없이 얻는 결과는 같다.

각 합성곱 계층에서 필터의 매개변수를 공유하면 신경망의 매개변수를 크게 줄일 수 있다. Cifar-10을 예로 들면, 입력 데이터의 크기는 32×32×3이다. 첫 번째 합성곱 계층에 크기가 5×5인 16개의 필터를 사용한다고 가정하면 이 계층은 5×5×3×16+16=1,216개의 매개변수를 갖는다. 6.2절에서 언급했듯이, 500개의 은닉 노드를 사용한 완전 연결 계층은 150만 개의 매개변수를 갖는다. 이와 비교하면 합성곱 계층의 매개변수 개수는 완전 연결 계층보다 훨씬 적다. 또한, 합성곱 계층의 매개변수 개수는 이미지의 크기와 무관하며 필터의 크기와 개수 및 현재 특징 맵의 개수에만 관련이 있다. 이로써 합성곱 계층은 더 큰 이미지 데이터로 쉽게 확장할 수 있다.

[그림 6-13]은 필터의 사용 방법과 매개변수 공유의 메커니즘을 종합하여 제로 패딩을 사용하고 스트라이드가 2인 합성곱 계층의 순전파 계산 흐름을 보여 준다.

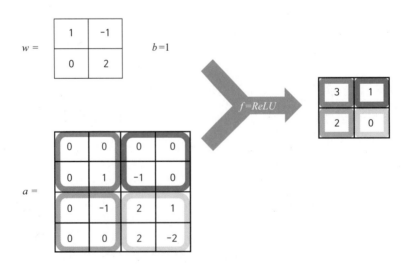

【그림 6-13】 합성곱 계층의 순전파 계산 흐름도

[그림 6-13]은 주어진 필터의 가중치와 편향으로 [그림 6-9]의 계산 방법을 통해 각 칸의 값을 얻을 수 있음을 보여 준다. 다음 수식은 좌측 상단 칸의 계산 과정이며, 다른 칸도 이와 같이 계산할 수 있다.

$$ReLU(0 \times 1 + 0 \times (-1) + 0 \times 0 + 1 * 2 + 1) = ReLU(3) = 3$$

TensorFlow는 합성곱 신경망을 매우 잘 지원한다. 다음 코드에선 합성곱 계층의 순전파 과정을 구현했다. 다음 코드에서 알 수 있듯이 TensorFlow를 통해 합성곱 계층을 구현하는 것은 매우 편리하다.

```
# tf.get_variable의 방식을 통해 필터의 가중치 변수와 편향치 변수를 생성한다.
# 합성곱 계층의 매개변수 개수는 필터의 크기와 개수 및 현재 특징 맵의 개수와 관련이
# 있으므로 여기서 선언하는 변수는 4차원 배열이다. 앞의 두 차원은 필터의 크기를
# 나타내고, 3차원은 채널 수, 4차원은 필터의 개수를 나타낸다.
filter_weight = tf.get_variable(
    'weights', [5, 5, 3, 16],
    initializer=tf.truncated_normal_initializer(stddev=0.1))
# 합성곱 계층의 가중치와 마찬가지로, 특징 맵에서 서로 다른 위치의 편향치는
# 공유되므로 하위 계층의 채널 수만큼의 편향치가 있다. 아래의 16은 필터의 개수이자
# 출력 특징 맵의 채널 수이다.
biases = tf.get_variable(
    'biases', [16], initializer=tf.constant_initializer(0.1))


# tf.nn.conv2d는 합성곱 계층의 순전파 알고리즘을 구현하는 매우 편리한 함수이다. 이
# 함수의 첫 번째 입력은 입력 데이터이다. 이 데이터는 4차원 배열로써, 뒤의 세 차원은
# 특징 맵에 해당하며 첫 번째 차원은 데이터 개수에 해당한다. 예를 들어 입력층에서
# input[0,:,:,:]은 첫 번째 이미지를, input[1,:,:,:]은 두 번째 이미지를 나타내는
# 식이다. 이 함수의 두 번째 매개변수는 합성곱 계층의 가중치이고, 세 번째 매개변수는
# 각 차원의 스트라이드이다. 스트라이드로 길이가 4인 배열을 입력받지만 첫 번째와 마지
# 막 차원의 숫자는 1이어야 한다. 이는 합성곱 계층의 스트라이드가 특징 맵의 너비와
# 높이에만 연관 있기 때문이다. 마지막 매개변수는 패딩(padding) 적용 여부로 SAME 또는
# VALID를 선택할 수 있다. 이 중에서 'SAME'은 제로 패딩을 포함하는 것이고([그림 6-11]),
# 'VALID'는 제로 패딩이 없는 것이다([그림 6-10]).
conv = tf.nn.conv2d(
```

```
    input, filter_weight, strides=[1, 1, 1, 1], padding='SAME')

# tf.nn.bias_add는 각 노드에 편향치를 더하는 편리한 함수이다. 출력 특징 맵의 다른
# 위치에 있는 모든 노드에 동일한 편향치를 더해야 한다. [그림 6-13]에서 출력 특징 맵의
# 크기는 2×2이지만 편향은 단 하나의 수(필터가 한 개이므로)이며, 각 값에
# 모두 더해져야 한다.
bias = tf.nn.bias_add(conv, biases)
# ReLU 함수를 통해 계산 결과를 비선형화한다.
actived_conv = tf.nn.relu(bias)
```

6.3.2 풀링 계층

합성곱 신경망의 전반적인 구조는 6.2절에서 소개했었다. [그림 6-7]에서 볼 수 있듯이 풀링 계층(pooling layer)은 종종 합성곱 계층 사이에 들어간다. 풀링 계층은 특징 맵의 크기를 매우 효과적으로 줄여 마지막 완전 연결 계층의 매개변수를 줄인다[18]. 풀링 계층을 사용하면 계산 속도를 높이고 오버피팅을 방지할 수 있다[19].

6.3.1절에서 설명한 합성곱 계층과 마찬가지로 풀링 계층의 순전파 과정 또한 필터와 같은 구조를 이동하여 수행된다. 그러나 풀링 계층 필터의 연산은 노드의 가중합이 아닌 더 간단한 최댓값 또는 평균값을 사용한다. 최대 풀링(max pooling)은 대상 영역에서 최댓값을 취하는 연산이고, 평균 풀링(average pooling)은 대상 영역의 평균을 계산한다. 최대 풀링이 가장 많이 사용되며 그 밖의 다른 풀링은 잘 사용하지 않는다.

합성곱 계층의 필터와 마찬가지로 풀링 계층의 필터도 필터의 크기, 제로 패딩 적용 여부 및 필터의 스트라이드 등을 설정해야 한다. 합성곱 계층과 풀링 계층에서 필터가 이동하는 방식은 비슷하지만, 유일한 차이점은 합성곱 계층에 사용되는 필터는 전체 채

---

18) 풀링 계층은 주로 특징 맵의 크기를 줄이는 데 쓰인다. 깊이도 줄일 수는 있지만 일반적으로 사용되지 않는다.
19) 다음의 논문에선 풀링 계층이 모델의 성능에 거의 영향을 미치지 않는다고 지적했다. Springenberg J T, Dosovitskiy A, Brox T, et al. *Striving for Simplicity: The All Convolutional Net* [J]. Eprint Arxiv, 2014. 그러나 현재 주류의 합성곱 신경망은 풀링 계층을 포함한다.

널에 걸쳐 연산되지만, 풀링 계층에서 사용되는 필터는 각 채널에서 연산된다는 점이다. 따라서 너비와 높이 두 차원에서 이동하는 것 외에도 풀링 계층의 필터는 채널별로 이동해야 한다. [그림 6-14]는 최대 풀링의 동작 방식을 설명한다.

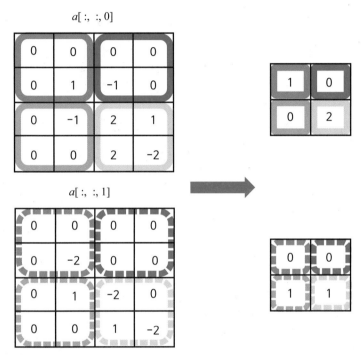

【그림 6-14】 제로 패딩을 적용한 크기가 3×3×2인 데이터에 대한 스트라이드가 2인 최대 풀링 연산

[그림 6-14]에서 볼 수 있듯이 채널별로 특징 맵이 출력된다. 다음 코드에서 최대 풀링 계층의 순전파 알고리즘을 구현한다.

```
# tf.nn. max_pool은 최대 풀링 계층 순전파 과정을 구현하며, tf.nn.conv2d 함수의
# 매개변수와 유사하다. ksize에 필터의 크기가 주어지고, stride에 스트라이드 정보가
# 주어지며, padding에 패딩 적용 여부가 주어진다.
pool = tf.nn.max_pool(actived_conv, ksize=[1, 3, 3, 1],
                      strides=[1, 2, 2, 1], padding='SAME')
```

풀링 계층과 합성곱 계층의 순전파를 비교해 보면 함수의 매개변수 형식이 비슷하다는 것을 알 수 있다. tf.nn.max_pool 함수에서 먼저 입력 데이터를 전달해야 한다. 이 배열은 4차원 배열이며 형식은 tf.nn.conv2d 함수의 첫 번째 매개변수와 같다. 두 번째 매개변수는 필터의 크기이다. 길이가 4인 1차원 배열이 주어지더라도 이 배열의 처음과 마지막 숫자는 1이어야 한다. 실제 응용에서 가장 많이 사용되는 크기는 [1,2,2,1] 또는 [1,3,3,1]이다.

tf.nn.max_pool 함수의 세 번째 매개변수는 스트라이드이다. tf.nn.conv2d 함수의 스트라이드와 동일한 작용을 하고, 첫 번째와 마지막 차원의 숫자는 1이어야 한다. 즉 TensorFlow에서 풀링 계층은 채널 수와 입력 샘플의 수를 줄일 수 없다. 마지막 매개변수는 패딩 옵션으로 VALID 또는 SAME이 있다. TensorFlow는 tf.nn.avg_pool을 제공하여 평균 풀링 계층을 구현한다. tf.nn.avg_pool 함수의 호출 형식은 tf.nn.max_pool 함수와 동일하다.

6.4 합성곱 신경망 모델

합성곱 신경망 특유의 두 가지 네트워크 구조인 합성곱 계층과 풀링 계층에 대해 6.3절에서 설명하였다. 이러한 네트워크 구조를 조합하여 무수히 많은 신경망을 얻을 수 있는데, 어떠한 신경망이 실제 이미지 처리 문제를 해결할 가능성이 더 클까? 이 절에서는 일부 신경망 모델의 네트워크 구조를 소개할 것이다. 6.4.1절에서 LeNet-5를 소개하고 TensorFlow로 구현해 본다. 이 모델을 통해 합성곱 신경망 구조 설계의 통용적인 패턴을 제시한다. 그리고 6.4.2절에서는 합성곱 신경망 구조를 설계하기 위한 또 다른 발상의 Inception 모델을 소개한다. 이 절에서는 TensorFlow-Slim에 대해 간략히 소개하고 이를 사용해 구글에서 고안한 Inception-v3 모델의 한 모듈을 구현해 본다.

6.4.1 LeNet-5

LeNet-5는 Yann LeCun 교수가 1998년에 발표한 논문 〈*Gradient-based learning applied to document recognition*〉[20]에서 제안된 디지털 인식 문제에 성공적으로 적용된 최초의 합성곱 신경망이다. LeNet-5는 MNIST 데이터셋에 대해 약 99.2%의 정확도를 얻을 수 있다. LeNet-5에는 총 7개의 계층이 있으며 [그림 6-15]에 나와 있다.

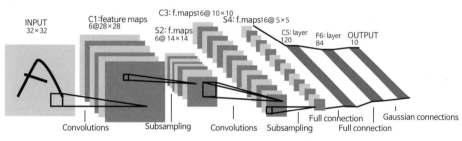

【그림 6-15】 LeNet-5 구조[21]

다음은 LeNet-5의 각 계층 구조에 대한 설명이다[22].

① 첫 번째 계층, 합성곱 계층

이 계층의 입력은 원본 이미지 픽셀이며, LeNet 모델에서 허용되는 입력 데이터의 크기는 32×32×1이다. 필터의 크기는 5×5, 개수는 6, 스트라이드는 1이고, 제로 패딩을 사용하지 않는다. 제로 패딩을 사용하지 않으므로 출력 데이터의 크기는 32-5+1=28이고 6개의 채널을 갖는다. 이 계층은 총 5×5×1×6+6=156개의 매개변수를 가지며 그중에 6개는 편향 매개변수이다. 크기가 28×28인 6개의 특징 맵이 생성된다.

20) Lecun Y, Bottou L, Bengio Y, et al. *Gradient-based learning applied to document recognition* [J]. Proceedings of the IEEE, 1998.
21) *Gradient-based learning applied to document recognition*.
22) 논문 *GradientBased Learning Applied to Document Recognition*에서 제안된 LeNet-5 모델에서, 합성곱 계층과 풀링 계층의 구현은 6.3절에 주어진 TensorFlow의 구현과 약간 상이하다. 이 책은 세부 사항은 다루지 않지만 모델 전체의 프레임워크에 초점을 맞춘다.

② 두 번째 계층, 풀링 계층

이 계층의 입력은 크기가 28×28×6인 첫 번째 계층의 출력 데이터이다. 이 계층에 사용된 필터 크기는 2×2이고, 스트라이드는 2이므로 출력 크기는 14×14×6이다.

③ 세 번째 계층, 합성곱 계층

이 계층의 입력 크기는 14×14×6이고, 필터의 크기는 5×5이며, 16개의 채널을 갖는다. 제로 패딩을 사용하지 않고 스트라이드는 1이므로 크기가 10×10인 16개의 특징 맵이 생성된다. 따라서 이 계층에 총 5×5×6×16+16=2,416개의 매개변수가 존재한다.

④ 네 번째 계층, 풀링 계층

이 계층의 입력 크기는 10×10×16이고, 필터의 크기는 2×2이며, 스트라이드는 2이다. 따라서 출력 크기는 5×5×16이다.

⑤ 다섯 번째 계층, 완전 연결 계층

위의 논문에서 이 계층은 본래 합성곱 계층이지만 입력의 크기가 5×5×16이고 필터의 크기가 5×5이기 때문에 완전 연결 계층과 다르지 않다. 따라서 이후 프로그램 구현 과정에서 다섯 번째 계층을 완전 연결 계층으로 볼 것이다. 5×5×16크기의 배열을 벡터로 변환하면 4장에서 설명한 완전 연결 계층의 입력과 같아진다. 120개의 출력 노드가 있으므로 총 5×5×16×120+120=48,120개의 매개변수가 있다.

⑥ 여섯 번째 계층, 완전 연결 계층

이 계층에서 입력 노드의 수는 120개이고, 출력 노드의 수는 84개이다. 따라서 총 120×84+84=10,164개의 매개변수가 있다.

⑦ 일곱 번째 계층, 완전 연결 계층[23]

이 계층에서 입력 노드의 수는 84개이고 출력 노드의 수는 10개이다. 따라서 총 84×10+10=850개의 매개변수가 있다.

다음은 LeNet-5와 유사한 합성곱 신경망을 구현해 MNIST 숫자 인식 문제를 해결해본다. TensorFlow를 통해 합성곱 신경망을 학습시키는 과정은 5장에서 설명한 완전 연결 신경망을 학습시키는 과정과 완전히 동일하다. 손실 함수의 계산과 역전파 과정의 구현은 5.5절에 나와 있는 mnist_train.py을 다시 사용할 수 있다. 유일한 차이점은 합성곱 신경망의 입력이 3차원 배열이기 때문에 입력 데이터의 형식을 바꿔야 한다는 것이다.

```
LEARNING_RATE_BASE = 0.01
TRAINING_STEPS = 6000
# placeholder로 4차원 배열을 받을 수 있도록 형식을 바꾼다.
x = tf.placeholder(tf.float32, [
                    BATCH_SIZE,                       # 배치 크기
                    mnist_inference.IMAGE_SIZE,       # 이미지의 크기
                    mnist_inference.IMAGE_SIZE,       # 이미지의 크기
                    mnist_inference.NUM_CHANNELS],    # 이미지의 채널 수
                name='x-input')

…

# 마찬가지로 입력받은 훈련 데이터 형식을 4차원 배열로 바꾼 뒤 세션에 전달한다.
reshaped_xs = np.reshape(xs, (BATCH_SIZE,
                              mnist_inference.IMAGE_SIZE,
                              mnist_inference.IMAGE_SIZE,
                              mnist_inference.NUM_CHANNELS))
```

입력 형식을 바꾸고 나면 mnist_inference.py에서 LeNet-5와 유사한 순전파 과정을 구현하기만 하면 된다. 수정된 mnist_inference.py는 아래와 같다.

---

23) 원래 LeNet-5의 마지막 출력층 구조는 완전 연결 계층과 다르지만, 우리는 여기서 완전 연결 계층을 사용해 비슷하게 구현한다.

```
# -*- coding: utf-8 -*-
import tensorflow as tf

# 신경망 매개 변수 설정
INPUT_NODE = 784
OUTPUT_NODE = 10


IMAGE_SIZE = 28
NUM_CHANNELS = 1
NUM_LABELS = 10


# 첫 번째 합성곱 계층의 크기와 깊이
CONV1_DEEP = 32
CONV1_SIZE = 5
# 두 번째 합성곱 계층의 크기와 깊이
CONV2_DEEP = 64
CONV2_SIZE = 5
# 완전 연결 계층의 노드 수
FC_SIZE = 512


# 합성곱 신경망의 순전파 과정을 정의한다. 학습 과정과 테스트 과정을 구분하기
# 위해 새로운 매개변수 train을 추가한다. 여기서 드롭아웃(dropout) 방법을
# 사용하는데, 드롭아웃은 모델의 신뢰성을 향상시키고 오버피팅을 방지할 수 있다.
# 드롭아웃은 학습 중에만 사용된다24).
def inference(input_tensor, train, regularizer):
    # 첫 번째 합성곱 계층의 변수를 선언하고 순전파 과정을 구현한다. 이 과정은

    # 6.3.1에서 설명한 것과 같다. 별개의 네임스페이스를 사용하여 다른 계층의
    # 변수를 분리함으로써 현재 계층의 역할만 고려하여 변수명을 지정할 수 있다.
    # 표준 LeNet-5와는 달리 여기서 정의된 합성곱 계층의 입력은 28×28×1 크기의
    # MNIST 이미지 데이터이다. 합성곱 계층에서 제로 패딩을 적용하기 때문에
    # 출력은 28×28×32 크기의 배열이다.
    with tf.variable_scope('layer1-conv1'):
        conv1_weights = tf.get_variable(
```

```
        "weight", [CONV1_SIZE, CONV1_SIZE, NUM_CHANNELS, CONV1_DEEP],
        initializer=tf.truncated_normal_initializer(stddev=0.1))
    conv1_biases = tf.get_variable(
        "bias", [CONV1_DEEP], initializer=tf. constant_initializer(0.0))

    # 크기가 5×5인 32개의 필터를 사용하고 스트라이드는 1, 제로 패딩을 적용한다.
    conv1 = tf.nn.conv2d(
        input_tensor, conv1_weights, strides=[1, 1, 1, 1], padding='SAME')
    relu1 = tf.nn.relu(tf.nn.bias_add(conv1, conv1_biases))


# 두 번째 계층인 풀링 계층의 순전파 과정을 구현한다. 이는 최대 풀링 계층으로
# 필터의 크기는 2×2이고 제로 패딩을 적용하며 스트라이드는 2이다. 입력 크기는
# 상위 계층의 출력 크기인 28×28×32이고, 출력 크기는 14×14×32이다.
with tf.name_scope('layer2-pool1'):
    pool1 = tf.nn.max_pool(
            relu1, ksize=[1, 2, 2, 1], strides=[1, 2, 2, 1], padding='SAME')


# 세 번째 계층인 합성곱 계층의 변수를 선언하고 순전파 과정을 구현한다.
# 입력 크기는 14×14×32이고, 출력 크기는 14×14×64이다.
with tf.variable_scope('layer3-conv2'):
    conv2_weights = tf.get_variable(
        "weight", [CONV2_SIZE, CONV2_SIZE, CONV1_DEEP, CONV2_DEEP],
        initializer=tf.truncated_normal_initializer(stddev=0.1))
    conv2_biases = tf.get_variable(
        "bias", [CONV2_DEEP],
        initializer=tf. constant_initializer(0.0))

    # 크기가 5×5인 64개의 필터를 사용하고 스트라이드는 1, 제로 패딩을 적용한다.
    conv2 = tf.nn.conv2d(
        pool1, conv2_weights, strides=[1, 1, 1, 1], padding='SAME')
    relu2 = tf.nn.relu(tf.nn.bias_add(conv2, conv2_biases))


# 네 번째 계층인 풀링 계층의 순전파 과정을 구현한다. 이는 두 번째 계층
# 구조와 같다. 입력 크기는 14×14×64이고, 출력 크기는 7×7×64이다.
with tf.name_scope('layer4-pool2'):
    pool2 = tf.nn.max_pool(
        relu2, ksize=[1, 2, 2, 1], strides=[1, 2, 2, 1], padding='SAME')
```

```
# 네 번째 계층의 출력을 다섯 번째 계층인 완전 연결 계층의 입력 형식으로
# 변환한다. 왜냐하면, 네 번째 계층의 출력은 7×7×64 크기의 배열이지만 완전
# 연결 계층에 요구되는 입력 형식은 벡터이기 때문이다. pool2.get_shape
# 함수로 이 출력 데이터의 형상을 얻을 수 있다. 각 계층의 입출력이 배치 크기
# 만큼의 데이터이기 때문에 여기서 얻은 형상에 배치 크기도 포함된다는 것에
# 유의해야 한다.
pool_shape = pool2.get_shape().as_list()

# 벡터 길이를 계산한다. 이 길이는 배열의 너비, 높이, 깊이를 곱한 것이다.
# 여기서 pool_shape[0]은 데이터의 개수이다.
nodes = pool_shape[1] * pool_shape[2] * pool_shape[3]

# tf.reshape 함수를 통해 네 번째 계층의 출력 데이터를 벡터로 변환한다.
reshaped = tf.reshape(pool2, [pool_shape[0], nodes])

# 다섯 번째 계층인 완전 연결 계층의 변수를 선언하고 순전파 과정을 구현한다.
# 입력 벡터 길이는 3136이고, 출력 길이는 512이다. 이는 기본적으로 5장에서
# 설명한 것과 동일하며, 유일한 차이점은 드롭아웃을 적용했단 점이다.
# 드롭아웃은 훈련 중 일부 노드의 출력을 0으로 변경한다. 드롭아웃은
# 오버피팅을 방지해 테스트 데이터에 대한 모델의 성능을 향상시킬 수 있다.
# 일반적으로 완전 연결 계층에서 사용되며 합성곱 계층이나 풀링 계층에서
# 사용되지 않는다.
with tf.variable_scope('layer5-fc1'):
    fc1_weights = tf.get_variable(
        "weight", [nodes, FC_SIZE],
        initializer=tf.truncated_normal_initializer(stddev=0.1))
    # 완전 연결 계층의 가중치에만 정규화를 추가한다.
    if regularizer != None:
        tf.add_to_collection('losses', regularizer(fc1_weights))
    fc1_biases = tf.get_variable(
        "bias", [FC_SIZE], initializer=tf.constant_initializer(0.1))

    fc1 = tf.nn.relu(tf.matmul(reshaped, fc1_weights) + fc1_biases)
    if train: fc1 = tf.nn.dropout(fc1, 0.5)

# 여섯 번째 계층인 완전 연결 계층의 변수를 선언하고 순전파 과정을 구현한다.
```

```
# 입력 벡터 길이는 512이고, 출력 벡터 길이는 10이다. 이 출력 벡터가 Softmax를
# 지나면 최종 분류 결과를 얻을 수 있다.
with tf.variable_scope('layer6-fc2'):
    fc2_weights = tf.get_variable(
        "weight", [FC_SIZE, NUM_LABELS],
        initializer=tf.truncated_normal_initializer(stddev=0.1))
    if regularizer != None:
        tf.add_to_collection('losses', regularizer(fc2_weights))
    fc2_biases = tf.get_variable(
        "bias", [NUM_LABELS],
        initializer=tf. constant_initializer(0.1))
    logit = tf.matmul(fc1, fc2_weights) + fc2_biases

# 여섯 번째 계층의 출력을 반환한다.
return logit
```

수정된 mnist_train.py를 실행하면 다음과 같은 출력을 얻을 수 있다.

```
~/mnist$ python mnist_train.py
Extracting /tmp/data/train-images-idx3-ubyte.gz
Extracting /tmp/data/train-labels-idx1-ubyte.gz
Extracting /tmp/data/t10k-images-idx3-ubyte.gz
Extracting /tmp/data/t10k-labels-idx1-ubyte.gz
After 1 training step(s), loss on training batch is 6.45373.
After 1001 training step(s), loss on training batch is 0.824825.
After 2001 training step(s), loss on training batch is 0.646993.
After 3001 training step(s), loss on training batch is 0.759975.
After 4001 training step(s), loss on training batch is 0.68468.
After 5001 training step(s), loss on training batch is 0.630368.
…
```

5장에서 주어진 mnist_eval.py의 입력 부분도 마찬가지로 수정해서 실행하면 MNIST 데이터셋에 대한 정확도를 얻을 수 있다. MNIST 테스트 데이터에서 위에 주어진 합성곱 신경망은 대략 99.4%의 정확도를 갖는다. 5장에서 얻은 98.4%와 비교하면 합성곱 신경망은 MNIST 데이터셋에 대한 정확도를 크게 향상시켰다.

하지만 합성곱 신경망 구조는 모든 문제를 해결하지는 못한다. 예를 들어 LeNet-5는 ImageNet과 같이 비교적 큰 이미지 데이터셋은 잘 처리하지 못한다. 그렇다면 합성곱 신경망의 구조는 어떻게 설계해야 할까? 다음 정규식은 이미지 분류 문제에 대한 고전적인 합성곱 신경망 구조를 나타낸다.

- 입력층→(합성곱 계층+→풀링 계층?)+→완전 연결 계층+

위의 식에서 '합성곱 계층+'는 하나 이상의 합성곱 계층을 의미하며 대부분의 합성곱 신경망은 일반적으로 최대 3개의 합성곱 계층을 연속적으로 사용한다. '풀링 계층?'은 최대 한 개의 풀링 계층을 의미한다. 풀링 계층이 매개변수를 줄여 오버피팅을 방지할 수 있지만 일부 논문에서 합성곱 계층 스트라이드의 조정으로 이를 대신할 수 있음을 발견했다[25]. 따라서 일부 합성곱 신경망에는 풀링 계층이 없다. 합성곱 계층과 풀링 계층을 여러 겹 쌓은 후 보통 한두 개의 완전 연결 계층을 추가한다. 예를 들어 LeNet-5는 다음과 같은 구조로 표현될 수 있다.

- 입력층→합성곱 계층→합성곱 계층→합성곱 계층→풀링 계층→완전 연결 계층→완전 연결 계층→출력층

LeNet-5 외에도 ILSVRC에서 2012년에 1등한 AlexNet, 2013년에 1등한 ZF Net과 2014년에 2등한 VGGNet의 구조는 모두 위의 정규식을 만족한다. [표 6-1]은 VGGNet 논문 ⟨*Very Deep Convolutional Networks for Large-Scale Image Recognition*⟩[26]에서 시도했던 여러 합성곱 신경망 구조를 보여 준다. 여기의 합성곱 신경망 구조는 모두 위의 정규식을 만족한다는 것을 볼 수 있다.

---

25) *Striving for Simplicity: The All Convolutional Net*.
26) Simonyan K, Zisserman A. *Very Deep Convolutional Networks for Large-Scale Image Recognition* [J]. Computer Science, 2014.

【표 6-1】 VGGNet 논문에서 시도했던 여러 합성곱 신경망 구조[27]
(여기서 conv*는 합성곱 계층, maxpool은 풀링 계층, FC-*는 완전 연결 계층을 나타낸다.)

input (224 × 224 RGB image)					
conv3-64	conv3-64 **LRN**	conv3-64 **conv3-64**	conv3-64 conv3-64	conv3-64 conv3-64	conv3-64 conv3-64
maxpool					
conv3-128	conv3-128	conv3-128 **conv3-128**	conv3-128 conv3-128	conv3-128 conv3-128	conv3-128 conv3-128
maxpool					
conv3-256 conv3-256	conv3-256 conv3-256	conv3-256 conv3-256	conv3-256 conv3-256 **conv1-256**	conv3-256 conv3-256 **conv3-256**	conv3-256 conv3-256 conv3-256 **conv3-256**
maxpool					
conv3-512 conv3-512	conv3-512 conv3-512	conv3-512 conv3-512	conv3-512 conv3-512 **conv1-512**	conv3-512 conv3-512 **conv3-512**	conv3-512 conv3-512 conv3-512 **conv3-512**
maxpool					
conv3-512 conv3-512	conv3-512 conv3-512	conv3-512 conv3-512	conv3-512 conv3-512 **conv1-512**	conv3-512 conv3-512 **conv3-512**	conv3-512 conv3-512 conv3-512 **conv3-512**
maxpool					
FC-4096					
FC-4096					
FC-1000					
soft-max					

합성곱 계층의 구조를 정했다면, 각각의 합성곱 계층과 풀링 계층의 구성을 어떻게 설정할까? [표 6-1]이 이에 대한 실마리를 제공한다. 이 표에서 conv-X-Y는 크기가 X인 Y개의 필터를 의미한다. 예를 들어 conv3-64는 크기가 3×3인 64개의 필터를 나타낸다. 위의 표에서 VGGNet의 필터 크기가 3 또는 1임을 볼 수 있고, LeNet-5에서는 크기가 5인 필터도 사용했다. 일반적으로 합성곱 계층의 필터 크기는 5를 넘지 않지만, 일부 합성곱 신경망에서 크기가 7 또는 심지어 11인 필터를 입력을 처리하는 합성곱 계층에서 사용한다.

대부분 합성곱 신경망에서 필터의 개수를 점차 증가시킨다. [표 6-1]만 보더라도 풀링 계층을 지날 때마다 필터의 개수가 배로 증가한다. 모델마다 숫자는 다르겠지만 이는 매우 보편적인 방법이다. 합성곱 계층의 스트라이드는 보통 1이지만 일부 모델에서는 2나 3이기도 하다. 풀링 계층의 구성은 비교적 간단하며 최대 풀링 계층이 가장 많이 사용된다. 일반적으로 풀링 계층의 필터 크기는 2나 3이며, 스트라이드도 2 또는 3이다.

---

27) 27) *Very Deep Convolutional Networks for Large-Scale Image Recognition.*

6.4.2 Inception-v3

6.4.1절에서 LeNet-5를 통해 고전적인 합성곱 신경망 구조의 설계에 대해 설명했다. 이 절에서는 Inception 구조와 또 다른 합성곱 신경망 모델인 Inception-v3에 대해 설명할 것이다. Inception 구조는 LeNet-5 구조와는 완전히 다른 합성곱 신경망 구조이다. LeNet-5는 여러 합성곱 계층이 직렬로 연결되어 있는 반면 Inception-v3의 Inception 구조는 여러 합성곱 계층을 병렬로 결합한다. 아래에서 Inception 구조를 자세히 설명하고 Inception-v3의 모듈을 TensorFlow-Slim으로 구현해 본다.

6.4.1에서 언급했듯이 합성곱 계층에서 1, 3, 또는 5 크기의 필터를 사용한다. 그렇다면 어떻게 이 중 하나를 선택할까? Inception 모듈이 이에 대한 해답을 제시한다. 이는 바로 크기가 다른 모든 필터를 동시에 적용해 얻은 배열을 하나로 합치는 것이다. [그림 6-16]은 Inception 모듈의 구조이다.

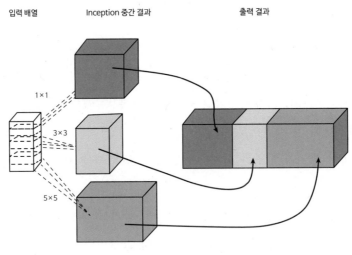

【그림 6-16】 Inception 모듈

위의 그림에서 볼 수 있듯이, Inception 모듈은 먼저 크기가 다른 모든 필터를 적용해 입력 데이터를 처리한다. 가장 위의 배열은 크기가 1인 필터가 순회해 합성곱을 계산한 결과이다. 마찬가지로 중간 배열은 크기가 3인 필터, 아래 배열은 크기가 5인 필터를 적용했다. 이 배열들은 Inception 모듈의 계산 경로를 나타낸다. 필터의 크기는 다르지만 모든 필터에 제로 패딩을 적용하고 스트라이드가 1이면 순전파 과정을 거쳐 얻은 배열의 너비와 높이는 입력 배열과 동일하다. [그림 6-16]과 같이 이렇게 여러 필터를 통해 얻은 결과를 합치면 더 깊은 배열로 만들 수가 있다.

[그림 6-16]에 나와 있는 Inception 모듈의 출력 배열의 너비와 높이는 입력 배열과 같고, 깊이는 크기가 1, 3, 5인 세 배열의 깊이에 대한 합이다. 다음 그림은 Inception 모듈의 핵심 아이디어를 보여 준다. Inception-v3에 사용된 Inception 모듈은 더욱 복잡하고 다양하다. 관심 있는 독자는 〈*Rethinking the Inception Architecture for Computer Vision*〉[28] 논문을 참고하길 바란다. [그림 6-17]은 Inception-v3의 구조이다.

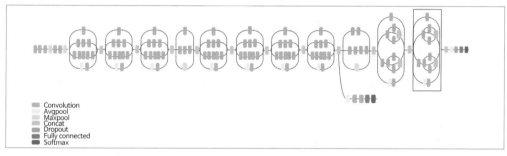

【그림 6-17】 Inception-v3 구조

Inception-v3는 11개의 Inception 모듈로 구성됐으며 96개의 합성곱 계층을 포함한다. 만일 6.4.1에 주어진 코드와 같이 한 개의 합성곱 계층을 만드는데 5줄의 코드가 필요하므로, 모든 합성곱 계층을 구현하려면 총 480줄의 코드가 필요하다. 이러면 가독성이 매우 떨어진다. TensorFlow-Slim을 사용하면 Inception-v3와 같은 복잡한 합성곱 신경망을 보다 간결하게 구현할 수 있다. 다음 코드에서 TensorFlow와 TensorFlow-Slim을 사용하여 동일한 구조의 신경망을 구현하는 코드량을 비교한다.

---

28) Szegedy C, Vanhoucke V, Ioffe S, et al. *Rethinking the Inception Architecture for Computer Vision* [J]. Computer Science, 2015.

```
# TensorFlow API를 바로 사용해 합성곱 계층을 구현한다.
with tf.variable_scope(scope_name):
    weights = tf.get_variable("weight", …)
    biases = tf.get_variable("bias", …)
    conv = tf.nn.conv2d(…)
    relu = tf.nn.relu(tf.nn.bias_add(conv, biases))


# TensorFlow-Slim을 사용해 합성곱 계층을 구현한다. 합성곱 계층의 순전파 알고리즘을
# 한 줄의 코드로 구현할 수 있다. slim.conv2d 함수에서 첫 번째 필수 매개변수는 입력
# 데이터이고, 두 번째는 필터의 개수이며, 세 번째는 필터의 크기이다. 선택적 매개변수는
# 스트라이드, 제로 패딩, 활성화 함수 및 변수의 네임스페이스 등이 있다.
from tensorflow.contrib import slim
net = slim.conv2d(input, 32, [3, 3])
```

Inception-v3 전체를 구현하는 코드는 길기 때문에 여기서는 상대적으로 복잡한 구조를 가진 Inception 모듈을 구현해 본다[29]. 이 모듈은 [그림 6-17]에서 사각형 박스로 표시된 모듈과 같다.

```
# slim.arg_scope 함수는 기본 매개변수를 설정하는 데 쓰인다. 이 함수의 첫 번째 매개
# 변수는 함수 리스트로써 뒤의 매개변수 값이 이 함수들에 적용된다. 아래의 정의를 예로
# 들면, slim.conv2d(net, 320, [1, 1]) 함수를 호출하면 stride=1과 padding = 'SAME'
# 이 자동으로 추가된다. 물론 스트라이드를 따로 지정할 수도 있다. 이런 방식으로
# 중복 코드를 줄일 수 있다.
with slim.arg_scope([slim.conv2d, slim.max_pool2d, slim.avg_pool2d],
                            stride=1, padding='SAME'):

    …
    # 여기선 위의 빨간색 박스로 표시된 Inception 구조만을 구현하고 다른 부분은
    # 생략했다. 이전 신경망을 통한 입력 데이터의 순전파 결과가 변수 net에 저장됐다고
    #가정한다.
    net = 상위 계층의 출력 데이터
    # 하나의 Inception 모듈에 대해 통일된 네임스페이스를 선언한다.
    with tf.variable_scope('Mixed_7c'):
```

```python
# Inception 모듈의 각 경로에 대한 네임스페이스 선언
with tf.variable_scope('Branch_0'):
    # 필터의 크기가 1이고 깊이가 320인 합성곱 계층을 구현
    branch_0 = slim.conv2d(net, 320, [1, 1], scope='Conv2d_0a_1x1')

# Inception 모듈의 두 번째 경로. 이 구조 또한 Inception 구조이다.
with tf.variable_scope('Branch_1'):
    branch_1 = slim.conv2d(net, 384, [1, 1], scope='Conv2d_0a_1x1')
    # tf.concat 함수는 여러 데이터를 합칠 수 있다. 이 함수의 첫 번째 인수인
    # '3'은 3차원 상에서 합친다는 의미이다.
    branch_1 = tf.concat(3, [
        # [그림 6-17]을 보면 두 번째 계층의 입력은 net이 아닌 branch_1이다.
        slim.conv2d(branch_1, 384, [1, 3], scope='Conv2d_0b_1x3'),
        slim.conv2d(branch_1, 384, [3, 1], scope='Conv2d_0c_3x1')])

# Inception 모듈의 세 번째 경로. 이 구조 또한 Inception 구조이다.
with tf.variable_scope('Branch_2'):
    branch_2 = slim.conv2d(
        net, 448, [1, 1], scope='Conv2d_0a_1x1')
    branch_2 = slim.conv2d(
        branch_2, 384, [3, 3], scope='Conv2d_ 0b_3x3')
    branch_2 = tf.concat(3, [
        slim.conv2d(branch_2, 384,
                        [1, 3], scope='Conv2d_0c_1x3'),
        slim.conv2d(branch_2, 384,
                        [3, 1], scope='Conv2d_0d_3x1')])

# Inception 모듈의 네 번째 경로
with tf.variable_scope('Branch_3'):
    branch_3 = slim.avg_pool2d(
        net, [3, 3], scope='AvgPool_0a_3x3')
    branch_3 = slim.conv2d(
        branch_3, 192, [1, 1], scope='Conv2d_ 0b_1x1')

# 현재 Inception 모듈의 최종 출력은 위의 네 결과를 합친 것이다.
net = tf.concat(3, [branch_0, branch_1, branch_2, branch_3])
```

6.5 합성곱 신경망 전이 학습

이 절에서는 전이 학습의 개념을 설명하고 TensorFlow를 통해 이를 구현해 본다. 6.5.1절에서 전이 학습의 모티브를 설명하고, 한 데이터셋에서 훈련된 합성곱 신경망을 또 다른 데이터셋에 적용하는 방법에 대해 알아본다. 그리고 6.5.2절에 주어진 코드로 ImageNet에 대해 훈련된 Inception-v3를 다른 이미지 분류 데이터셋에 적용시켜 본다.

6.5.1 전이 학습 소개

1998년에 개발된 LeNet-5와 2015년에 개발된 Inception-v3는 6.4절에서 소개했다. 이 두 모델을 비교하면 합성곱 신경망 모델의 계층 수와 복잡도에 큰 변화가 생겼음을 알 수 있다. [표 6-2]는 2012년부터 2015년까지 ILSVRC에서 우승한 모델들의 계층 수와 Top5 오류율을 정리한 것이다.

【표 6-2】역대 ILSVRC 우승 모델 정보

연도	모델 명칭	계층 수[30]	Top-5 오류율
2012	AlexNet	8	15.3%
2013	ZF Net	8	14.8%
2014	GoogLeNet	22	6.67%
2015	ResNet	152	3.57%

[표 6-2]를 보면 모델의 계층 수와 복잡도가 증가함에 따라 ImageNet에 대한 오류율이 감소하는 것을 알 수 있다. 하지만 복잡한 합성곱 신경망을 훈련시키기 위해선 수많

---

30) 여기서의 계층 수는 합성곱 계층과 완전 연결 계층의 개수만을 통계 낸 것이다. 매개변수가 없는 풀링 계층은 포함하지 않는다.

은 라벨링된 데이터가 필요하다. 6.1절에서 언급했듯이 ImageNet 이미지 분류 데이터셋에는 120만 개의 라벨링된 데이터가 있어 152개 계층을 가진 ResNet이 약 96.5%의 정확도로 학습할 수 있다. 이렇게 많은 라벨링된 데이터를 수집하기란 굉장히 어려운 일이다. 수집할 수 있다 하더라도 많은 인력과 자원이 필요하다. 또한, 많은 양의 훈련 데이터가 있어도 복잡한 합성곱 신경망을 학습시키는 데 며칠 또는 몇 주가 걸린다. 이 문제를 해결하기 위해 이 절에서 소개할 전이 학습을 사용할 수 있다.

이른바 전이 학습은 어떠한 문제에 대해 학습된 모델을 미세한 조정(fine tuning)을 통해 새로운 문제에 적용하는 것이다. 이 절에서는 ImageNet 데이터셋에서 훈련된 Inception-v3를 사용하여 새로운 이미지 분류 문제를 해결하는 방법에 대해 설명한다. 논문 〈*DeCAF: A Deep Convolutional Activation Feature for Generic Visual Recognition*〉[31] 의 결론에 따르면, 훈련된 Inception-v3의 모든 합성곱 계층의 매개변수는 유지하되 마지막 완전 연결 계층만 대체하면 된다. 여기서 마지막 완전 연결 계층 직전의 계층을 병목층(bottleneck)이라 한다.

훈련된 합성곱 신경망을 통해 새로운 이미지를 병목층까지 전달하는 과정은 이미지의 특징 추출 과정으로 볼 수 있다. 훈련된 Inception-v3에서 병목층의 출력은 단일 완전 연결 계층을 통과해 1,000가지 범주의 이미지를 잘 구분하므로, 병목층의 출력 데이터는 모든 이미지의 특징이 더 부각되고 간결한 특징 벡터라 할 수 있다. 따라서 새로운 데이터셋에서 훈련된 신경망을 그대로 적용해 특징 추출한 후, 이 특징 벡터를 입력으로 받아 새로운 단일 완전 연결 계층을 학습시켜 새로운 분류 문제를 해결할 수 있다.

일반적으로 데이터 양이 충분하면 전이 학습의 효과는 신경망을 재학습시키는 것만 못하다. 그렇긴 해도 전이 학습에 필요한 훈련 시간과 샘플 수가 훨씬 적을 수밖에 없다. 일반 데스크탑 또는 노트북에서 GPU[32]를 사용하지 않은 채로 6.5.2절에 주어진 코드를 실행하는데 약 5분[33]이면 되고 90%의 정확도를 낼 수 있다.

---

31) Donahue J, Jia Y, Vinyals O, et al. *DeCAF: A Deep Convolutional Activation Feature for Generic Visual Recognition* [J]. Computer Science, 2013.
32) GPU를 사용하여 학습 속도를 향상시키는 방법은 10장에서 설명한다.
33) 데이터의 다운로드 및 전처리 시간은 계산하지 않았다.

6.5.2 TensorFlow 전이 학습 구현

이번 절에서는 TensorFlow로 전이 학습을 구현해 볼 것이다. 우선 다음 코드로 데이터셋을 다운로드한다.

```
curl -O http://download.tensorflow.org/example_images/flower_photos.tgz
tar xzf flower_photos.tgz
```

압축을 푼 폴더에는 5개의 폴더명이 꽃 이름인 하위 폴더가 있으며, 꽃 이름은 레이블을 의미한다. 평균적으로 꽃마다 734장의 서로 크기가 다른 RGB 이미지가 있다. 이절에선 앞의 예제와 달리 정리되지 않은 이미지 데이터를 바로 처리한다. 동시에 아래코드로 Google에서 제공하는 훈련된 Inception-v3를 다운로드한다.

```
wget https://storage.googleapis.com/download.tensorflow.org/models/\
inception_dec_2015.zip
unzip tensorflow/examples/label_image/data/inception_dec_2015.zip
```

새로운 데이터셋과 이미 훈련된 모델이 준비되었으면 아래의 코드를 통해 전이 학습을 구현할 수 있다.

```
# -*- coding: utf-8 -*-

import glob
import os.path
import random
import numpy as np
import tensorflow as tf

# Inception-v3 병목층의 노드 개수
```

```
BOTTLENECK_TENSOR_SIZE = 2048

# Inception-v3에서 병목층의 결과를 나타내는 텐서 이름이다. 구글에서 지정한 이름은
# 'pool_3/_reshape:0'이다. 학습 시에 tensor.name으로 텐서 이름을 가져올 수 있다.
BOTTLENECK_TENSOR_NAME = 'pool_3/_reshape:0'

# 이미지 입력 텐서에 해당하는 이름
JPEG_DATA_TENSOR_NAME = 'DecodeJpeg/contents:0'

# Inception-v3 폴더가 위치한 경로
MODEL_DIR = '/Path/to/inception_dec_2015'

# Inception-v3 파일명
MODEL_FILE = 'tensorflow_inception_graph.pb'

# 훈련 데이터는 여러 번 사용되기에 원본 이미지를 Inception-v3로 계산해 얻은 특징
# 벡터를 저장해서 반복 계산을 피한다. 아래의 변수는 이 파일의 저장 주소를 정의한다.
CACHE_DIR = '/tmp/bottleneck'

# 입력 데이터인 이미지 폴더 경로
INPUT_DATA = '/path/to/flower_photos'

# 검증 데이터의 백분율
VALIDATION_PERCENTAGE = 10
# 테스트 데이터의 백분율
TEST_PERCENTAGE = 10

# 신경망 매개변수 설정
LEARNING_RATE = 0.01
STEPS = 4000
BATCH = 100

# 이 함수는 데이터 폴더에서 모든 이미지를 읽고 훈련, 검증, 테스트 데이터로 나눈다.
# testing_percentage와 validation_percentage로 테스트 데이터셋과 검증 데이터셋의
# 크기가 정해진다.
def create_image_lists(testing_percentage, validation_percentage):
    # 모든 이미지는 딕셔너리인 result에 저장된다. 이 딕셔너리의 key는 레이블이고
```

```python
# value는 모든 이미지명이 저장된 딕셔너리이다.
result = {}
# 현재 디렉토리의 하위 디렉토리
sub_dirs = [x[0] for x in os.walk(INPUT_DATA)]
# 첫 번째 디렉토리는 현재 디렉토리이므로 고려할 필요가 없다.
is_root_dir = True
for sub_dir in sub_dirs:
    if is_root_dir:
        is_root_dir = False
        continue

    # 현재 디렉토리에서 유효한 모든 이미지 파일을 가져온다.
    extensions = ['jpg', 'jpeg', 'JPG', 'JPEG']
    file_list = []
    dir_name = os.path.basename(sub_dir)
    for extension in extensions:
        file_glob = os.path.join(INPUT_DATA, dir_name, '*.' + extension)
        file_list.extend(glob.glob(file_glob))
    if not file_list: continue

    # 디렉토리 이름을 통해 레이블 이름을 얻는다.
    label_name = dir_name.lower()
    # 현재 디렉토리의 훈련 데이터셋, 테스트 데이터셋과 검증 데이터셋을 초기화한다.
    training_images = []
    testing_images = []
    validation_images = []
    for file_name in file_list:
        base_name = os.path.basename(file_name)
        # 세 개의 데이터셋에 데이터를 임의로 할당한다.
        chance = np.random.randint(100)
        if chance < validation_percentage:
            validation_images.append(base_name)
        elif chance < (testing_percentage + validation_percentage):
            testing_images.append(base_name)
        else:
            training_images.append(base_name)
```

```python
        # 현재 레이블의 데이터를 result에 넣는다.
        result[label_name] = {
            'dir': dir_name,
            'training': training_images,
            'testing': testing_images,
            'validation': validation_images,
        }
    # 분류된 모든 데이터를 반환한다.
    return result


# 이 함수는 레이블, 속해 있는 데이터셋과 인덱스로 이미지의 주소를 가져온다.
# image_lists는 모든 이미지의 정보이다.
# image_dir는 루트 디렉토리이다. 이미지 데이터가 저장된 루트 디렉토리 주소는 이미지의
# 특징 벡터가 저장된 루트 디렉토리 주소와 다르다. label_name은 레이블 이름이다.
# index는 가져올 이미지의 인덱스이다. category에 가져올 이미지가 어떤 데이터셋에
# 속해 있는지가 주어진다.
def get_image_path(image_lists, image_dir, label_name, index, category):
    # 주어진 레이블의 모든 이미지에 대한 정보를 가져온다.
    label_lists = image_lists[label_name]
    # 속한 데이터셋에 따라 모든 이미지 정보를 가져온다.
    category_list = label_lists[category]
    mod_index = index % len(category_list)
    # 이미지의 파일명을 가져온다.
    base_name = category_list[mod_index]
    sub_dir = label_lists['dir']
    # 최종 경로는 데이터 루트 디렉토리에 레이블과 이미지의 이름을 합친 것과 같다.
    full_path = os.path.join(image_dir, sub_dir, base_name)
    return full_path


# 이 함수는 Inception-v3에서 처리한 특징 벡터 파일 경로를 레이블 이름, 속한 데이터
# 셋과 이미지의 인덱스로 가져온다.
def get_bottleneck_path(image_lists, label_name, index, category):
    return get_image_path(image_lists, CACHE_DIR,
                    label_name, index, category) + '.txt'
```

```
# 이 함수는 다운로드한 Inception-v3를 사용하여 단일 이미지를 처리해 특징 벡터를
# 추출한다.
def run_bottleneck_on_image(sess, image_data, image_data_tensor,
                            bottleneck_tensor):
    # 이 프로세스는 사실 현재 이미지를 입력으로 받아 병목층의 텐서 값을 계산하는
    # 것이다. 이 병목층의 텐서 값은 이 이미지의 새로운 특징 벡터이다.
    bottleneck_values = sess.run(bottleneck_tensor,
                                 {image_data_tensor: image_data})
    # 합성곱 신경망을 통해 처리된 결과는 4차원 배열로 특징 벡터(1차원 배열)로
    # 압축되어야 한다.
    bottleneck_values = np.squeeze(bottleneck_values)
    return bottleneck_values


# 이 함수는 저장된 특징 벡터를 가져오는 데 없으면 먼저 특징 벡터를 계산하고 파일에
# 저장한다.
def get_or_create_bottleneck(
        sess, image_lists, label_name, index,
        category, jpeg_data_tensor, bottleneck_tensor):
    # 이미지에 해당하는 특징 벡터 파일의 경로를 가져온다.
    label_lists = image_lists[label_name]
    sub_dir = label_lists['dir']
    sub_dir_path = os.path.join(CACHE_DIR, sub_dir)
    if not os.path.exists(sub_dir_path): os.makedirs(sub_dir_path)
    bottleneck_path = get_bottleneck_path(
        image_lists, label_name, index, category)
    # 특징 벡터 파일이 없으면 Inception-v3로 특징 벡터를 계산하고 파일에 저장한다.
    if not os.path.exists(bottleneck_path):
        # 원본 이미지 경로를 가져온다.
        image_path = get_image_path(
            image_lists, INPUT_DATA, label_name, index, category)
        # 이미지 내용을 가져온다.
        image_data = tf.gfile.GFile(image_path, 'rb').read()
        # Inception-v3를 통해 특징 벡터를 계산한다.
        bottleneck_values = run_bottleneck_on_image(
            sess, image_data, jpeg_data_tensor, bottleneck_tensor)
        # 계산한 특징 벡터를 파일에 저장한다.
        bottleneck_string = ','.join(str(x) for x in bottleneck_values)
```

```
        with open(bottleneck_path, 'w') as bottleneck_file:
            bottleneck_file.write(bottleneck_string)
    else:
        # 이미지에 해당하는 특징 벡터를 파일에서 바로 가져온다.
        with open(bottleneck_path, 'r') as bottleneck_file:
            bottleneck_string = bottleneck_file.read()
        bottleneck_values = [float(x) for x in bottleneck_string.split(',')]
    # 특징 벡터를 반환한다.
    return bottleneck_values


# 이 함수는 배치 크기의 이미지를 임의의 훈련 데이터로 가져온다.
def get_random_cached_bottlenecks(
        sess, n_classes, image_lists, how_many, category,
        jpeg_data_tensor, bottleneck_tensor):
    bottlenecks = []
    ground_truths = []
    for _ in range(how_many):
        # 레이블과 인덱스를 무작위로 현재 훈련 데이터에 추가한다.
        label_index = random.randrange(n_classes)
        label_name = list(image_lists.keys())[label_index]
        image_index = random.randrange(65536)
        bottleneck = get_or_create_bottleneck(
            sess, image_lists, label_name, image_index, category,
            jpeg_data_tensor, bottleneck_tensor)
        ground_truth = np.zeros(n_classes, dtype=np.float32)
        ground_truth[label_index] = 1.0
        bottlenecks.append(bottleneck)
        ground_truths.append(ground_truth)
    return bottlenecks, ground_truths


# 이 함수는 모든 테스트 데이터를 가져온다. 최종 테스트에서 모든 테스트 데이터에 대한
# 정확도를 계산해야 한다.
def get_test_bottlenecks(sess, image_lists, n_classes,
                         jpeg_data_tensor, bottleneck_tensor):
    bottlenecks = []
    ground_truths = []
    label_name_list = list(image_lists.keys())
```

```python
        # 모든 레이블과 각 레이블의 테스트 이미지를 가져온다.
        for label_index, label_name in enumerate(label_name_list):
            category = 'testing'
            for index, unused_base_name in enumerate(
                    image_lists[label_name][category]):
                # Inception-v3로 이미지에 해당하는 특징 벡터를 계산하고 최종 데이터의
                # 리스트에 추가한다.
                bottleneck = get_or_create_bottleneck(
                    sess, image_lists, label_name, index, category,
                    jpeg_data_tensor, bottleneck_tensor)
                ground_truth = np.zeros(n_classes, dtype=np.float32)
                ground_truth[label_index] = 1.0
                bottlenecks.append(bottleneck)
                ground_truths.append(ground_truth)
    return bottlenecks, ground_truths


def main(_):
    # 이미지 리스트를 생성한다.
    image_lists = \
        create_image_lists(TEST_PERCENTAGE, VALIDATION_PERCENTAGE)
    n_classes = len(image_lists.keys())
    # 이미 훈련된 Inception-v3를 읽는다. 훈련된 모델은 GraphDef 프로토콜 버퍼에
    # 저장돼 있고 각 노드값의 계산 방법과 변숫값이 들어 있다.
    with tf.gfile.GFile(os.path.join(MODEL_DIR, MODEL_FILE), 'rb') as f:
        graph_def = tf.GraphDef()
        graph_def.ParseFromString(f.read())
    # 읽은 Inception-v3를 가져오고 데이터 입력에 해당하는 텐서와 병목층의 결과에
    # 해당하는 텐서를 반환한다.
    bottleneck_tensor, jpeg_data_tensor = tf.import_graph_def(
        graph_def,
        return_elements=[BOTTLENECK_TENSOR_NAME, JPEG_DATA_TENSOR_NAME])

    # 새로운 신경망 입력을 정의한다. 이 입력은 새 이미지가 병목층에 전달될 때의
    # 노드값이다. 이는 특징 추출 과정이라 이해할 수 있다.
    bottleneck_input = tf.placeholder(
        tf.float32, [None, BOTTLENECK_TENSOR_SIZE],
        name='BottleneckInputPlaceholder')
```

```python
# 새로운 표준 답안 입력을 정의한다.
ground_truth_input = tf.placeholder(
    tf.float32, [None, n_classes], name='GroundTruthInput')
# 하나의 완전 연결 계층을 정의해 새로운 이미지 분류 문제를 해결한다.
# 훈련된 Inception-v3는 원본 이미지를 분류하기 쉬운 특징 벡터로 추상화했기
# 때문에 이 복잡한 신경망을 다시 훈련시킬 필요가 없다.
with tf.name_scope('final_training_ops'):
    weights = tf.Variable(tf.truncated_normal(
        [BOTTLENECK_TENSOR_SIZE, n_classes], stddev=0.001))
    biases = tf.Variable(tf.zeros([n_classes]))
    logits = tf.matmul(bottleneck_input, weights) + biases
    final_tensor = tf.nn.softmax(logits)


# 교차 엔트로피 손실 함수를 정의한다.
cross_entropy = tf.nn.softmax_cross_entropy_with_logits(
    logits=logits, labels=ground_truth_input)
cross_entropy_mean = tf.reduce_mean(cross_entropy)
train_step = tf.train.GradientDescentOptimizer(LEARNING_RATE) \
    .minimize(cross_entropy_mean)


# 정확도를 계산한다.
with tf.name_scope('evaluation'):
    correct_prediction = tf.equal(tf.argmax(final_tensor, 1),
                                  tf.argmax(ground_truth_input, 1))
    evaluation_step = tf.reduce_mean(
        tf.cast(correct_prediction, tf.float32))


with tf.Session() as sess:
    init = tf.global_variables_initializer()
    sess.run(init)

    # 학습 과정
    for i in range(STEPS):
        # 매번 배치 크기의 훈련 데이터를 불러온다.
        train_bottlenecks, train_ground_truth = \
            get_random_cached_bottlenecks(
                sess, n_classes, image_lists, BATCH,
```

```
                        'training', jpeg_data_tensor, bottleneck_tensor)
            sess.run(train_step,
                    feed_dict={bottleneck_input: train_bottlenecks,
                                ground_truth_input: train_ground_truth})

            # 검증 데이터에 대한 정확도를 계산한다.
            if i % 100 == 0 or i + 1 == STEPS:
                validation_bottlenecks, validation_ground_truth = \
                    get_random_cached_bottlenecks(
                        sess, n_classes, image_lists, BATCH,
                        'validation', jpeg_data_tensor, bottleneck_tensor)
                validation_accuracy = sess.run(
                    evaluation_step, feed_dict={
                        bottleneck_input: validation_bottlenecks,
                        ground_truth_input: validation_ground_truth})
                print('Step %d: Validation accuracy on random sampled '
                    '%d examples = %.1f%%' %
                    (i, BATCH, validation_accuracy * 100))

        # 최종적으로 테스트 데이터에 대한 정확도를 계산한다.
        test_bottlenecks, test_ground_truth = get_test_bottlenecks(
            sess, image_lists, n_classes, jpeg_data_tensor,
            bottleneck_tensor)
        test_accuracy = sess.run(evaluation_step, feed_dict={
            bottleneck_input: test_bottlenecks,
            ground_truth_input: test_ground_truth})
        print('Final test accuracy = %.1f%%' % (test_accuracy * 100))


if __name__ == '__main__':
    tf.app.run()
```

위의 코드를 실행하는데 약 40분(35분의 데이터 처리, 5분의 학습)이 소요되며 다음과 비슷한 결과를 얻을 수 있다.

```
Step 0: Validation accuracy on random sampled 100 examples = 44.0%

Step 200: Validation accuracy on random sampled 100 examples = 79.0%

Step 400: Validation accuracy on random sampled 100 examples = 85.0%

Step 600: Validation accuracy on random sampled 100 examples = 92.0%

Step 800: Validation accuracy on random sampled 100 examples = 87.0%

Step 1000: Validation accuracy on random sampled 100 examples = 93.0%

...

Step 3999: Validation accuracy on random sampled 100 examples = 94.0%

Final test accuracy = 93.6%
```

위의 결과에서 모델이 새로운 데이터셋에서 신속하게 수렴하고 괜찮은 분류 효과를
갖는 것을 볼 수 있다.

CHAPTER 7

이미지 데이터 처리

7.1 TFRecord 입력 데이터 포맷

7.2 이미지 데이터 처리

7.3 멀티 스레드를 통한 데이터 처리

이미지 데이터 처리

6장에서 합성곱 신경망에 대해 자세히 설명하였으며 이미지 인식 기술에 획기적인 발전을 가져왔다고 언급하였다. 이번 장에서는 다른 방향에서 이미지 인식의 정확도와 학습 속도를 향상시킬 것이다. 사진 촬영을 좋아하는 독자는 사진의 밝기, 명암 등의 속성이 사진에 큰 영향을 미친다는 점을 알 것이다. 하지만 많은 이미지 인식 문제에서 이런 요소가 최종 인식 결과에 영향을 주지 않아야 한다. 따라서 이 장에서는 훈련된 신경망 모델이 위와 같은 영향을 받지 않도록 하는 데이터 전처리 방법을 소개한다. 그러나 이와 동시에 복잡한 전처리 과정은 학습 효율성을 저하시킬 수도 있다. 또한, 학습 속도를 높이기 위해 TensorFlow의 멀티 스레드(multi-thread)로 입력 데이터를 빠르게 처리하는 방법에 대해서도 자세히 설명한다.

이번 장은 데이터 전처리 순서에 따라 구성되었다. 먼저 7.1절에서 나중에 보다 편리하게 처리할 수 있도록 입력 데이터의 포맷을 통합하는 방법을 소개한다. 실제 문제의 데이터에는 다양한 포맷과 속성이 있는 경우가 많기에, 여기서 소개할 TFRecord 포맷은 다양한 데이터 포맷을 통합하고 여러 속성을 더 효율적으로 관리할 수 있다. 이어서 7.2절에서는 이미지 데이터를 전처리하는 방법을 소개한다. 여기서 TensorFlow가 지원하는 이미지 처리 함수를 소개하고, 이를 이용해 이미지 인식과 무관한 요소를 약화시키는 방법을 설명한다. 그러나 복잡한 이미지 처리 함수는 학습 속도를 늦출 수 있다. 또한,

전처리 과정 속도를 높이기 위해 7.3절에서는 멀티 스레드를 통한 입력 데이터 처리 과정을 소개한다. 여기서 우선 TensorFlow의 멀티 스레드와 큐(queue)의 개념에 대해 소개한다. 그리고 데이터 전처리 과정의 각 부분에 대해 자세히 설명한다. 마지막에 큐 기반의 Input Pipeline 동작 방식에 대해 알아본다.

7.1 TFRecord 입력 데이터 포맷

TensorFlow는 데이터 저장을 위해 통일된 포맷을 제공하는데 이 포맷이 TFRecord이다. 6.5절에서 우리는 꽃 분류를 위해 데이터를 처리하였다. 여기서 레이블 이름과 모든 데이터 리스트를 갖는 딕셔너리가 이미지와 레이블 간의 관계를 유지하는 데 사용됐다. 이러한 방식의 확장성은 매우 낮다. 데이터 소스가 더 복잡하고 각 샘플의 정보가 많아지면 입력 데이터의 정보를 효과적으로 기록하기가 어려워진다. 그래서 TFRecord가 생겨난 것이다. 이 절에서는 TFRecord를 사용하여 입력 데이터의 포맷을 통합하는 방법을 설명한다.

7.1.1 TFRecord 개요

TFRecord 파일의 모든 데이터는 tf.train.Example 프로토콜 버퍼의 형식으로 저장된다. 다음 코드는 tf.train.Example의 정의이다.

```
message Example {
    Features features = 1;
};

message Features {
```

```
    map<string, Feature> feature = 1;
};

message Feature {
    oneof kind {
        BytesList bytes_list = 1;
        FloatList float_list = 2;
        Int64List int64_list = 3;
    }
};
```

위의 코드를 보면 tf.train.Example의 데이터 구조가 비교적 간단하다는 것을 알 수 있다. tf.train.Example은 필드명과 필드값을 갖는 딕셔너리를 포함한다. 여기서 필드명은 문자열이며, 필드값은 BytesList나 FloatList 또는 Int64List가 될 수 있다. 예를 들어 디코딩하기 전의 이미지를 BytesList로 저장하고 이미지에 해당하는 레이블 번호는 Int64List로 저장한다.

7.1.2 TFRecord 예제

아래의 예제들을 통해 TFRecord 파일을 읽고 써본다. 다음은 MNIST 입력 데이터를 TFRecord 포맷으로 변환하는 코드이다.

```python
import tensorflow as tf
from tensorflow.examples.tutorials.mnist import input_data
import numpy as np

# 정수형 속성 생성
def _int64_feature(value):
    return tf.train.Feature(int64_list=tf.train.Int64List(value=[value]))
```

```
# 문자열 속성 생성
def _bytes_feature(value):
    return tf.train.Feature(bytes_list=tf.train.BytesList(value=[value]))


mnist = input_data.read_data_sets(
    "/path/to/mnist/data", dtype=tf.uint8, one_hot=True)
images = mnist.train.images
# 훈련 데이터의 레이블, 하나의 속성으로 TFRecord에 저장된다.
labels = mnist.train.labels
# 훈련 데이터의 이미지 해상도, Example의 한 속성이 될 수 있다.
pixels = images.shape[1]
num_examples = mnist.train.num_examples


# TFRecord 파일의 경로 출력
filename = "/path/to/output.tfrecords"
# writer를 생성해 TFRecord 파일 쓰기
writer = tf.python_io.TFRecordWriter(filename)
for index in range(num_examples):
    # 이미지를 문자열로 변환
    image_raw = images[index].tostring()
    # 샘플을 Example 프로토콜 버퍼로 변환하고 모든 정보를 이 데이터 구조에 쓴다.
    example = tf.train.Example(features=tf.train.Features(feature={
        'pixels': _int64_feature(pixels),
        'label': _int64_feature(np.argmax(labels[index])),
        'image_raw': _bytes_feature(image_raw)}))

    # TFRecord 파일에 Example을 쓴다.
    writer.write(example.SerializeToString())
writer.close()
```

위의 코드는 MNIST 데이터셋에 있는 모든 훈련 데이터를 TFRecord 파일에 저장할 수 있다. 데이터 양이 많으면 여러 개의 TFRecord 파일에 데이터를 쓸 수도 있다. TensorFlow는 파일 목록에서 데이터를 효과적으로 읽을 수 있으며, 7.3.2절에서 자세히 소개한다. 다음 코드로 TFRecord 파일의 데이터를 읽어 보자.

```python
import tensorflow as tf

# reader를 생성해 TFRecord 파일의 샘플을 읽는다.
reader = tf.TFRecordReader()
# 입력 파일 목록을 유지하기 위한 큐 생성, tf.train.string_input_producer 함수는
# 7.3.2절에서 더 자세히 설명한다.
filename_queue = tf.train.string_input_producer(
    ["/path/to/output.tfrecords"])

# 파일에서 샘플을 읽는다. read_up_to 함수로 여러 샘플을 한 번에 읽을 수도 있다.
_, serialized_example = reader.read(filename_queue)
# 읽은 샘플을 파싱한다. 여러 샘플을 파싱하려면 parse_example 함수를 사용한다.
features = tf.parse_single_example(
        serialized_example,
        features={
            # 특징을 읽는 두 가지 방법이 있다. 하나는 tf.FixedLenFeature로 특징이
            # Tensor에 저장된다. 다른 하나는 tf.VarLenFeature로 특징이
            # SparseTensor에 저장되는데 희소 데이터를 처리하는 데 쓰인다. 여기서 파싱된
            # 데이터의 형식은 위의 코드에서 작성한 데이터의 형식과 일치해야 한다.
            'image_raw': tf.FixedLenFeature([], tf.string),
            'pixels': tf.FixedLenFeature([], tf.int64),
            'label': tf.FixedLenFeature([], tf.int64),
        })

# tf.decode_raw는 문자열을 이미지에 해당하는 픽셀 배열로 디코딩한다.
images = tf.decode_raw(features['image_raw'], tf.uint8)
labels = tf.cast(features['label'], tf.int32)
pixels = tf.cast(features['pixels'], tf.int32)

sess = tf.Session()
# 입력 데이터를 처리하기 위해 멀티 스레드를 시작한다.
coord = tf.train.Coordinator()
threads = tf.train.start_queue_runners(sess=sess, coord=coord)

# 매 실행 시 TFRecord 파일에서 하나의 샘플을 읽어들인다.
for i in range(10):
    image, label, pixel = sess.run([images, labels, pixels])
```

7.2 이미지 데이터 처리

이미지 인식 데이터셋은 앞에서 여러 번 사용됐지만 우리는 원본 이미지를 그대로 가져다 썼다. 이 절에서는 이미지의 전처리 과정을 소개한다. 이미지를 전처리함으로써 모델이 관련 없는 요소에 의해 받는 영향을 되도록 피할 수 있다. 대부분의 이미지 인식 문제에서 이미지 전처리 과정을 통해 모델의 정확성을 향상할 수 있다. 7.2.1절에서는 TensorFlow가 제공하는 주요 이미지 처리 함수를 소개하고 특정 이미지 처리 전·후의 변화를 통해 독자들의 직관적인 이해를 돕는다. 그리고 7.2.2절에서는 완전한 이미지 전처리 과정을 보여 준다.

7.2.1 TensorFlow 이미지 처리 함수

이번 절에서는 TensorFlow에서 제공하는 몇 가지의 이미지 처리 함수를 소개한다.

① 이미지 인코딩/디코딩

이전 장에서 RGB 이미지를 3차원 배열로 볼 수 있다고 언급했다. 배열의 각 숫자는 이미지의 위치에 따른 색상의 밝기를 나타낸다. 그러나 이미지를 저장하면 이 숫자들이 기록되는 것이 아니라 인코딩 후의 결과가 기록된다. 따라서 이미지를 3차원 배열로 복원하려면 디코딩 과정을 거쳐야 한다. TensorFlow는 jpeg 및 png 형식의 이미지에 대한 인코딩/디코딩 함수를 제공한다. 다음 코드는 jpeg 형식의 이미지에 인코딩/디코딩 함수를 사용하는 방법을 보여 준다.[1]

```
# matplotlib.pyplot은 python의 데이터 시각화 툴이다.
import matplotlib.pyplot as plt
```

---

[1] http://matplotlib.org/index.html

```
import tensorflow as tf

# 이미지의 원시 데이터를 읽는다.
image_raw_data = tf.gfile.GFile("/path/to/picture.jpg", 'rb').read()

with tf.Session() as sess:
    # jpeg 형식을 사용하여 이미지를 디코딩하여 이미지에 해당하는 3차원 배열을
    # 얻는다. png 형식의 이미지를 디코딩하는 tf.image.decode_png 함수도 제공한다.
    # 디코딩한 결과는 텐서이며 해당 값을 사용하기 전에 실행 과정이 명시적으로
    # 호출되어야 한다.
    img_data = tf.image.decode_jpeg(image_raw_data)

    print(img_data.eval())
    # 디코딩된 3차원 배열은 다음과 같다.
    '''
    [[[165 160 138]
      ...,
      [105 140  50]]

     [[166 161 139]
      ...,
      [106 139  48]]

     ...,

     [[207 200 181]
      ...,
      [106  81  50]]]
    '''

    # pyplot툴을 사용하여 이미지를 시각화하면 [그림 7-1]의 이미지를 얻을 수 있다.
    plt.imshow(img_data.eval())
    plt.show()

    # 이미지를 나타내는 3차원 배열을 jpeg 형식으로 다시 인코딩하고 파일에 저장한다.
    # 이 이미지를 열면 원본 이미지와 동일한 이미지가 나타난다.
    encoded_image = tf.image.encode_jpeg(img_data)
```

```
with tf.gfile.GFile("/path/to/output", "wb") as f:
    f.write(encoded_image.eval())
```

[그림 7-1]은 위의 코드로 시각화한 이미지이며, 다른 이미지 처리 함수를 소개하는 데 계속 사용된다.

【그림 7-1】 예제에 사용된 원본 이미지[2]

② 이미지 크기 조정

일반적으로 인터넷에서 구한 이미지의 크기는 고정되어 있지 않지만 신경망 입력 노드의 수는 고정되어 있다. 그러므로 이미지의 픽셀을 입력으로 받기 전에 이미지의 크기를 통합해야 한다. 이미지의 크기를 조정하는데 두 가지 방법이 있다. 하나는 새 이미지가 원본 이미지의 모든 정보를 최대한 유지하는 것이다. TensorFlow는 4가지의 메소드를 제공하는데 이들을 tf.image.resize_images 함수에 통합했다. 다음 코드는 이 함수의 사용 방법을 보여 준다.

```
# 원본 이미지 로드 및 세션 정의 등의 과정은 위의 코드와 동일하므로 여기서
# 중략했다. img_data는 이미 디코딩된 이미지라고 가정한다.
...

# tf.image.resize_images 함수를 사용하여 이미지의 크기를 조정한다. 이 함수의
# 첫 번째 매개변수는 원본 이미지이고, 두 번째와 세 번째 매개변수는 조정할
```

---

2) 원본 이미지는 컬러 이미지이며 GitHub에서 받을 수 있다.

```
# 이미지 크기이며 method 매개변수에는 이미지 크기 조정 알고리즘이 주어진다.
resized = tf.image.resize_images(img_data, [300, 300], method=0)

# 조정된 이미지의 크기를 출력한다. 출력 결과인 (300, 300, ?)는 크기가
# 300×300 , 깊이가 설정되지 않았으므로 물음표로 나온다.
print(img_data.get_shape())

# pyplot으로 시각화하는 과정은 위에 주어진 코드와 일치하기 때문에 앞으로
# 생략한다.
```

[표 7-1]에는 tf.image.resize_images 함수의 method 매개변수 값에 해당하는 여러 이미지 크기 조정 알고리즘이 나와 있다. [그림 7-2]는 서로 다른 크기 조정 알고리즘을 적용한 결과를 비교한다.

【표 7-1】 tf.image.resize_images 함수의 method 매개변수 값과 해당 이미지 크기 조정 알고리즘

Method 값	이미지 크기 조정 알고리즘
0	이중 선형 보간법(Bilinear interpolation)[3]
1	최근린 보간법(Nearest neighbor interpolation)[4]
2	쌍입방 보간법(Bicubic interpolation)[5]
3	면적 보간법(Area interpolation)

원본 이미지(a)   이중 선형 보간법(b)   최근린 보간법(c)

---

3) https://en.wikipedia.org/wiki/Bilinear_interpolation
4) https://en.wikipedia.org/wiki/Nearest-neighbor_interpolation
5) https://en.wikipedia.org/wiki/Bicubic_interpolation

쌍입방 보간법(d)　　　　　　면적 보간법(e)

【그림 7-2】 tf.image.resize_images 함수의 여러 이미지 크기 조정 알고리즘 비교

[그림 7-2]에서 볼 수 있듯이 각각의 결과는 약간씩 다르지만 큰 차이는 없다. 전체 이미지를 유지하는 것 외에도 이미지를 자르거나 채울 수도 있다. 다음 코드는 tf.image.resize_image_with_crop_or_pad 함수를 사용하여 이미지의 크기를 조정한다.

```
# tf.image.resize_image_with_crop_or_pad 함수를 사용하여 이미지의 크기를
# 조정한다. 첫 번째 매개변수는 원본 이미지이며 나머지 두 매개변수에 조정할
# 이미지 크기가 주어진다. 원본 이미지 크기가 대상 이미지보다 클 경우,
# 이 함수는 원본 이미지의 중앙을 기준으로 자른다([그림 7-3(b)]).
# 반대의 경우, 원본 이미지의 주변에 제로 패딩을 적용한다([그림 7-3(c)]).
# 여기서 원본 이미지의 크기는 1797×2673이다.
croped = tf.image.resize_image_with_crop_or_pad(img_data, 1000, 1000)
padded = tf.image.resize_image_with_crop_or_pad(img_data, 3000, 3000)
```

 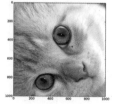 

원본 이미지(a)　　　　1000×1000 이미지(b)　　　　3000×3000 이미지(c)

【그림 7-3】 tf.image.resize_image_with_crop_or_pad 함수를 사용해 이미지 크기를 조정한 결과

이미지의 비율을 통해 이미지의 크기를 조정할 수도 있다.

```
# tf.image. central_crop 함수는 이미지를 비율에 맞춰 자를 수 있다.
# 첫 번째 매개변수는 원본 이미지이고, 두 번째 매개변수에 (0,1] 실수인
# 비율이 주어진다. 조정된 이미지는 [그림 7-4(b)]와 같다.
central_cropped = tf.image.central_crop(img_data, 0.5)
```

위에 소개한 이미지 자르기 함수는 모두 이미지 중간 부분을 중심으로 자르거나
채운다. tf.image.crop_to_bounding_box 함수와 tf.image.pad_to_bounding_box
함수를 사용하면 주어진 영역의 이미지를 자르거나 채울 수 있다. 여기서 주의할
점은 이미지 자르기와 채우기 함수가 따로 있다는 것이다. 두 함수에 관심 있는
독자는 TensorFlow의 API 문서를 참조하기 바란다.

원본 이미지(a)　　　　　　50% 잘라낸 이미지(b)

【그림 7-4】 tf.image. central_crop 함수를 사용해 이미지 크기를 조정한 결과

③ 이미지 반전

TensorFlow는 이미지를 반전시킬 수 있는 함수도 제공한다.

```
# 이미지 상하 반전([그림 7-5(b)])
flipped = tf.image.flip_up_down(img_data)
# 이미지 좌우 반전([그림 7-5(c)])
flipped = tf.image.flip_left_right(img_data)
# 이미지 대각선 반전([그림 7-5(d)])
transposed = tf.image.transpose_image(img_data)
```

원본 이미지(a)

상하 반전(b)

좌우 반전(c)

대각선 반전(d)

【그림 7-5】 이미지 반전 효과

많은 이미지 인식 문제에서 이미지의 반전은 인식 결과에 영향을 미치지 않는다. 따라서 무작위로 반전된 이미지로 신경망 모델을 학습시키면 상이한 각도에서 물체를 식별할 수가 있다. 예를 들어 훈련 데이터에서 모든 고양이 머리가 오른쪽을 향하고 있으면 훈련된 모델은 머리를 왼쪽으로 향하고 있는 고양이를 식별할 수 없다. 그러므로 훈련 이미지를 무작위로 반전시키는 것은 매우 자주 쓰이는 이미지 전처리 방법이다.

```
# 일정 확률로 이미지를 상하 반전시킨다.
flipped = tf.image.random_flip_up_down(img_data)
# 일정 확률로 이미지를 좌우 반전시킨다.
flipped = tf.image.random_flip_left_right(img_data)
```

④ 이미지 색상 조정

이미지 반전과 마찬가지로 이미지의 밝기, 명암, 채도 및 색조를 조정해도 인식 결과에 영향을 주지 않는다. 따라서 이러한 속성들을 무작위로 조정한 이미지

로 훈련된 모델은 무관한 요소에 의한 영향을 최대한 덜 받는다. TensorFlow는
색상 관련 속성을 조정하기 위한 함수도 제공한다. 다음 코드로 이미지의 밝기
를 조정해 본다.

```
# 이미지 밝기 -0.5([그림 7-6(b)])
adjusted = tf.image.adjust_brightness(img_data, -0.5)
# 이미지 밝기 +0.5([그림 7-6(c)])
adjusted = tf.image.adjust_brightness(img_data, 0.5)
# [-max_delta, max_delta)의 범위에서 이미지의 밝기를 임의로 조정한다.
adjusted = tf.image.random_brightness(image, max_delta)
```

원본 이미지(a)

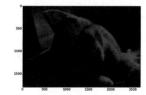
밝기 -0.5(b)

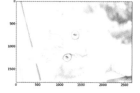
밝기 +0.5(c)

【그림 7-6】 이미지 밝기 조정 효과[6]

다음 코드로 이미지의 명암을 조정해 본다.

```
# 이미지 명암 -5([그림 7-7(b)])
adjusted = tf.image.adjust_contrast(img_data, -5)
# 이미지 명암 +5([그림 7-7(c)])
adjusted = tf.image.adjust_contrast(img_data, 5)
# [lower, upper]의 범위에서 이미지의 명암을 임의로 조정한다.
adjusted = tf.image.random_contrast(image, lower, upper)
```

---

6) 흑백 이미지에서의 색상 조정은 두드러지지 않지만 컬러 이미지에선 효과가 분명하다.

원본 이미지(a)

명암 -5(b)

명암 +5(c)

【그림 7-7】 이미지 명암 조정 효과

다음 코드로 이미지의 색조를 조정해 본다.

```
# 다음 네 줄의 코드는 각각 색조 0.1, 0.3, 0.6 및 0.9를 더한다.
adjusted = tf.image.adjust_hue(img_data, 0.1)
adjusted = tf.image.adjust_hue(img_data, 0.3)
adjusted = tf.image.adjust_hue(img_data, 0.6)
adjusted = tf.image.adjust_hue(img_data, 0.9)
# [-max_delta, max_delta]의 범위에서 이미지의 색조를 임의로 조정한다.
# 이 중 max_delta의 값은 [0, 0.5] 구간에 존재한다.
adjusted = tf.image.random_hue(image, max_delta)
```

원본 이미지(a)

색조 +0.1(b)

색조 +0.3(c)

색조 +0.6(d)

색조 +0.9(e)

【그림 7-8】 이미지 색조 조정 효과

다음 코드로 이미지의 채도를 조정해 본다.

```
# 이미지 채도 -5([그림 7-9(b)])
adjusted = tf.image.adjust_saturation(img_data, -5)
# 이미지 채도 +5([그림 7-9(c)])
adjusted = tf.image.adjust_saturation(img_data, 5)
# [lower, upper]의 범위에서 이미지의 채도를 임의로 조정한다.
adjusted = tf.image.random_saturation(image, lower, upper)
```

원본 이미지(a)   채도 -5(b)   채도 +5(c)

【그림 7-9】 이미지 채도 조정 효과

이미지의 밝기, 명암, 채도 및 색조를 조정하는 것 외에도 TensorFlow는 이미지를
표준화(standardizaiton)하는 함수도 제공한다. 표준화는 이미지의 밝기 평균을 0, 분산
을 1로 변경한다. 다음 코드로 이 기능을 구현해 본다.

```
# 이미지를 나타내는 3차원 배열의 평균을 1, 분산을 1로 변경한다.([그림 7-10(b)]).
adjusted = tf.image.per_image_standardization(img_data)
```

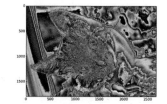

원본 이미지(a)   표준화된 이미지(b)

【그림 7-10】 이미지 표준화 효과

⑤ 경계 박스 그리기

일반적으로 많은 이미지 인식 데이터셋에서 관심 있는 물체는 경계 박스로 표시된다. 다음 코드는 tf.image.draw_bounding_boxes 함수를 사용하여 이미지에 경계 박스를 그리는 방법을 보여 준다.

```
# 경계 박스가 더 잘 보일 수 있도록 이미지를 약간 축소시킨다.
img_data = tf.image.resize_images(img_data, [180, 267], method=1)
# tf.image.draw_bounding_boxes 함수는 실수를 입력받기 때문에 먼저 이미지 배열을
# 실수형으로 변환한다. 이 함수의 입력은 한 배치의 데이터, 즉 여러 장으로
# 구성된 4차원 배열이므로, 디코딩 후에 이미지 배열에 1차원을 추가해야 한다.
batched = tf.expand_dims(
        tf.image.convert_image_dtype(img_data, tf.float32), 0)
# 경계 박스는 [ymin, xmin, ymax, xmax]와 같이 네 개의 숫자가 주어진다.
# 여기에 주어진 숫자는 이미지의 상대적 위치임을 주의해야 한다. 예를 들면
# 180×267 이미지에서 [0.35, 0.47, 0.5, 0.56]은 (63 , 125)에서 (90 , 150)까지의
# 이미지를 나타낸다.
boxes = tf.constant([[[0.05, 0.05, 0.9, 0.7], [0.35, 0.47, 0.5, 0.56]]])
# 경계 박스를 이미지에 추가한다(그림7-11).
result = tf.image.draw_bounding_boxes(batched, boxes)
```

【그림 7-11】 두 개의 경계 박스가 그려진 이미지

무작위로 이미지를 반전시키고 색상을 조정하는 것과 마찬가지로 정보가 들어 있는 이미지의 일부를 임의로 자르는 것도 모델의 강건성(robustness)을 향상시키는 방법이다. 이를 통해 훈련된 모델은 식별된 물체의 크기에 영향을 받지 않는다. 다음 코드에서 tf.image.sample_distorted_bounding_box 함수를 사용하여 임의로 이미지를 잘라 본다.

```
boxes = tf.constant([[[0.05, 0.05, 0.9, 0.7], [0.35, 0.47, 0.5, 0.56]]])
# boxes를 통해 랜덤으로 경계 박스를 생성한다.
 begin, size, bbox_for_draw = tf.image.sample_distorted_bounding_box(
        tf.shape(img_data), bounding_boxes=boxes)


# 이미지에 경계 박스를 그리고 시각화한다([그림 7-12] 왼쪽).
batched = tf.expand_dims(
    tf.image.convert_image_dtype(img_data, tf.float32), 0)
image_with_box = tf.image.draw_bounding_boxes(batched, bbox_for_draw)
# 경계 박스를 토대로 자른다([그림 7-12] 오른쪽).
distorted_image = tf.slice(img_data, begin, size)
```

【그림 7-12】 랜덤으로 그린 경계 박스(좌)와 이를 토대로 자른 이미지(우)

7.2.2 이미지 전처리 예제

7.2.1절에서 TensorFlow가 제공하는 주요 이미지 처리 함수에 대해 자세히 설명했다. 실제 이미지 인식 문제를 해결할 때는 일반적으로 여러 처리 방법이 동시에 사용된다.

이 절에서는 다양한 이미지 처리 함수를 결합해 완전한 이미지 전처리 과정을 구현한
다. 다음은 이미지 자르기부터 크기 조정, 반전 및 색상 조정에 이르는 이미지 전처리
과정을 구현한 코드이다.

```python
import tensorflow as tf
import numpy as np
import matplotlib.pyplot as plt


# 주어진 이미지의 색상을 임의로 조정한다. 밝기, 명암, 채도 및 색조 조정 순서는 최종
# 결과에 영향을 끼치므로 다양한 순서를 정의한다. 어떤 순서를 사용할지는 훈련 데이터
# 전처리 시에 임의로 선택한다. 이로써 무관한 요소의 영향을 덜 받을 수 있다.
def distort_color(image, color_ordering=0):
    if color_ordering == 0:
        image = tf.image.random_brightness(image, max_delta=32. / 255.)
        image = tf.image.random_saturation(image, lower=0.5, upper=1.5)
        image = tf.image.random_hue(image, max_delta=0.2)
        image = tf.image.random_contrast(image, lower=0.5, upper=1.5)
    elif color_ordering == 1:
        image = tf.image.random_saturation(image, lower=0.5, upper=1.5)
        image = tf.image.random_brightness(image, max_delta=32. / 255.)
        image = tf.image.random_contrast(image, lower=0.5, upper=1.5)
        image = tf.image.random_hue(image, max_delta=0.2)
    elif color_ordering == 2:
        # 또 다른 순서를 정의할 수 있지만 여기선 두 가지만 쓰인다.
        ...
    return tf.clip_by_value(image, 0.0, 1.0)


# 이미지 전처리를 진행한다. 이 함수의 입력 이미지는 디코딩된 원본 이미지이고 출력은
# 신경망 모델의 입력층에 전달된다. 여기선 훈련 데이터만이 처리되며 예측할 데이터는
# 일반적으로 무작위로 변환시키는 과정을 거치지 않는다.
def preprocess_for_train(image, height, width, bbox):
    # 경계 상자가 주어지지 않으면 전체 이미지가 관심 있는 부분이라 간주한다.
    if bbox is None:
        bbox = tf.constant([0.0, 0.0, 1.0, 1.0],
                           dtype=tf.float32, shape=[1, 1, 4])
```

```
    # 텐서의 자료형을 변환한다.
    if image.dtype != tf.float32:
        image = tf.image.convert_image_dtype(image, dtype=tf.float32)


    # 이미지를 경계 박스에 맞춰 잘라 이미지 인식에 필요한 부분만을 남긴다.
    bbox_begin, bbox_size, _ = tf.image.sample_distorted_bounding_box(
        tf.shape(image), bounding_boxes=bbox)
    distorted_image = tf.slice(image, bbox_begin, bbox_size)
    # 임의로 자른 이미지를 신경망 입력 크기로 조정한다. 알고리즘은 무작위로 선택된다.
    distorted_image = tf.image.resize_images(
        distorted_image, [height, width], method=np.random.randint(4))
    # 일정 확률로 좌우 반전시킨다.
    distorted_image = tf.image.random_flip_left_right(distorted_image)
    # 무작위 순서로 색상을 조정한다.
    distorted_image = distort_color(distorted_image, np.random.randint(2))
    return distorted_image

image_raw_data = tf.gfile.GFile("/path/to/picture.jpg", "rb").read()
with tf.Session() as sess:
    img_data = tf.image.decode_jpeg(image_raw_data)
    boxes = tf.constant([[[0.05, 0.05, 0.9, 0.7], [0.35, 0.47, 0.5, 0.56]]])


    # 6번 실행하여 6개의 서로 다른 이미지를 얻는다([그림 7-13]).
    for i in range(6):
        # 이미지의 크기를 299×299로 맞춘다.
        result = preprocess_for_train(img_data, 299, 299, boxes)
        plt.imshow(result.eval())
        plt.show()
```

【그림 7-13】 6번 실행하여 얻은 6장의 서로 다른 이미지

위의 코드를 실행하면 [그림 7-13]과 비슷한 이미지를 얻을 수 있다. 이를 통해 많은 훈련 샘플이 한 장의 이미지에서 파생될 수 있다. 훈련 데이터를 전처리함으로써 모델은 상이한 크기, 방향, 컬러 등을 갖는 물체를 인식할 수 있게 된다.

7.3 멀티 스레드를 통한 데이터 처리

7.2절에서 TensorFlow를 사용하여 이미지 데이터를 전처리 하는 방법을 설명했다. 이 절에서는 TensorFlow가 제공하는 멀티 스레드를 통한 데이터 처리 프레임워크에 대해 알아본다. [그림 7-14]는 전형적인 입력 데이터 처리의 과정을 정리한 것으로, 다음 절에서 이 프로세스의 각 부분을 차례로 설명한다.

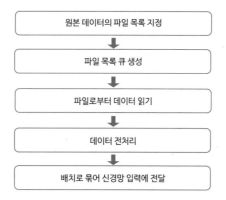

【그림 7-14】 전형적인 입력 데이터 처리 과정

7.3.1절에서는 먼저 큐의 개념에 대해 알아본다. TensorFlow에서 큐는 데이터 구조일 뿐만 아니라 멀티 스레딩 메커니즘도 제공한다. 그리고 7.3.2절에서 [그림 7-14]의 처음 세 단계를 구현하는 방법을 설명한다. 여기서 원본 입력 파일 목록을 효과적으로 관리하기 위한 tf.train.string_input_producer 함수를 중점으로 설명한다. 네 번째 단계인 데이터 전처리는 7.2절에서 다뤘으므로 생략한다. 마지막 단계는 7.3.3절에서 설명할 것이다. 이 단계는 처리된 데이터를 신경망의 입력에 바로 쓰일 수 있도록 배치(batch)에 모으는 과정이다. 또한, tf.train.shuffle_batch_join, tf.train.shuffle_batch 함수를 소개하고 멀티 스레드 병렬 처리 방식을 비교해 본다. 마지막으로 7.3.4절에서 완전한 입력 데이터 처리 프레임워크를 구현해 본다.

7.3.1 큐와 멀티 스레드

TensorFlow에서 큐는 변수와 마찬가지로 텐서이다. 변수는 할당 작업을 통해 변숫값을 수정할 수 있다[7]. 큐는 Enqueue, EnqueueMany 및 Dequeue로 원소들을 넣고 뺄 수 있다. 다음 코드로 위의 함수를 직접 실행해 보자.

---

7) TensorFlow의 변수에 대해 4장에서 자세히 설명했다.

```
import tensorflow as tf

# 최대 두 개의 정수형 데이터를 저장할 수 있는 FIFO 큐를 생성한다.
q = tf.FIFOQueue(2, "int32")
# enqueue_many 함수를 사용하여 큐의 원소를 초기화한다. 변수 초기화와 마찬가지로 큐를
# 사용하기 전에 초기화 과정이 명시적으로 호출되어야 한다.
init = q.enqueue_many(([0, 10],))
# Dequeue 함수를 사용하여 큐의 첫 번째 원소를 꺼낸다. 이 값은 변수 x에 저장된다.
x = q.dequeue()
# 얻은 값에 1을 더한다.
y = x + 1
# 1을 더한 값을 다시 큐에 넣는다.
q_inc = q.enqueue([y])

with tf.Session() as sess:
    # 큐 초기화 작업 실행
    init.run()
    for _ in range(5):
        # 큐에서 원소를 꺼내고 1을 더해 다시 큐에 넣는 작업을 반복한다.
        v, _ = sess.run([x, q_inc])
        # 꺼낸 값을 출력한다.
        print(v)
```

```
출력 결과:
0
10
1
11
2
```

TensorFlow에는 FIFOQueue와 RandomShuffleQueue 두 종류의 큐가 있다. 위의 코드에선 선입선출 구조의 FIFOQueue를 사용하였다. RandomShuffleQueue는 큐의 원소를 무작위로 섞어 꺼낸다.

TensorFlow에서 큐는 데이터 구조일 뿐만 아니라 텐서 값을 비동기적으로 계산하는 중요한 메커니즘이다. 예를 들어 멀티 스레드가 동시에 큐 원소를 쓰거나 읽을 수 있다.

다음 절에서 TensorFlow는 어떻게 큐를 이용해 멀티 스레드 입력 데이터 처리를 구현하는지 자세히 설명한다.

TensorFlow는 멀티 스레드에 도움을 주는 tf.Coordinator와 tf.QueueRunner 클래스를 제공한다. tf.Coordinator는 여러 스레드가 함께 정지되도록 돕고 should_stop, request_stop, join 세 개의 메소드를 제공한다. 스레드를 실행하기 전에 tf.Coordinator 클래스를 먼저 선언하고 이를 생성된 각각의 스레드에 전달해야 한다. 실행된 스레드는 항상 should_stop 메소드를 쿼리해야 하며, 이 함수의 반환값이 True이면 스레드가 동시에 종료된다. 다음 코드로 tf.Coordinator를 사용해 보자.

```python
import tensorflow as tf
import numpy as np
import threading
import time

# 스레드에서 실행되는 함수, 1초마다 정지 여부를 판단하고 현재 스레드의 ID를 출력한다.
def MyLoop(coord, worker_id):
    # tf.Coordinator클래스의 메소드를 사용하여 정지 여부를 판단한다.
    while not coord.should_stop():
        # 모든 스레드를 임의로 중지한다.
        if np.random.rand() < 0.1 :
            print("Stoping from id: %d\n" % worker_id,)
            # coord.request_stop()함수를 호출하여 다른 스레드가 정지하도록 알린다.
            coord.request_stop()
        else:
            # 현재 스레드의 id를 출력한다.
            print("Working on id: %d\n" % worker_id,)
        # 1초 동안 일시 중지
        time.sleep(1)

# tf.train.Coordinator 클래스 선언
coord = tf.train.Coordinator()
# 5개의 스레드를 생성한다.
threads = [
    threading.Thread(target=MyLoop, args=(coord, i, )) for i in range(5)]
```

```
# 모든 스레드를 실행한다.
for t in threads: t.start()
# 모든 스레드가 종료되기를 기다린다.
coord.join(threads)
```

위의 코드를 실행하면 다음과 비슷한 결과를 얻을 수 있다.

```
Working on id: 0
Working on id: 1
Working on id: 2
Working on id: 4
Working on id: 3
Working on id: 0
Stoping from id: 4
Working on id: 1
```

모든 스레드가 실행되면 앞의 네 줄과 같이 스레드 각자의 ID를 출력한다. 그리고 1초 간 멈춘 다음 모든 스레드는 다시 ID를 출력한다. 이 시점에서 5번 스레드가 종료 조건에 걸려서 coord.request_stop 함수를 호출해 다른 스레드를 종료시킨다. 그러나 Stoping from id: 4가 출력된 후에도 여전히 스레드에서 출력되는 것을 볼 수 있다. 이는 스레드가 이미 coord.should_stop을 판단하고 실행했기 때문이다. 하지만 다음 번에 종료 여부를 판단할 때 스레드가 종료된다. 즉 ID는 한 번만 출력되고 프로그램은 종료된다.

tf.QueueRunner는 주로 멀티 스레드로 동일한 큐를 조작하는 데 쓰이고, 이렇게 실행된 스레드들은 위에서 설명한 tf.Coordinator 클래스로 관리된다. 다음 코드를 보자.

```
import tensorflow as tf

# 최대 100개의 정수형 데이터를 저장할 수 있는 FIFO 큐를 선언한다.
queue = tf.FIFOQueue(100, "float")
# 인큐(enqueue) 연산을 정의한다.
enqueue_op = queue.enqueue([tf.random_normal([1])])
```

```
# tf.train.QueueRunner를 사용해 멀티 스레드의 enqueue 오퍼레이션을 생성한다.
# tf.train.QueueRunner의 첫 번째 매개변수에는 큐가 주어지고, [enqueue_op] * 5는
# 5개의 스레드가 개별적으로 enqueue_op을 실행함을 나타낸다.
qr = tf.train.QueueRunner(queue, [enqueue_op] * 5)

# 정의된 QueueRunner를 TensorFlow 계산 그래프의 지정된 컬렉션에 추가한다.
# tf.train.add_queue_runner 함수에 컬렉션을 지정하지 않으면 기본 컬렉션인
# tf.GraphKeys.QUEUE_RUNNERS에 추가된다[8]. 다음의 함수는 방금 정의한 qr을
# 기본 컬렉션에 추가하는 것이다.
tf.train.add_queue_runner(qr)
# 디큐(dequeue) 연산을 정의한다.
out_tensor = queue.dequeue()

with tf.Session() as sess:
    coord = tf.train.Coordinator()
    # tf.train.QueueRunner를 명시적으로 호출해야만 모든 스레드를 실행할 수 있다.
    # 그렇지 않으면 모든 스레드가 enqueue 작업을 하지 않았기 때문에 이 작업이 실행될
    # 때까지 계속 대기한다. tf.train.start_queue_runners 함수는 기본적으로
    # tf.GraphKeys.QUEUE_RUNNERS 컬렉션의 모든 QueueRunner를 실행한다.
    # 이 함수는 지정된 컬렉션에서의 QueueRunner만을 지원하므로, 일반적으로
    # tf.train.start_queue_runners 함수와 동일한 컬렉션을 지정한다.
    threads = tf.train.start_queue_runners(sess=sess, coord=coord)
    # 큐의 값을 가져온다.
    for _ in range(3): print sess.run(out_tensor)[0]

    # tf.train.Coordinator를 사용해 모든 스레드를 종료시킨다.
    coord.request_stop()
    coord.join(threads)
```

```
출력 결과:
-0.315963
-1.06425
0.347479
```

---

8) 컬렉션의 개념에 대해 3장에서 자세히 설명했다.

7.3.2 입력 파일 큐

이 절에서는 TensorFlow의 큐를 사용해 입력 파일 목록을 관리하는 방법에 대해 알아본다. 여기서 모든 입력 데이터는 TFRecord 포맷이라 가정한다[9]. 하나의 TFRecord 파일에 다수의 훈련 샘플이 저장되어 있을 수 있지만, 훈련 데이터 양이 많은 경우에는 여러 개의 TFRecord 파일로 분할하여 효율을 높일 수 있다. tf.train.match_filenames_once 함수는 정규 표현식과 부합하는 모든 파일을 가져오고, 이 파일 목록은 tf.train.string_input_producer 함수를 통해 효과적으로 관리할 수 있다.

tf.train.string_input_producer 함수는 주어진 파일 목록으로 입력 큐를 생성하며 원소는 파일 목록의 모든 파일이다. 7.1절의 예제 코드처럼 생성된 입력 큐는 파일 읽기 함수의 매개변수로 쓰일 수 있다. 파일 읽기 함수를 호출할 때마다 이 함수는 먼저 열린 파일을 읽을 수 있는지 판단한다. 만약 읽을 수 없거나 이미 읽었으면 다음 파일을 꺼내다시 데이터를 읽는다.

shuffle 매개변수를 설정하면 tf.train.string_input_producer 함수는 파일 순서를 섞는다. 파일 순서를 섞고 큐에 추가하는 과정은 단일 스레드에서 실행되어 파일 읽기 속도에 영향을 주지 않는다. tf.train.string_input_producer에 의해 생성된 큐는 여러 스레드에서 동시에 읽히고 큐에 있는 파일들을 고르게 분배함으로써 두 번 이상 읽히거나 읽히지 않는 상황이 발생하지 않는다.

큐에 있는 모든 파일이 처리되면 초기화 시에 주어진 파일 목록의 모든 파일을 다시 큐에 넣는다. tf.train.string_input_producer 함수는 num_epochs를 설정하여 파일을 불러오는 최대 횟수를 제한한다. 설정된 횟수만큼 파일을 읽은 후에도 새 파일을 계속 읽으려고 하면 OutOfRange 에러가 발생한다. 신경망 모델을 테스트할 때, 모든 테스트 데이터는 한 번만 사용되어야 하기 때문에 num_epochs를 1로 설정한다. tf.train.match_filenames_once 및 tf.train.string_input_producer 함수를 사용하기 전에 먼저 아래의 간단한 코드로 샘플 데이터를 생성해 보자.

---

9) TFRecord 형식은 7.1절에서 소개했다.

```python
import tensorflow as tf

# TFRecord 파일의 보조 함수를 생성한다.
def _int64_feature(value):
    return tf.train.Feature(int64_list=tf.train.Int64List(value=[value]))

# num_shards는 파일 개수, instances_per_shard는 각 파일에 들어 있는 데이터 개수
num_shards = 2
instances_per_shard = 2
for i in range(num_shards):
    # 데이터를 여러 파일로 나누면 0000n-of-0000m과 같은 접미사로 파일을 구별할 수
    # 있다. 여기서 m은 파일 개수, n은 파일 번호이다.
    filename = ('/path/to/data.tfrecords-%.5d-of-%.5d' % (i, num_shards))
    writer = tf.python_io.TFRecordWriter(filename)
    # 데이터를 Example 구조로 패키징하고 TFRecord 파일에 쓴다.
    for j in range(instances_per_shard):
        # Example 구조는 파일 번호와 데이터 번호만을 포함한다.
        example = tf.train.Example(features=tf.train.Features(feature={
            'i': _int64_feature(i),
            'j': _int64_feature(j)}))
        writer.write(example.SerializeToString())
    writer.close()
```

위의 코드를 실행하면 지정된 경로에 data.tfrecords-00000-of-00002와 data. tfrecords-000 01-of-00002 두 개의 파일이 생성되며, 파일마다 두 개의 샘플이 저장되어 있다. 데이터를 생성하였으니 이제 tf.train.match_filenames_once 함수와 tf.train. string_input_producer 함수를 사용해 보자.

```python
import tensorflow as tf

# tf.train.match_filenames_once 함수로 파일 목록을 가져온다.
files = tf.train.match_filenames_once("/path/to/data.tfrecords-*")
```

```python
# tf.train.string_input_producer 함수로 큐를 생성한다. 여기선 shuffle이
# False로 설정되었지만 실제 문제에 적용할 때는 보통 True로 설정한다.
filename_queue = tf.train.string_input_producer(files, shuffle=False)

# 7.1에 나온 것과 같이 샘플을 하나씩 읽어 들인다.
reader = tf.TFRecordReader()
_, serialized_example = reader.read(filename_queue)
features = tf.parse_single_example(
        serialized_example,
        features={
                'i': tf.FixedLenFeature([], tf.int64),
                'j': tf.FixedLenFeature([], tf.int64),
        })

with tf.Session() as sess:
    # 이 코드에서 변수를 선언하지 않았지만 tf.train.match_filenames_once 함수를
    # 사용하려면 변수를 초기화해야 한다.
    sess.run([tf.global_variables_initializer(), tf.local_variables_initializer()])
    '''
    파일 목록을 출력하면 다음과 같은 결과를 얻을 수 있다.
        ['/path/to/data.tfrecords-00000-of-00002'
         '/path/to/data.tfrecords-00001-of-00002']
    '''
    print(sess.run(files))

    # tf.train.Coordinator 클래스를 선언하고 스레드를 실행한다.
    coord = tf.train.Coordinator()
    threads = tf.train.start_queue_runners(sess=sess, coord=coord)
    for i in range(6):
        print(sess.run([features['i'], features['j']]))
    coord.request_stop()
    coord.join(threads)
```

위의 코드를 실행하면 다음과 같이 출력된다.

```
[0, 0]
[0, 1]
[1, 0]
[1, 1]
[0, 0]
[0, 1]
```

파일 순서가 섞이지 않으면 데이터를 순서대로 읽어 들이고 모든 샘플이 다 읽히면 처음부터 다시 시작한다. 만일 num_epochs가 1이면 다음과 같은 오류가 발생한다.

```
tensorflow.python.framework.errors.OutOfRangeError: FIFOQueue
'_0_input_producer' is closed and has insufficient elements (requested 1, current
size 0)
[[Node: ReaderRead = ReaderRead[_class=["loc:@TFRecordReader", "loc: @input_producer"],
_device="/job:localhost/replica:0/task:0/cpu:0"](TFRecordReader, input_producer)]]
```

7.3.3 배치 처리

7.3.2절에서는 파일 리스트에서 개별적으로 샘플을 읽어 들이는 방법을 설명했다. 7.2절에서 소개한 전처리 방법을 통해 이 샘플들을 전처리하면 신경망 입력층에 제공되는 훈련 데이터를 얻을 수 있다. 4장에서 말했듯이 여러 입력 샘플을 배치로 묶으면 모델 훈련의 효율성을 높일 수 있다. 그렇기에 샘플들을 전처리하고 배치로 묶어 신경망의 입력층으로 전달해야 한다. tf.train.batch 또는 tf.train.shuffle_batch 함수를 사용해 배치로 묶을 수가 있다.

```
import tensorflow as tf
```

```
# 7.3.2절의 방법을 사용하여 샘플을 읽고 파싱한다. 여기서 Example 구조의 i는 이미지의
# 픽셀 배열과 같은 샘플의 특징 벡터를 나타내고, j는 레이블을 나타낸다고 가정한다.
example, label = features['i'], features['j']

# 배치 크기
batch_size = 3
# 큐의 크기를 결정한다. 너무 크면 많은 메모리 자원을 차지하고 너무 작으면 데이터가
# 없어 원소를 꺼낼 때 제한을 받아 효율성이 떨어진다. 일반적으로 큐의 크기는 배치
# 크기와 관련이 있다. 다음 한 줄의 코드는 큐의 크기를 정하는 일종의 한 방법이다.
capacity = 1000 + 3 * batch_size

# tf.train.batch 함수를 사용해 배치로 묶는다.
example_batch, label_batch = tf.train.batch(
    [example, label], batch_size=batch_size, capacity=capacity)

with tf.Session() as sess:
sess.run([tf.global_variables_initializer(),
          tf.local_variables_initializer()])
    coord = tf.train.Coordinator()
    threads = tf.train.start_queue_runners(sess=sess, coord=coord)

    # 배치로 묶고 이를 출력한다. 실제 문제에선 신경망의 입력에 해당한다.
    for i in range(2):
        cur_example_batch, cur_label_batch = sess.run(
            [example_batch, label_batch])
        print(cur_example_batch, cur_label_batch)

    coord.request_stop()
    coord.join(threads)
```

위를 실행하면 다음의 출력을 얻을 수 있다.

```
[0 0 1] [0 1 0]
[1 0 0] [1 0 1]
```

이는 다음과 같다.

```
example: 0, lable:0
example: 0, lable:1
example: 1, lable:0
example: 1, lable:1
```

tf.train.shuffle_batch 함수를 사용해 보자.

```
# 위의 코드와 동일하다.
example, label = features['i'], features['j']

# min_after_dequeue는 큐에서 원소를 꺼내고 남은 원소 수를 제한한다. 왜냐하면, 큐에
# 원소가 너무 적으면 샘플의 순서를 섞는 것이 무의미하기 때문이다. dequeue 함수가 호출
# 되었지만 큐의 원소가 충분하지 않은 경우 더 많은 원소가 큐에 들어갈 때까지 대기한다.
# min_after_dequeue가 설정되면 capacity도 이에 맞게 조정돼야 한다.
example_batch, label_batch = tf.train.shuffle_batch(
    [example, label], mbatch_size=batch_size,
    capacity=capacity, min_after_dequeue=30)

# 위의 코드와 마찬가지로 example_batch, label_batch를 출력한다.
```

위의 코드를 실행하면 다음과 같은 출력을 얻을 수 있다.

```
[0 1 1] [0 1 0]
[1 0 0] [0 0 1]
순서가 바뀌었음을 볼 수 있다.
```

　　tf.train.batch와 tf.train.shuffle_batch 함수는 학습 데이터를 배치로 묶는 것 외에도 입력 데이터를 병렬화하는 방법을 제공한다. 이 두 함수의 병렬화 방식은 일치하므로 여기선 tf.train.shuffle_batch 함수만을 예로 든다. tf.train.shuffle_batch 함수에서 num_threads 매개변수를 설정하여 멀티 스레드가 동시에 인큐 연산을 수행하도록 지정할 수 있다. 이 연산은 데이터 읽기 및 전처리 과정이라 할 수 있다. num_threads가 1보다 크면 멀티 스레드가 한 파일의 여러 샘플을 읽고 이를 전처리한다. 만일 여러 파일의 샘플을 동시에 처리하고 싶다면 tf.train.shuffle_batch_join 함수를 쓸 수 있다[10]. 이 함수는 입력 파일 큐에서 파일을 꺼내 각 스레드에 할당한다. 일반적으로 입력 파일 큐는 7.3.2절에서 설명한 tf.train.string_input_producer 함수에 의해 생성되는데, 이 함수는 파일을 분배하여 서로 다른 파일의 데이터가 최대한 균등하게 사용되도록 한다.

　　tf.train.shuffle_batch와 tf.train.shuffle_batch_join 함수는 모두 멀티 스레딩으로 데이터 전처리를 진행할 수 있지만 장단점도 존재한다. tf.train.shuffle_batch 함수는 하나의 파일을 읽는다. 이 파일의 샘플이 비슷한 경우(모두 동일한 범주에 속할 경우) 신경망 학습에 영향을 줄 수 있다. 따라서 이 함수를 사용할 때 되도록이면 동일한 TFRecord 파일의 샘플을 무작위로 섞어야 한다. 반면에 tf.train.shuffle_batch_join 함수는 여러 파일을 읽는다. 만약 데이터를 읽는 스레드 수가 파일의 수보다 많으면 동일한 파일의 비슷한 데이터를 읽을 것이다. 게다가 멀티 스레딩으로 여러 파일을 읽으면 하드 디스크 주소를 과도하게 지정될 수 있어 읽기 효율성이 저하된다. 서로 다른 병렬 처리 방법에는 고유한 장점이 있으며 특정 상황에 따라 알맞게 선택해야 한다.

---

10) 입력 데이터의 순서를 섞을 필요가 없는 경우 tf.train.batch_join 함수를 사용할 수 있다.

7.3.4 입력 데이터 처리 프레임워크

[그림 7-14]에 나온 모든 단계는 앞에서 모두 설명하였다. 이제 지금까지 배운 것을 활용해 TensorFlow로 입력 데이터를 처리해 보자.

```python
import tensorflow as tf

# 파일 리스트를 생성하고 이를 통해 큐를 생성한다. 이 예제 코드에서 읽을 파일은
# 7.1절에서 생성한 파일이다.
files = tf.train.match_filenames_once("/path/to/*.tfrecords")
filename_queue = tf.train.string_input_producer(files, shuffle=False)
# 파일 읽기
reader = tf.TFRecordReader()
_,serialized_example = reader.read(filename_queue)

# 샘플 파싱
features = tf.parse_single_example(
    serialized_example,
    features={
        'image_raw':tf.FixedLenFeature([],tf.string),
        'pixels':tf.FixedLenFeature([],tf.int64),
        'label':tf.FixedLenFeature([],tf.int64)
    })

decoded_images = tf.decode_raw(features['image_raw'],tf.uint8)
retyped_images = tf.cast(decoded_images, tf.float32)
labels = tf.cast(features['label'],tf.int32)
pixels = tf.cast(features['pixels'],tf.int32)
images = tf.reshape(retyped_images, [784])

min_after_dequeue = 10000
batch_size = 100
capacity = min_after_dequeue + 3 * batch_size

image_batch, label_batch = tf.train.shuffle_batch(
```

```
        [images, labels], batch_size=batch_size,
        capacity=capacity, min_after_dequeue=min_after_dequeue)


def inference(input_tensor, weights1, biases1, weights2, biases2):
    layer1 = tf.nn.relu(tf.matmul(input_tensor, weights1) + biases1)
    return tf.matmul(layer1, weights2) + biases2



# 모델과 관련된 매개변수
INPUT_NODE = 784
OUTPUT_NODE = 10
LAYER1_NODE = 500
REGULARAZTION_RATE = 0.0001
TRAINING_STEPS = 5000


weights1 = tf.Variable(tf.truncated_normal([INPUT_NODE, LAYER1_NODE],
                                           stddev=0.1))
biases1 = tf.Variable(tf.constant(0.1, shape=[LAYER1_NODE]))
weights2 = tf.Variable(tf.truncated_normal([LAYER1_NODE, OUTPUT_NODE],
                                           stddev=0.1))
biases2 = tf.Variable(tf.constant(0.1, shape=[OUTPUT_NODE]))


y = inference(image_batch, weights1, biases1, weights2, biases2)

# 교차 엔트로피 및 평균값
cross_entropy = tf.nn.sparse_softmax_cross_entropy_with_logits(
                                        logits=y, labels=label_batch)
cross_entropy_mean = tf.reduce_mean(cross_entropy)

# 손실 함수
regularizer = tf.contrib.layers.l2_regularizer(REGULARAZTION_RATE)
regularaztion = regularizer(weights1) + regularizer(weights2)
loss = cross_entropy_mean + regularaztion

# 손실 함수 최적화
train_step = tf.train.GradientDescentOptimizer(0.01).minimize(loss)
```

```
# 세션 초기화 및 신경망 학습
with tf.Session() as sess:
    sess.run((tf.global_variables_initializer(),
              tf.local_variables_initializer()))
    coord = tf.train.Coordinator()
    threads = tf.train.start_queue_runners(sess=sess, coord=coord)
    for i in range(TRAINING_STEPS):
        if i % 1000 == 0:
            print("After %d training step(s), loss is %g "
                  % (i, sess.run(loss)))
        sess.run(train_step)
    coord.request_stop()
    coord.join(threads)
```

[그림 7-15]는 위의 코드에서의 입력 데이터 처리 과정을 보여 준다. 그림에서 볼 수 있듯이 입력 데이터 처리의 첫 번째 단계는 학습 데이터가 저장된 파일 리스트를 얻는 것이다. [그림 7-15]에서 이 파일 리스트는 {A,B,C}이다. tf.train.string_input_producer 함수를 통해 선택적으로 파일 순서를 무작위로 섞고 큐에 넣을 수 있다. 말 그대로 선택할 수 있기에 그림에서 점선으로 표시했다. 이 함수는 입력 파일 큐를 생성 및 유지하고 각 스레드의 파일 읽기 함수가 큐를 공유한다. 샘플을 읽은 후 이미지를 전처리해야 하는데, 전처리 과정도 tf.train.shuffle_batch가 제공하는 메커니즘을 통해 멀티 스레드에서 병렬로 실행된다. 최종적으로 전처리된 개별 샘플은 tf.train.shuffle_batch를 통해 배치로 묶여 신경망의 입력층에 전달된다. 이러한 방식으로 데이터 전처리의 효율성이 향상될 수 있으며 신경망 모델의 학습 과정에서 병목 현상을 미연에 방지할 수 있다.

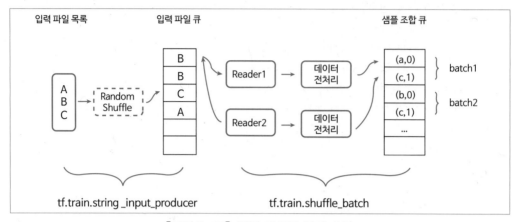

【그림 7-15】입력 데이터 처리 과정

CHAPTER

순환 신경망

8.1 순환 신경망 개요

8.2 장단기 메모리(LSTM) 구조

8.3 순환 신경망의 변형

8.4 순환 신경망의 응용

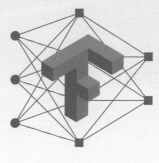

순환 신경망

6장에서 합성곱 신경망 구조를 설명하고 이미지 인식 문제에 적용해 보았다. 이 장에서는 또 다른 신경망 구조인 순환 신경망(recurrent neural network, RNN)과 장단기 메모리(Long Short-Term Memory, LSTM) 방식의 순환 신경망에 대해 소개한다. 또한, 자연어 처리(natural language processing, NLP)와 시계열 분석(time series analysis) 문제에 순환 신경망을 적용하는 방법을 소개하고 TensorFlow를 통해 이를 구현해 본다.

먼저 8.1절에서 순환 신경망의 기본 지식을 소개하고 기계 번역을 예로 들어 순환 신경망이 어떻게 응용되는지 설명한다. 그리고 8.2절에서 순환 신경망에서 가장 중요한 LSTM 네트워크 구조에 대해 알아보고 TensorFlow를 통해 LSTM 방식의 순환 신경망을 구현해 본다. 이어서 8.3절에서는 순환 신경망의 변형 모델들을 소개한다. 마지막으로 8.4절에서는 두 개의 고전적인 순환 신경망 모델의 응용 사례를 통해 언어 모델과 시계열 예측 문제에 순환 신경망을 설계하고 사용하는 방법에 대해 알아본다.

8.1 순환 신경망 개요 [1]

순환 신경망(recurrent neural network, RNN)은 John Hopfield가 1982년에 제안한 홉필드 네트워크[2]에서 시작되었다. 홉필드 네트워크가 발표된 당시에는 구현이 어려워 제대로 적용되지 못하였다. 게다가 이 네트워크 구조는 1986년 이후 완전 연결 신경망과 일부 전통적인 머신러닝 알고리즘으로 대체되었다. 그러나 전통적인 머신러닝 알고리즘은 사람이 직접 추출한 특징에 강하게 의존함으로써 전통적인 머신러닝 기반의 이미지 인식, 음성 인식 및 자연어 처리 등의 문제에서 특징 추출의 난관에 봉착했다. 또한, 완전 연결 신경망을 기반으로 하는 방법은 너무 많은 매개변수와 데이터의 시계열 정보를 이용하지 못한다는 것 등의 문제가 있었다. 시간이 흘러 효율적인 순환 신경망 구조들이 개발됨에 따라 데이터에 포함된 시계열 정보와 의미정보(semantic information)를 충분히 활용함으로써 음성 인식, 언어 모델, 기계 번역 및 시계열 분석 등의 방면에서 큰 성과를 거두었다.

순환 신경망의 주목적은 시계열 데이터를 처리하고 예측하는 것이다. 시계열 데이터를 다루기 위해선 순서 또는 시간적 측면을 고려해야 한다. 예를 들어 문장의 다음 단어가 무엇인지 예측하고 싶다면 현재 단어와 이전 단어를 고려해야 한다. 왜냐하면, 문장의 단어들은 독립적이지 않기 때문이다. 순환 신경망은 이전 시점의 정보를 기억하고 이를 이용해 현재 시점의 출력에 영향을 준다. 즉 순환 신경망의 은닉층 간의 노드는 서로 연결되어 있고, 은닉층의 입력은 입력층의 출력뿐만 아니라 상위 은닉층의 출력도 포함한다.

[그림 8-1]에서 신경망 A는 입력 X_t를 받아 h_t를 출력하고, 루프를 통해 A의 상태(state)가 다음 시점으로 전달됨을 볼 수 있다. 그렇기에 순환 신경망은 동일한 신경망을 여러 개 복제한 것으로 간주할 수 있다. 이 신경망을 펼치면 [그림 8-2]와 같은 구조를 얻을 수 있다.

---

1) 일부 내용은 http://colah.github.io/posts/2015-08-Understanding-LSTMs/에서 참고하였다.
2) Hopfield, J. J . *Neural networks and physical systems with emergent collective computational abilities*. [J]. Proceedings of the National Academy of Sciences, 1982

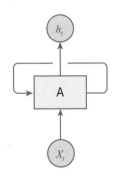

【그림 8-1】 전형적인 순환 신경망[3]

[그림 8-2]에서 매 시점 X_t를 입력받고 신경망 A에서 h_t를 출력함을 분명하게 볼 수 있다. 또한, A_t의 상태는 A_{t-1}의 상태와 X_t에 따라 결정된다. 순환 신경망의 구조는 시계열과 관련된 문제를 해결하는 데 특화되었다고 볼 수 있다. 시계열 데이터의 경우, 각 시점의 데이터는 순환 신경망의 입력층에 순서대로 전달되고 출력은 다음 시점의 예측이거나 현재 시점 정보의 처리 결과(예: 음성 인식 결과)일 수도 있다. 순환 신경망은 시점마다 입력을 받지만 모든 시점에 출력이 있지는 않다. 지난 몇 년 동안 순환 신경망은 음성 인식, 언어 모델링, 기계 번역 및 시계열 분석 등에 널리 사용되어 왔으며 큰 성공을 거두었다.

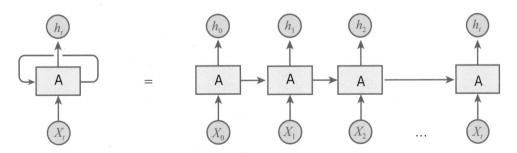

【그림 8-2】 시간 흐름에 따라 펼쳐진 순환 신경망

---

3) 본 장에서 순환 신경망을 설명하는 그림의 일부는 http://colah.github.io/posts/2015-08-Understanding- LSTMs/에서 가져왔다.

순환 신경망이 어떻게 실제 문제를 해결하는지 알아보기 위해 기계 번역을 예로 들 수 있다. 여기서 순환 신경망의 각 시점의 입력은 번역할 문장의 단어이다. [그림 8-3]에서 번역할 문장이 'ABCD'이면 입력은 차례대로 A, B, C, D이고 '_' 부호로 문장의 끝을 알린다. '_' 부호를 시작으로 번역 결과가 출력되는데 여기서부터 각 입력은 이전 시점의 출력이다. 최종적으로 'ABCD'에 해당하는 번역 결과는 'XYZ'이며 'Q'는 번역의 종료를 알린다.

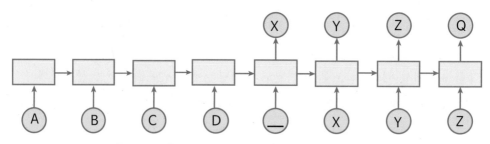

【그림 8-3】 신경망으로 구현한 시계열 데이터 예측

모든 순환 신경망은 사슬 형태의 반복되는 신경망 모듈을 가지는데, 이 모듈의 네트워크 구조를 어떻게 설계하는지가 실제 문제를 해결하기 위한 관건이다. 합성곱 신경망의 필터에서 매개변수가 공유되는 것과 마찬가지로 순환 신경망 모듈의 매개변수도 서로 공유한다.

[그림 8-4]는 가장 간단한 모듈을 가진 순환 신경망으로 완전 연결 계층 같은 구조가 쓰였다. 이 그림을 통해 순환 신경망의 순전파 과정을 알아보자. 순환 신경망에서의 상태는 벡터로 표현되는데, 이 벡터의 크기는 은닉층의 크기이기도 하며 h로 나타낸다. 신경망의 입력은 이전 시점의 상태, 현재 시점의 입력 샘플 두 부분으로 나뉜다. 시계열 데이터(시간에 따른 상품의 판매량 등)의 경우 입력 샘플은 현재 시점의 수치(판매량 등)이다. 언어 모델의 경우 입력 샘플은 현재 단어에 해당하는 워드 임베딩(word embedding)[4][5]이다.

---

4) 워드 임베딩에 대한 간단한 설명은 1.3절에서 언급했다.
5) 자세한 설명은 다음 논문을 참고하길 바란다. Mikolov T, Sutskever I, Chen K, et al. *Distributed Representations of Words and Phrases and their Compositionality* [J]. Advances in Neural Information Processing Systems, 2013, 26:3111-3119.

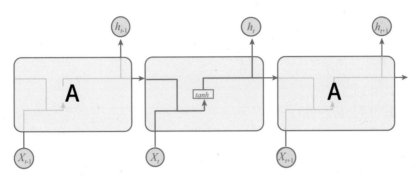

【그림 8-4】 반복된 모듈에 단층 신경망이 사용된 순환 신경망 구조[6]

입력 벡터의 크기를 x라고 가정하면 [그림 8-4]에서 단층 신경망의 입력 크기는 $h+x$ 이다. 즉 이전 시점의 상태와 현재 시점의 입력을 합친 벡터가 바로 단층 신경망의 입력 이 된다[7]. 이 신경망의 출력은 현재 시점의 상태이므로 출력층의 노드 개수도 h이다. 따라서 모듈에는 $(h+x)\times h+h$개의 매개변수가 있다. 현재 시점의 상태를 최종 출력으로 변환하기 위해선 순환 신경망은 또 다른 완전 연결 신경망을 필요로 한다. 이는 합성곱 신경망의 마지막 완전 연결 계층과 동일한 의미를 갖는다. 마찬가지로 신경망의 매개변 수도 일관된다. [그림 8-5]는 순환 신경망의 순전파 과정에 대한 이해를 돕기 위한 구체 적인 계산 과정이다.

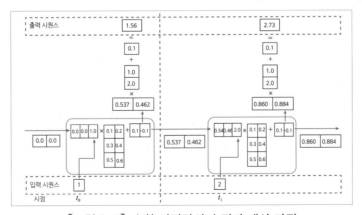

【그림 8-5】 순환 신경망의 순전파 계산 과정

---

6) 그림 중앙의 tanh는 tanh를 활성화 함수로 사용한 완전 연결 신경망을 나타낸다.
7) 이전 시점의 상태에 해당하는 가중치와 현재 시점의 입력에 해당하는 가중치를 별개로 보는 경우도 있지만 이들은 실질적으로 같은 의미를 갖는다. 이 절에선 편의를 위해 벡터를 합치는 방식을 채택했다.

[그림 8-5]에서 상태 벡터의 크기는 2, 입력 벡터와 출력 벡터의 크기는 1이며 모듈 내 완전 연결 계층의 가중치와 편향은 다음과 같다.

$$w_{rnn} = \begin{bmatrix} 0.1 & 0.2 \\ 0.3 & 0.4 \\ 0.5 & 0.6 \end{bmatrix}, \; b_{rnn} = [0.1, -0.1]$$

출력에 쓰이는 완전 연결 계층의 가중치와 편향은 다음과 같다.

$$w_{output} = \begin{bmatrix} 1.0 \\ 2.0 \end{bmatrix}, \; b_{output} = 0.1$$

t_0 시점에서는 이전 시점이 없기 때문에 상태는 [0,0]으로 초기화되고 입력이 1이므로 모듈 내 신경망의 입력 벡터는 [0,0,1]이 된다. 따라서 모듈 내 완전 연결 신경망을 통해 얻은 결과는 다음과 같다.

$$tanh\left([0,0,1] \times \begin{bmatrix} 0.1 & 0.2 \\ 0.3 & 0.4 \\ 0.5 & 0.6 \end{bmatrix} + [0.1, -0.1]\right) = tanh([0.6, 0.5]) = [0.537, 0.462]$$

이 결과는 다음 시점의 상태 벡터로 전달되며, 완전 연결 계층을 통해 t_0 시점의 최종 출력을 다음과 같이 얻을 수 있다.

$$[0.537, 0.462] \times \begin{bmatrix} 1.0 \\ 2.0 \end{bmatrix} + 0.1 = 1.56$$

위와 같은 방식으로 t_1 시점의 상태 벡터와 최종 출력을 도출해낼 수 있다. 순환 신경망의 순전파 결과를 얻은 후에 다른 신경망과 마찬가지로 손실 함수를 정의한다. 순환 신경망은 시점마다 출력이 있으므로 총 손실은 모든 시점(혹은 부분 시점)의 손실 합계와 같다는 것이 유일한 차이점이다. 다음 코드로 위와 같은 순환 신경망의 순전파 과정을 구현해 보자.

```python
import numpy as np

X = [1, 2]
state = [0.0, 0.0]
w_cell_state = np.asarray([[0.1, 0.2], [0.3, 0.4]])
w_cell_input = np.asarray([0.5, 0.6])
b_cell = np.asarray([0.1, -0.1])

# 출력에 쓰이는 완전 연결 계층의 매개 변수
w_output = np.asarray([[1.0], [2.0]])
b_output = 0.1

# 시간 순서에 따라 순환 신경망의 순전파 과정을 실행한다.
for i in range(len(X)):
    # 모듈 내의 신경망을 계산한다.
    before_activation = np.dot(state, w_cell_state) + \
                        X[i] * w_cell_input + b_cell
    state = np.tanh(before_activation)

    # 현재 시점의 상태에 근거해 최종 출력을 계산한다.
    final_output = np.dot(state, w_output) + b_output

    # 매 시점 정보를 출력한다.
    print("before activation: ", before_activation)
    print("state: ", state)
    print("output: ", final_output)
```

위의 코드를 실행하면 다음과 같은 결과를 얻을 수 있다.

```
before activation: [ 0.6  0.5]
state: [ 0.53704957  0.46211716]
output: [ 1.56128388]
before activation: [ 1.2923401  1.39225678]
```

```
state: [ 0.85973818  0.88366641]
output: [ 2.72707101]
이 수치는 [그림 8-5]와 일치한다.
```

다른 신경망과 마찬가지로 손실 함수를 정의한 후 4장에서 소개한 TensorFlow 최적화 프레임워크를 사용하여 자동으로 모델 학습을 할 수 있다. 여기서 알아둬야 할 점은 순환 신경망은 이론상 모든 길이의 시퀀스 데이터를 지원하지만, 실제로는 시퀀스 데이터가 너무 길면 최적화 시에 기울기 소실 문제(vanishing gradient problem)가 발생할 수 있다[8]. 이렇기 때문에 일반적으로 최대 길이를 지정하여 시퀀스 데이터의 길이가 이를 넘으면 자른다.

8.2 장단기 메모리(LSTM) 구조

순환 신경망 동작의 키포인트는 이전 정보를 사용해 현재 의사 결정을 돕는 것이다. 이를테면 앞에 나온 단어로 현재 텍스트에 대한 이해를 높일 수 있다. 순환 신경망은 전통적인 신경망 구조가 모델링할 수 없는 정보를 더 잘 활용할 수 있지만, 동시에 장기 의존성(long-term dependencies) 문제라는 더 큰 기술적인 과제를 야기한다.

일부 문제에서 모델은 작업을 수행하는데 단기적인 정보만을 필요로 한다. 예를 들어 '바다의 색은 파란색'이라는 구문에서 마지막 단어 '파란색'을 예측할 때, 모델은 이 구문의 앞뒤 문맥을 따질 필요가 없다. 왜냐하면, 이 문장에는 이미 마지막 단어를 예측할 수 있는 충분한 정보가 포함되어 있기 때문이다. 이러하듯 예측할 단어가 관련 정보와 가깝게 위치하면 순환 신경망은 이전 정보를 보다 쉽게 활용할 수 있다.

---

[8] Gustavsson A, Magnuson A, Blomberg B, et al. *On the difficulty of training Recurrent Neural Networks* [J]. Computer Science, 2013.

그러나 문맥이 더 복잡한 상황도 있을 것이다. 예를 들면 "많은 공장이 특정 지역에 몰려 공기 오염이 심각하다. (중략) 이곳의 하늘은 회색이다." 라는 단락에서 마지막 단어를 예측하려 할 때, 단기 의존성만으로는 이러한 문제를 해결할 수가 없다. 왜냐하면, 마지막 문장만 보면 '파란색이다' 또는 '회색이다'가 될 수 있기 때문이다. 어떤 색인지 정확하게 예측하려면 현재 위치에서 멀리 떨어진 앞뒤 문맥을 고려해야 한다. 거리가 멀어질수록 [그림 8-4]와 같은 간단한 순환 신경망은 정보를 연결시킬 수 없게 된다.

장단기 메모리(long short−term memory, LSTM) 네트워크는 이 문제를 해결하기 위해 고안되었다. 많은 연구에서 LSTM 기반의 순환 신경망은 표준 순환 신경망보다 성능이 우수하다. LSTM은 Sepp Hochreiter와 Jürgen Schmidhuber(1997)[9]에 의해 제안되었다. [그림 8-6]에서, 단일 tanh 계층 구조와는 달리 LSTM은 3개의 게이트(gate) 구조를 가진 특수 네트워크 구조이다.

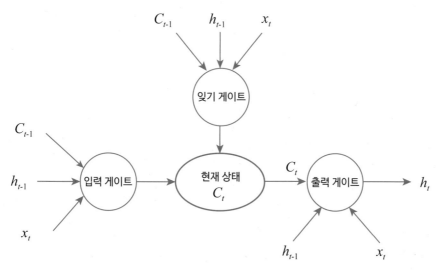

【그림 8-6】 LSTM 네트워크 구조

9) Sepp Hochreiter, Jürgen Schmidhuber. *Long short-term memory* [J]. Neural Computation. 9 (8): 1735~1780,1997.

이른바 게이트 구조는 시그모이드 신경망 층과 요소별 곱셈 연산으로 구성된다. 활성화 함수로 시그모이드 함수가 쓰이는 완전 연결 신경망에서 0과 1 사이의 값을 출력하는데, 이 출력값은 얼마나 많은 요소가 통과되어야 하는지를 나타낸다. 이 구조의 기능은 문과 유사하다. 문이 열리면(출력값이 1일 경우) 모든 정보가 통과할 수 있고, 문이 닫히면(출력값이 0일 경우) 아무것도 통과할 수 없다. 이번 절에서 각 게이트의 동작 방식에 대해 알아보자.

순환 신경망이 장기 메모리를 더 효과적으로 저장하기 위해선 [그림 8-6]의 잊기 게이트(forget gate)와 입력 게이트(input gate)가 핵심이자 필수이다. 잊기 게이트는 말 그대로 과거 정보를 잊기 위한 게이트이다. 예를 들어 "이곳은 원래 아름다운 풍경을 가진 장소였지만 지금은 오염됐다."라는 문장에서 순환 신경망은 '오염'이란 단어를 입력받고 나서 이전에는 아름다웠다는 상태를 지워 버려야 한다. 이 작업이 바로 잊기 게이트를 통해 이루어진다. 잊기 게이트는 현재 입력 x_t, 이전 시점의 상태 c_{t-1} 및 출력 h_{t-1}에 근거해 메모리의 어느 부분을 잊어버릴지 결정한다. 이전 상태를 부분적으로 잊은 후에 현재 입력에서 최신 메모리를 보충해야 한다. 이 작업은 입력 게이트를 통해 이루어진다. [그림 8-6]에서, 입력 게이트는 x_t, c_{t-1} 및 h_{t-1}에 따라 어느 부분이 현재 시점의 상태 c_t로 들어가야 할지 결정한다. 예를 들어 위의 문장에서 환경이 오염됐음을 안 뒤에 이 정보를 새로운 상태에 저장해야 한다. 이처럼 잊기 게이트와 입력 게이트를 통해 LSTM은 어떤 정보를 잊어야 하고 남겨야 할지 더욱 효과적으로 결정할 수 있다.

LSTM은 새로운 상태 c_t를 계산한 후 현재 시점의 출력을 생성해야 하는데, 이 과정은 출력 게이트를 통해 수행된다. 출력 게이트는 새로운 상태 c_t, 이전 시점의 출력 h_{t-1}과 현재 시점의 입력 x_t에 근거해 현재 시점의 출력 h_t를 결정한다. 예를 들어 현재 상태가 오염됐다면 '하늘의 색은' 뒤에 나올 단어는 '회색이다'일 가능성이 크다.

LSTM 네트워크의 순전파는 [그림 8-4]의 순환 신경망에 비해 상대적으로 복잡하다. LSTM 각 게이트에서의 공식은 논문 ⟨*Long short-term memory*⟩를 참고하길 바라며, 더 이상 언급하지 않는다. 여기서 LSTM 구조를 다음의 코드로 구현해 보자.

```
# LSTM 구조를 정의한다. 한 줄의 코드로 완전한 LSTM 구조를 구현할 수 있다.
# LSTM에 사용되는 변수도 이 함수에서 자동으로 선언된다.
lstm = tf.nn.rnn_cell.LSTMCell(lstm_hidden_size, name='basic_lstm_cell')

# LSTM의 상태를 0으로 초기화한다. 다른 신경망과 마찬가지로 순환 신경망을 최적화할
# 때마다 배치 처리한 훈련 샘플을 사용한다.
state = lstm.zero_state(batch_size, tf.float32)

# 손실 함수
loss = 0.0
# 앞서 말했듯이, 순환 신경망이 모든 길이의 시계열 데이터를 처리하는 것은
# 이론상 가능하지만, 학습 중에 기울기 소실 문제를 피하기 위해 최대 길이
# num_steps를 지정한다.
for i in range(num_steps):
    # 처음에만 LSTM 구조의 변수를 선언하고 이후엔 재사용한다.
    if i > 0: tf.get_variable_scope().reuse_variables()

# 매번 시계열 데이터의 한 시점을 처리한다.
# 현재 입력(current_input)과 이전 시점의 상태(state)를 LSTM 구조에 전달하면
# 현재 LSTM 구조의 출력 lstm_output과 업데이트된 상태 state를 얻을 수 있다.
    lstm_output, state = lstm(current_input, state)
    # 현재 시점의 출력이 완전 연결 계층에 전달되어 최종 출력을 얻을 수 있다.
    final_output = fully_connected(lstm_output)
    # 현재 시점의 손실을 계산한다.
    loss += calc_loss(final_output, expected_output)

# 4장에서 소개한 방법대로 모델을 훈련하면 된다.
```

위와 같이 TensorFlow를 통해 매우 간단하게 구현할 수 있다.

8.3 / 순환 신경망의 변형

앞에서는 LSTM 구조의 순환 신경망에 대해 설명했다. 이번 절에서는 변형된 형태의
순환 신경망과 해결할 문제를 소개하고 TensorFlow로 이를 구현해 볼 것이다.

8.3.1 양방향 순환 신경망과 심층 순환 신경망

전형적인 순환 신경망에서 상태는 앞에서 뒤로 전달된다. 그러나 일부 문제에서 현
재 시점의 출력은 이전 상태뿐 아니라 이후 상태와도 관련이 있다. 양방향 순환 신경망
(bidirectional RNN)은 이런 문제를 해결할 때 사용된다. 양방향 순환 신경망은 두 개의 순환
신경망이 서로 겹쳐 구성된다. 물론 출력은 두 순환 신경망의 상태에 의해 결정된다. [그
림 8-7]은 양방향 순환 신경망의 구조이다.

[그림 8-7]에서 양방향 순환 신경망의 구조는 2개의 단방향 순환 신경망의 조합이다.
서로 방향이 반대인 순환 신경망은 매 시점 동시에 입력받고 출력을 생성한다. 양방향
순환 신경망의 순전파 과정은 단방향 순환 신경망과 매우 유사하므로 따로 설명하지 않
는다. 양방향 순환 신경망에 대한 더 자세한 내용은 Mike Schuster와 Kuldip K. Paliwal
이 발표한 논문 〈*Bidirectional recurrent neural networks*〉[10]에서 참고하길 바란다.

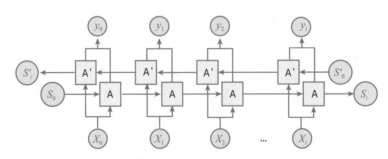

【그림 8-7】 양방향 순환 신경망의 구조

---

10) Schuster M, Paliwal K K. *Bidirectional recurrent neural networks* [J]. IEEE Transactions on Signal Processing, 1997.

심층 순환 신경망(deepRNN)은 순환 신경망의 또 다른 변형이다. 이 신경망은 성능을 향
상시키기 위해 [그림 8-8]과 같이 매 시점에 모듈을 층층이 쌓은 것이다. 합성곱 신경망
과 마찬가지로 한 계층의 매개변수는 같지만 다른 계층의 매개변수는 다를 수도 있다.
다음 코드로 TensorFlow의 MultiRNNCell 클래스를 사용해서 심층 순환 신경망을 구축
하고 순전파 과정을 구현해 보자.

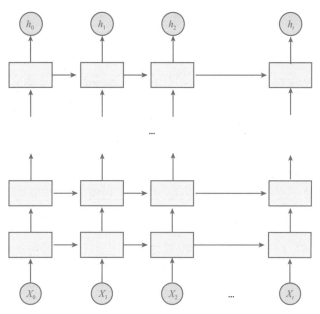

【그림 8-8】 심층 순환 신경망의 구조

```
# 기본 LSTM 구조를 모듈의 기초 구조로 정의한다.
lstm = tf.nn.rnn_cell.LSTMCell(lstm_size, name='basic_lstm_cell')
# 심층 순환 신경망은 MultiRNNCell 클래스에 의해 구축된다. number_of_layers는 계층
# 수를 나타낸다.
stacked_lstm = tf.nn.rnn_cell.MultiRNNCell([lstm] * number_of_layers)
state = stacked_lstm.zero_state(batch_size, tf.float32)

# 8.2절의 코드와 같이 매 시점 순전파를 계산한다.
for i in range(len(num_steps)):
    if i> 0: tf.get_variable_scope().reuse_variables()
```

```
stacked_lstm_output, state = stacked_lstm(current_input, state)
final_output = fully_connected(stacked_lstm_output)
loss += calc_loss(final_output, expected_output)
```

8.3.2 순환 신경망의 드롭아웃

6.4절에서 합성곱 신경망에 드롭아웃을 적용해 합성곱 신경망을 더 강건하게(robust) 만들 수 있었다[11]. 이와 마찬가지로 순환 신경망에 드롭아웃을 적용해도 동일한 효과를 얻을 수 있다. 또한, 합성곱 신경망은 마지막 완전 연결 계층에서만 드롭아웃을 적용하지만, 순환 신경망은 일반적으로 서로 다른 계층의 모듈 사이에서만 드롭아웃을 적용한다.

[그림 8-9]는 드롭아웃이 적용된 심층 순환 신경망이다. $t-2$ 시점의 입력 x_{t-2}를 $t+1$ 시점의 출력 y_{t+1}로 전달해야 한다면 x_{t-2}는 먼저 첫 번째 층의 모듈을 지나는데, 이 과정에서 드롭아웃이 사용된다. 하지만 $t-2$ 시점에서 $t-1$, t, $t+1$ 시점을 지날 때는 드롭아웃이 사용되지 않는다. $t+1$ 시점에서 상위 계층으로 전달되면 드롭아웃을 다시 사용한다.

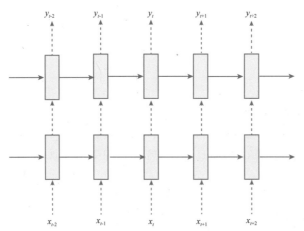

【그림 8-9】 드롭아웃이 적용된 심층 순환 신경망
(실선: 드롭아웃 사용 안 함, 점선: 드롭아웃 사용함)

---

11) Zaremba W, Sutskever I, Vinyals O. *Recurrent Neural Network Regularization* [J]. Eprint Arxiv, 2014.

TensorFlow에서 tf.nn.rnn_cell.DropoutWrapper 클래스를 사용하여 쉽게 드롭아웃 기능을 구현할 수 있다. 다음 코드로 드롭아웃이 적용된 순환 신경망을 구현해 보자.[12]

```
# LSTM 구조 정의
lstm = rnn_cell.LSTMCell(lstm_size, name='basic_lstm_cell')

# DropoutWrapper 클래스로 드롭아웃 기능을 구현한다. input_keep_prob으로 입력의
# 드롭아웃 확률을 설정할 수 있고, output_keep_prob으로 출력의 드롭아웃 확률을
# 설정할 수 있다.
dropout_lstm = tf.nn.rnn_cell.DropoutWrapper(lstm, output_keep_prob=0.5)

stacked_lstm = rnn_cell.MultiRNNCell([dropout_lstm] * number_of_layers)

# 8.3.1절의 코드와 마찬가지로 순전파 과정을 실행한다.
```

8.4 순환 신경망의 응용

위에서 여러 순환 신경망의 구조에 대해 알아보고 TensorFlow로 이를 구현했다. 이 절에서는 언어 모델링 및 시계열 데이터 예측에 대한 구체적인 예제가 주어진다. 8.4.1절 에서 언어 모델링이 무엇인지 간략히 소개하고, TensorFlow를 통해 Penn TreeBank(PTB) 데이터셋에 대한 언어 모델을 구현해 본다. 8.4.2절에서는 순환 신경망을 설계해 시계열 데이터인 $sin\ x$값을 예측해 본다.

---

12) 여기서의 드롭아웃 확률은 노드가 보존될 확률임에 주의해야 한다. 따라서 주어진 수가 0.9이면 노드의 10%만 드롭아웃된다.

8.4.1 언어 모델링

간단히 말해서, 언어 모델링의 목적은 문장의 출현 확률을 계산함에 있다. 따라서 문장은 단어로 이루어진 시계열 데이터이므로 언어 모델은 $p(w_1, w_2, w_3, \cdots, w_m)$를 계산해야 한다. 언어 모델을 사용하면 주어진 자료를 바탕으로 다음에 나올 단어나 문자를 예측할 수 있다. 그렇다면 문장의 출현 확률은 어떻게 계산할까? 우선 문장을 아래처럼 단어의 시퀀스 데이터로 나타낸다.

$$S = (w_1, w_2, w_3, w_4, w_5, \cdots, w_m)$$

여기서 m은 문장의 길이다. 따라서 문장 출현 확률은 다음과 같이 표현할 수 있다.

$$p(S) = p(w_1, w_2, w_3, w_4, w_5, \cdots, w_m)$$
$$= p(w_1) p(w_2 | w_1) p(w_3 | w_1, w_2) \cdots p(w_m | w_1, w_2, \cdots, w_{m-1})$$

문장의 출현 확률을 계산하려면 위 공식의 오른쪽에 있는 각 항의 값을 알아야 한다. 등식 오른쪽의 각 항은 모두 언어 모델의 매개변수이다. 일반적으로 언어의 어휘량은 굉장히 많고 어휘 조합은 셀 수 없을 정도로 많다. 이러한 매개변수의 값을 추정하기 위한 일반적인 방법으로는 n-gram, 의사 결정 트리, 최대 엔트로피 모델, 조건부 임의 필드, 신경망 언어 모델 등이 있다. 이 절에서는 이 중에 가장 간단한 n-gram 모델을 통해 언어 모델 문제와 모델의 성능 평가 지표에 대해 먼저 알아볼 것이다. n-gram 모델은 현재 단어의 출현 확률이 이전 $n-1$개 단어와 관련이 있다는 가정을 갖는다. 따라서 위 공식은 다음과 같이 나타낼 수 있다.

$$p(S) = p(w_1, w_2, w_3, \cdots, w_m) = \prod_i^m p(w_{i-n+1}, \cdots, w_{i-1})$$

n-gram 모델의 n은 현재 단어가 의존하는 단어의 수를 가리킨다. n은 보통 1, 2, 3을 취하는데, 이에 따라 unigram, bigram, trigram 언어 모델이라 불린다. n-gram 모델에서 추정해야 하는 매개변수는 조건부 확률 $p(w_i | w_{i-n+1}, \cdots, w_{i-1})$이다. 어떤 언어의 단어 리스트 크기가 k이면 n-gram 모델이 추정해야 할 매개변수의 수는 k^n이다. 이론상 n이 클수록 n-gram 모델의 정확도는 높아지지만 계산량과 훈련용 말뭉치(corpus)가 많아지기

에 복잡해진다. 따라서 bigram 모델이 가장 많이 쓰이고 n이 4 이상인 모델은 거의 쓰이지 않는다. n-gram 모델의 매개변수는 보통 최대우도 추정(maximum likelihood estimation, MLE)으로 계산한다.

$$p(w_i \mid w_{i-n+1}, \cdots, w_{i-1}) = \frac{C(w_{i-n+1}, \cdots, w_{i-1}, w_i)}{C(w_{i-n+1}, \cdots, w_{i-1})}$$

여기서 $C(X)$는 훈련용 말뭉치에서 어절 X의 출현 횟수를 의미한다. 말뭉치의 규모가 클수록 매개변수의 추정 결과가 더 안정적이다. 그러나 훈련 데이터의 규모가 매우 크더라도 훈련용 말뭉치에 없는 어절이 여전히 많아 많은 매개변수가 0이 된다. 예를 들어 IBM은 366M 영어 말뭉치를 사용하여 trigram 모델을 훈련했는데 14.7%의 trigram과 2.2%의 bigram이 말뭉치에 없음을 발견했다. 0을 곱해 모든 확률이 0이 되는 것을 피하기 위해 작은 상수 항을 더해 준다. n-gram으로 언어 모델을 구축하는 자세한 내용은 서적 《*Information Retrieval: Implementing and Evaluating Search Engines*》[13]를 보길 바란다.

언어 모델 성능의 평가 지표로 보통 perplexity가 쓰인다. 간단히 말해, perplexity 값은 특정 언어 모델에 의해 추정된 문장의 출현 확률을 나타낸다. 이를테면 $(w_1, w_2, w_3, \cdots, w_m)$이 말뭉치에 나타난다는 것을 안다면 언어 모델에 의해 계산된 확률이 높을수록 좋다. 즉 perplexity 값이 작을수록 좋다. Perplexity 값을 계산하는 공식은 다음과 같다.

$$
\begin{aligned}
Perplexity(S) &= p(w_1, w_2, w_3, \cdots, w_m)^{-\frac{1}{m}} \\
&= \sqrt[m]{\frac{1}{p(w_1, w_2, w_3, \cdots, w_m)}} \\
&= \sqrt[m]{\prod_{i=1}^{m} \frac{1}{p(w_1 \mid w_1, w_2, \cdots, w_{i-1})}}
\end{aligned}
$$

perplexity가 나타내는 개념은 사실 평균 분기 계수(average branching factor), 즉 모델이 다음 단어를 예측할 때의 평균 선택 개수이다. 예를 들어 0부터 9까지의 10개 숫자로 구성

13) Bttcher S, Clarke C L A, Cormack G V. *Information Retrieval: Implementing and Evaluating Search Engines* [M]. The MIT Press, 2016.

된 길이가 m인 시퀀스를 생각해 보자. 이 10개 숫자가 나올 확률은 무작위이므로 각 숫자가 나올 확률은 $\frac{1}{10}$로 같다. 따라서 모델에는 언제든지 선택할 수 있는 10개의 동등한 후보 답안이 있으므로 perplexity는 10이다. 계산 과정은 다음과 같다.

$$Perplexity(S)= \sqrt[m]{\prod_{i=1}^{m} \frac{1}{\frac{1}{10}}} = 10$$

그러므로 언어 모델의 perplexity가 89란 것은 모델이 다음 단어를 예측할 때 89개의 선택이 있다는 얘기다. 위의 공식은 다음과 같이 표현할 수도 있다.

$$log(perplexity(S)) = \frac{-\sum p(w_i|w_1, w_2, ..., w_{i-1})}{m}$$

위와 같이 덧셈 형식의 공식을 사용하면 계산 속도를 향상시킬 수 있다. 이 또한 확률이 0이 되어 전체 계산 결과가 0이 되는 문제를 방지한다.

n-gram 모델 외에 순환 신경망도 언어 모델링에 쓰일 수 있다. [그림 8-10]의 순환 신경망을 보면, 매 시점의 입력은 문장의 각 단어이고, 출력은 다음 위치에 나올 단어의 확률을 나타내는 확률 분포이다. 이렇게 순환 신경망의 순전파 과정을 통해 주어진 문장에 대한 $p(w_i|w_1, \cdots, w_{i-1})$를 계산할 수 있다. [그림 8-10]을 예로 들면, 첫 번째 시점의 입력은 '바다'이고, 출력은 $p(x|'바다')$이다. 즉 첫 번째 단어가 '바다'임을 알고 나서 다음 위치에 나올 단어의 확률이다. 여기서 $p('의'|'바다') = 0.8$이므로 '바다' 다음에 '의'가 나올 확률은 0.8이다.

마찬가지로, 순환 신경망을 통해 $p(x|'바다', '의')$, $p(x|'바다', '의', '색')$, $p(x|'바다', '의', '색', '은')$와 같은 확률을 구할 수 있다. 따라서 전체 문장 '바다의 색은 파란색(이다)'의 확률도 구해 이 문장의 perplexity 값을 계산한다. 이후에 구체적인 코드를 통해 언어 모델링에 대한 순환 신경망을 구현해 보자.

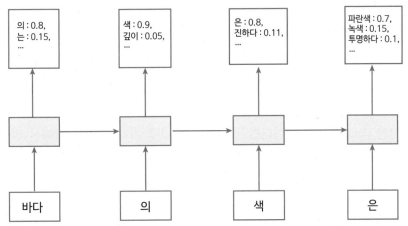

【그림 8-10】 순환 신경망으로 구현한 언어 모델링

① PTB 데이터셋 소개

　PTB(Penn TreeBank) 데이터셋은 현재 언어 모델 학습에서 가장 널리 사용되는 데이터 셋이다. 이 절에서는 PTB 데이터셋에 순환 신경망을 사용하여 언어 모델을 구현할 것이다. 언어 모델 코드를 보기 전에 먼저 PTB 데이터셋의 형식 및 TensorFlow 지원 함수에 대해 알아보자. 우선 Tomas Mikolov 웹 사이트에서 PTB 데이터를 다운로드해야 한다. 다운로드 주소는 다음과 같다.

```
http://www.fit.vutbr.cz/~imikolov/rnnlm/simple-examples.tgz
```

다운로드한 파일의 압축을 풀면 다음과 같은 폴더 목록을 얻을 수 있다.

```
1-train/
2-nbest-rescore/
3-combination/
4-data-generation/
5-one-iter/
6-recovery-during-training/
7-dynamic-evaluation/
8-direct/
```

```
9-char-based-lm/
data/
models/
rnnlm-0.2b/
```

이 책은 data 폴더의 데이터만을 필요로 하기에 기타 파일에 대해선 설명하지 않겠다. 관심 있는 독자는 README 파일을 참조하길 바란다. data 폴더에는 총 7개의 파일이 있지만 이 책에서는 다음 세 개의 파일만 사용된다.

```
ptb.test.txt    # 테스트 데이터셋 파일
ptb.train.txt   # 훈련 데이터셋 파일
ptb.valid.txt   # 검증 데이터셋 파일
```

이 세 개의 데이터셋은 이미 전처리 되었으며, 인접한 단어는 공백으로 구분된다. 드물게 등장하는 단어를 ⟨unk⟩로 나타냄으로써 총 1만 개의 단어를 갖는다.

```
mr. <unk> is chairman of <unk> n.v. the dutch publishing group
```

PTB 데이터셋을 보다 편리하게 사용할 수 있도록 TensorFlow는 데이터의 전처리에 도움이 되는 두 함수를 지원한다[14]. ptb_raw_data 함수는 PTB의 원시 데이터를 읽고 단어를 정수 id로 변환한다. 다음 코드로 이 함수를 사용해 보자.

```python
from tensorflow.models.rnn.ptb import reader

# 원시 데이터의 경로
DATA_PATH = "/path/to/ptb/data"
train_data, valid_data, test_data, _ = reader.ptb_raw_data(DATA_PATH)
```

---

14) 역자 주: 현재는 지원하지 않음.

```
# 길이와 정수id를 출력한다.
print(len(train_data))



print(train_data[:100])
```

```
출력 결과:
929589
[9970, 9971, 9972, 9974, 9975, 9976, 9980, 9981, 9982, 9983, 9984, 9986, 9987,
9988, 9989, 9991, 9992, 9993, 9994, 9995, 9996, 9997, 9998, 9999, 2, 9256, 1,
3, 72, 393, 33, 2133, 0, 146, 19, 6, 9207, 276, 407, 3, 2, 23, 1, 13, 141, 4,
1, 5465, 0, 3081, 1596, 96, 2, 7682, 1, 3, 72, 393, 8, 337, 141, 4, 2477, 657,
2170, 955, 24, 521, 6, 9207, 276, 4, 39, 303, 438, 3684, 2, 6, 942, 4, 3150,
496, 263, 5, 138, 6092, 4241, 6036, 30, 988, 6, 241, 760, 4, 1015, 2786, 211,
6, 96, 4]
```

출력 결과로부터 총 92만 9,589개의 단어가 학습 데이터에 포함되어 있으며 이러한 단어는 굉장히 긴 시퀀스로 구성되었음을 알 수 있다. 이 시퀀스는 각 문장의 끝에 특별한 식별자를 부여한다. 이 데이터셋에서 이 식별자의 정수 id는 2이다.

8.1절에서 설명했듯이, 순환 신경망은 어떤 길이의 시퀀스 데이터도 받아들일 수 있지만 훈련 중에 지정된 길이만큼 시퀀스 데이터를 잘라야 한다. ptb_iterator 함수를 사용하면 데이터를 잘라내고 배치로 구성할 수 있다. 다음 코드로 이 함수를 사용해 보자.

```
from tensorflow.models.rnn.ptb import reader

# 원시 데이터를 읽어 들인다.
DATA_PATH = "/path/to/ptb/data"
train_data, valid_data, test_data, _ = reader.ptb_raw_data(DATA_PATH)
```

```
# 훈련 데이터를 배치 크기가 4이고 길이가 5인 데이터셋으로 구성한다.
result = reader.ptb_iterator(train_data, 4, 5)
# 배치로 묶인 데이터를 출력한다. y는 현재 단어 다음에 나올 단어이다.
x, y = result.__next__()
print("X:", x)
print("y:", y)
```

```
출력 결과:
X: [[9970 9971 9972 9974 9975]
[ 332 7147  328 1452 8595]
[1969    0   98   89 2254]
[   3    3    2   14   24]]
y: [[9971 9972 9974 9975 9976]
[7147  328 1452 8595   59]
[   0   98   89 2254    0]
[   3    2   14   24  198]]
```

[그림 8-11]은 ptb_iterator 함수의 동작 방식을 보여 준다. ptb_iterator 함수는 하나의 긴 시퀀스 데이터를 batch_size개의 시퀀스 데이터로 토막낸다. 여기서 batch_size는 배치의 크기다. ptb_iterator 함수는 호출될 때마다 각 시퀀스 데이터에서 num_step 만큼 읽어 들인다. 여기서 num_step은 잘라낼 길이다. 위 코드의 출력에서 알 수 있듯이 첫 번째 배치의 첫 번째 행의 5개 정수 id는 전체 훈련 데이터 맨 앞의 5개 정수 id에 해당한다. ptb_iterator가 배치를 생성하면 배치에 대한 정확한 답안을 자동으로 생성할 수 있다. 여기서 정확한 답안이란 바로 뒤에 나오는 단어이다.

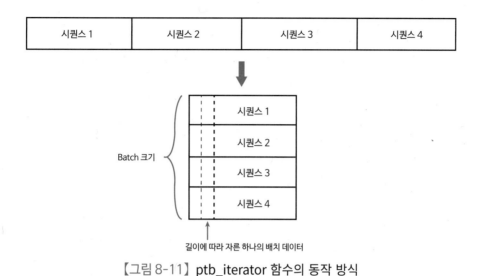

【그림 8-11】 ptb_iterator 함수의 동작 방식

② 순환 신경망을 이용한 언어 모델 구현

언어 모델의 이론과 사용될 데이터셋에 대해 알아보았으니 이제 순환 신경망을 이용해 언어 모델을 구현해 보자.

```python
# -*- coding: utf-8 -*-
import numpy as np
import tensorflow as tf
from tensorflow.models.rnn.ptb import reader


DATA_PATH = "/path/to/ptb/data"
HIDDEN_SIZE = 200                    # 은닉층 크기
NUM_LAYERS = 2                       # LSTM 구조의 계층 수
VOCAB_SIZE = 10000                   # 총 10,000개의 단어가 존재


LEARNING_RATE = 1.0                  # 학습률
TRAIN_BATCH_SIZE = 20                # 훈련 데이터 배치 사이즈
TRAIN_NUM_STEP = 35                  # 훈련 데이터 절단 길이


EVAL_BATCH_SIZE = 1                  # 평가 데이터 배치 사이즈
EVAL_NUM_STEP = 1                    # 평가 데이터 절단 길이
```

```
NUM_EPOCH = 2                           # 훈련 데이터 사용 횟수
KEEP_PROB = 0.5                         # 노드가 dropout되지 않을 확률
MAX_GRAD_NORM = 5                       # 기울기 제어 매개변수


class PTBModel(object):
    def __init__(self, is_training, batch_size, num_steps):
        self.batch_size = batch_size
        self.num_steps = num_steps

        # 입력층 정의
        self.input_data = tf.placeholder(tf.int32, [batch_size, num_steps])
        self.targets = tf.placeholder(tf.int32, [batch_size, num_steps])

        # LSTM 구조 및 드롭아웃 정의
        lstm_cell = tf.contrib.rnn.LSTMCell(HIDDEN_SIZE,
                                            name='basic_lstm_cell')
        if is_training:
            lstm_cell = tf.contrib.rnn.DropoutWrapper(
                lstm_cell, output_keep_prob=KEEP_PROB)
        cell = tf.contrib.rnn.MultiRNNCell([lstm_cell] * NUM_LAYERS)

        # 상태 초기화
        self.initial_state = cell.zero_state(batch_size, tf.float32)
        embedding = tf.get_variable("embedding", [VOCAB_SIZE, HIDDEN_SIZE])

        # 원본 단어의 정수 id를 단어 벡터로 변환
        inputs = tf.nn.embedding_lookup(embedding, self.input_data)

        if is_training:
            inputs = tf.nn.dropout(inputs, KEEP_PROB)

        # 출력 리스트 정의
        outputs = []
        state = self.initial_state
        with tf.variable_scope("RNN"):
            for time_step in range(num_steps):
                if time_step > 0: tf.get_variable_scope().reuse_variables()
```

```
            cell_output, state = cell(inputs[:, time_step, :], state)
            outputs.append(cell_output)
    output = tf.reshape(tf.concat(outputs, 1), [-1, HIDDEN_SIZE])
    weight = tf.get_variable("weight", [HIDDEN_SIZE, VOCAB_SIZE])
    bias = tf.get_variable("bias", [VOCAB_SIZE])
    logits = tf.matmul(output, weight) + bias

    # 교차 엔트로피 손실 함수 및 평균 손실 정의. sequence_loss_by_example로
    # 시퀀스 데이터의 시퀀스의 교차 엔트로피 합을 구할 수 있다.
    loss = tf.contrib.legacy_seq2seq.sequence_loss_by_example(
        [logits],                                              # 예측 결과
        [tf.reshape(self.targets, [-1])],                      # 타겟
        [tf.ones([batch_size * num_steps], dtype=tf.float32)]) # 가중치

    # 각 배치의 평균 손실 계산
    self.cost = tf.reduce_sum(loss) / batch_size
    self.final_state = state

    # 모델 학습 시에만 역전파 연산 실행
    if not is_training: return
    trainable_variables = tf.trainable_variables()

    # 기울기 크기 제어, 최적화 방법 및 학습 단계 정의
    grads, _ = tf.clip_by_global_norm(
        tf.gradients(self.cost, trainable_variables), MAX_GRAD_NORM)
    optimizer = tf.train.GradientDescentOptimizer(LEARNING_RATE)
    self.train_op = optimizer.apply_gradients(
        zip(grads, trainable_variables))

# 주어진 model을 사용하여 data에 대해 train_op을 실행하고 전체 데이터에 대한
# perplexity 값을 반환한다.
def run_epoch(sess, model, data, train_op, output_log, epoch_size):
    total_costs = 0.0
    iters = 0
    state = sess.run(model.initial_state)

    for step in range(epoch_size):
```

```
        x, y = sess.run(data)
        # 현재 배치에서 train_op을 실행하고 손실 값을 계산한다.
        # 교차 엔트로피 손실 함수는 다음 단어가 주어진 단어일 확률을 계산한다.
        cost, state, _ = sess.run(
            [model.cost, model.final_state, train_op],
            {model.input_data: x,
             model.targets: y,
             model.initial_state: state})
        # 다른 시점 및 다른 배치의 확률을 더하면 두 번째 perplexity 공식의
        # 오른쪽 항을 얻을 수 있다. 여기에 지수 연산을 수행하면 perplexity 값을
        # 얻을 수 있다.
        total_costs += cost
        iters += model.num_steps

        if output_log and step % 100 == 0:
            print("After %d steps, perplexity is %.3f"
                    % (step, np.exp(total_costs / iters)))
    # 주어진 데이터에서 주어진 모델의 perplexity 값을 반환한다.
    return np.exp(total_costs / iters)


def main():
    train_data, valid_data, test_data, _ = reader.ptb_raw_data(DATA_PATH)

    # 학습 횟수 계산
    train_data_len = len(train_data)
    train_batch_len = train_data_len // TRAIN_BATCH_SIZE
    train_epoch_size = (train_batch_len - 1) // TRAIN_NUM_STEP

    valid_data_len = len(valid_data)
    valid_batch_len = valid_data_len // EVAL_BATCH_SIZE
    valid_epoch_size = (valid_batch_len - 1) // EVAL_NUM_STEP

    test_data_len = len(test_data)
    test_batch_len = test_data_len // EVAL_BATCH_SIZE
    test_epoch_size = (test_batch_len - 1) // EVAL_NUM_STEP

    # 초기화 함수 정의
```

```python
initializer = tf.random_uniform_initializer(-0.05, 0.05)
# 훈련 모델 정의
with tf.variable_scope("language_model",
                       reuse=None, initializer=initializer):
    train_model = PTBModel(True, TRAIN_BATCH_SIZE, TRAIN_NUM_STEP)
# 평가 모델 정의
with tf.variable_scope("language_model",
                       reuse=True, initializer=initializer):
    eval_model = PTBModel(False, EVAL_BATCH_SIZE, EVAL_NUM_STEP)


# 모델 학습
with tf.Session() as sess:
    tf.global_variables_initializer().run()

    train_queue = reader.ptb_producer(
        train_data, train_model.batch_size, train_model.num_steps)
    eval_queue = reader.ptb_producer(
        valid_data, eval_model.batch_size, eval_model.num_steps)
    test_queue = reader.ptb_producer(
        test_data, eval_model.batch_size, eval_model.num_steps)

    coord = tf.train.Coordinator()
    threads = tf.train.start_queue_runners(sess=sess, coord=coord)

    for i in range(NUM_EPOCH):
        print("In iteration: %d" % (i + 1))
        run_epoch(sess, train_model,
                  train_queue, train_model.train_op,
                  True, train_epoch_size)

        valid_perplexity = run_epoch(sess, eval_model,
                                     eval_queue, tf.no_op(),
                                     False, valid_epoch_size)
        print("Epoch: %d Validation Perplexity: %.3f"
              % (i + 1, valid_perplexity))

    test_perplexity = run_epoch(sess, eval_model,
```

```
                              test_queue, tf.no_op(),
                              False, test_epoch_size)
      print("Test Perplexity: %.3f" % test_perplexity)


      coord.request_stop()
      coord.join(threads)


if __name__ == "__main__":
    main()
```

위 코드를 실행하면 다음과 비슷한 출력 결과를 얻을 수 있다.

```
In iteration: 1
After 0 steps, perplexity is 10003.783
After 100 steps, perplexity is 1404.742
After 200 steps, perplexity is 1061.458
After 300 steps, perplexity is 891.044
After 400 steps, perplexity is 782.037
…
After 1100 steps, perplexity is 228.711
After 1200 steps, perplexity is 226.093
After 1300 steps, perplexity is 223.214
Epoch: 2 Validation Perplexity: 183.443
Test Perplexity: 179.420
```

출력 결과를 보면, 처음의 perplexity 값은 10003.783이다. 이는 기본적으로 만 개의 단어에서 다음 단어를 무작위로 선택하는 것과 같다. 학습이 끝나고 학습 데이터 상의 perplexity 값은 179.420으로 감소했다. 이는 학습 과정을 통해 다음 단어의 선택 범위가 1만 개에서 약 180개로 감소되었음을 보여 준다. perplexity 값은 LSTM 은닉층의 노드 수와 크기 및 학습 반복 횟수를 조정하여 더 낮출 수도 있다.

8.4.2 시계열 데이터 예측

이 절에서 순환 신경망을 사용하여 시계열 데이터인 *sin* 함수를 예측하는 방법에 대해 설명할 것이다[15]. 여기서 사용할 *sin* 함수의 그래프는 [그림 8-12]와 같다. 표준 순환 신경망 모델은 불연속 값을 예측하기 때문에 연속적인 *sin* 함수를 이산화해야 한다. 이른바 이산화는 주어진 구간 [0,MAX]에서 유한 개의 샘플링 포인트로 잘게 쪼개는 것이다. 예를 들어 다음 코드에서 *sin* 함수는 SAMPLE_ITERVAL마다 샘플링되는데, 이렇게 샘플링된 데이터가 바로 *sin* 함수를 이산화한 결과이다.

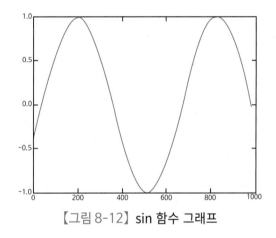

【그림 8-12】 sin 함수 그래프

다음 코드로 *sin* 함수값을 예측해 보자.

```
# -*- coding: utf-8 -*-
import numpy as np
import tensorflow as tf
import matplotlib.pyplot as plt


HIDDEN_SIZE = 30                        # LSTM 은닉층 크기
NUM_LAYERS = 2                          # LSTM 계층 수
```

---

15) 일부 내용은 http://mourafig.com/2016/05/15/predicting-sequemces-using-rnn-in-tensorflow.html에서 참고하였다.

```
TIMESTEPS = 10                  # 순환 신경망의 학습 시퀀스 길이
TRAINING_STEPS = 10000          # 훈련 횟수
BATCH_SIZE = 32                 # 배치 크기
TRAINING_EXAMPLES = 10000       # 훈련 데이터 개수
TESTING_EXAMPLES = 1000         # 테스트 데이터 개수
SAMPLE_GAP = 0.01               # 샘플링 간격


def generate_data(seq):
    X = []
    y = []
    # sin 함수 앞의 TIMESTEPS개 점의 정보를 사용하여 i + TIMESTEPS번째 점의
    # 함수값을 예측한다.
    for i in range(len(seq) - TIMESTEPS):
        X.append([seq[i: i + TIMESTEPS]])
        y.append([seq[i + TIMESTEPS]])
    return np.array(X, dtype=np.float32), np.array(y, dtype=np.float32)


# sin 함수로 훈련 데이터셋과 테스트 데이터셋을 생성한다.
test_start = (TRAINING_EXAMPLES + TIMESTEPS) * SAMPLE_GAP
test_end = test_start + (TESTING_EXAMPLES + TIMESTEPS) * SAMPLE_GAP
train_X, train_y = generate_data(np.sin(np.linspace(
        0, test_start, TRAINING_EXAMPLES + TIMESTEPS, dtype=np.float32)))
test_X, test_y = generate_data(np.sin(np.linspace(
        test_start, test_end, TESTING_EXAMPLES + TIMESTEPS, dtype=np.float32)))


def lstm_model(X, y, is_training):
    # 다중 계층 LSTM 구조
    cell = tf.nn.rnn_cell.MultiRNNCell([
            tf.nn.rnn_cell.LSTMCell(HIDDEN_SIZE, name='basic_lstm_cell')
            for _ in range(NUM_LAYERS)])

    # 다중 계층 LSTM 구조를 RNN에 연결하여 순전파 연산을 실행한다.
    outputs, _ = tf.nn.dynamic_rnn(cell, X, dtype=tf.float32)
    output = outputs[:, -1, :]

    # LSTM 네트워크의 출력에 완전 연결 계층을 연결해 손실을 계산한다. 여기서 기본
    # 손실은 평균 제곱근 오차(Root Mean Squared Error)이다.
```

```
        predictions = tf.contrib.layers.fully_connected(
                    output, 1, activation_fn=None)

        # 손실 함수와 최적화는 학습 중에만 계산된다. 테스트 시엔 예측 결과를 반환한다.
        if not is_training:
            return predictions, None, None

        # 손실 함수 계산
        loss = tf.losses.mean_squared_error(labels=y, predictions=predictions)

        train_op = tf.contrib.layers.optimize_loss(
            loss, tf.train.get_global_step(),
            optimizer="Adagrad", learning_rate=0.1)
        return predictions, loss, train_op

def run_eval(sess, test_X, test_y):
    # 테스트 데이터를 데이터셋의 방식으로 계산 그래프에 제공한다.
    ds = tf.data.Dataset.from_tensor_slices((test_X, test_y))
    ds = ds.batch(1)
    X, y = ds.make_one_shot_iterator().get_next()

    # 모델을 호출해 계산 결과를 얻는다. 여기서 실제 y값을 입력할 필요가 없다.
    with tf.variable_scope("model", reuse=True):
        prediction, _, _ = lstm_model(X, [0.0], False)

    # 예측 결과를 배열에 넣는다.
    predictions = []
    labels = []
    for i in range(TESTING_EXAMPLES):
        p, l = sess.run([prediction, y])
        predictions.append(p)
        labels.append(l)

    # 평가 지표인 rmse를 계산한다.
    predictions = np.array(predictions).squeeze()
    labels = np.array(labels).squeeze()
    rmse = np.sqrt((((predictions - labels) ** 2).mean(axis=0))
```

```
print("Root Mean Square Error is: %f" % rmse)

# 예측한 sin 함수 그래프를 그린다.
plt.figure()
plt.plot(predictions, label='predictions')
plt.plot(labels, label='real_sin')
plt.legend()
plt.show()


# 학습 데이터를 데이터셋의 방식으로 계산 그래프에 제공한다.
ds = tf.data.Dataset.from_tensor_slices((train_X, train_y))
ds = ds.repeat().shuffle(1000).batch(BATCH_SIZE)
X, y = ds.make_one_shot_iterator().get_next()

# 모델, 예측 결과, 손실 함수, 학습 작업을 정의한다.
with tf.variable_scope("model"):
    _, loss, train_op = lstm_model(X, y, True)

with tf.Session() as sess:
    sess.run(tf.global_variables_initializer())

    # 학습 전에 모델의 성능을 테스트한다.
    print("Evaluate model before training.")
    run_eval(sess, test_X, test_y)

    # 모델 학습
    for i in range(TRAINING_STEPS):
        _, l = sess.run([train_op, loss])
        if i % 1000 == 0:
            print("train step: " + str(i) + ", loss: " + str(l))

    # 학습된 모델을 사용해 테스트 데이터에 대한 예측을 진행한다.
    print("Evaluate model after training.")
    run_eval(sess, test_X, test_y)
```

[그림 8-13]에서 볼 수 있듯이 예측된 결과는 실제 *sin* 함수와 거의 일치한다. 즉 *sin* 함수의 값은 순환 신경망을 통해 매우 잘 예측할 수 있다.

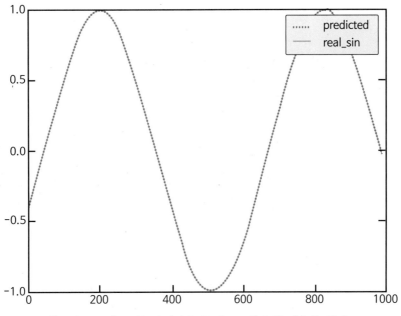

【그림 8-13】 순환 신경망을 통해 sin 함수를 예측한 결과

TensorBoard: 그래프 시각화

9.1 TensorBoard 개요

9.2 TensorFlow 계산 그래프 시각화

9.3 지표 모니터링

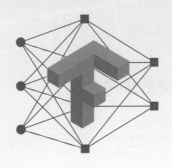

TensorBoard: 그래프 시각화

앞장에서는 TensorFlow를 사용하여 자주 쓰이는 신경망 구조를 구현하는 방법에 대해 알아보았다. 이러한 신경망은 실제 문제에 적용되기 전에 매개변수를 최적화해야 한다. 이것이 바로 신경망 학습 과정이다. 신경망을 학습시키기란 매우 복잡할 뿐더러 때로는 몇 주의 시간이 소요되기도 한다. 신경망 학습 과정을 효율적으로 관리, 디버그 및 최적화하기 위해 TensorFlow는 시각화 도구인 TensorBoard를 제공한다. TensorBoard는 TensorFlow 실행 중의 계산 그래프, 시간 경과에 따른 다양한 지표의 변화 추세 및 학습에 사용된 그래프 등의 정보를 효과적으로 나타낼 수 있다.

이번 장은 TensorBoard의 사용 방법에 대해 자세히 설명한다. 먼저 9.1절에서는 TensorBoard의 기초 지식에 대해 알아보고 간단한 TensorFlow 예제를 시각화해 본다. 또한, TensorBoard를 실행하는 방법과 TensorBoard가 제공하는 몇 가지 시각화 정보에 대해 설명한다. 그리고 9.2절에서 TensorBoard를 통해 얻은 TensorFlow 계산 그래프의 시각화 결과를 보여 준다. 마지막으로 9.3절에서는 TensorBoard를 사용하여 학습 과정을 모니터링하는 방법과 TensorFlow를 통해 시각화할 부분을 지정하는 방법에 대해 자세히 설명하고 이를 직접 구현해 볼 것이다.

9.1 TensorBoard 개요

TensorBoard는 TensorFlow의 그래프 시각화 도구로써, TensorFlow 실행 중에 출력된 로그 파일을 통해 TensorFlow 실행 상태를 한눈에 볼 수 있다. 다음 코드로 TensorBoard 로그를 출력해 보자.

```python
import tensorflow as tf

# 간단한 계산 그래프를 정의하고 벡터 덧셈 연산을 구현한다.
input1 = tf.constant([1.0, 2.0, 3.0], name="input1")
input2 = tf.Variable(tf.random_uniform([3]), name="input2")
output = tf.add_n([input1, input2], name="add")

# 로그를 기록할 writer를 생성하고 현재 계산 그래프를 로그에 기록한다. TensorFlow는
# 로그 파일 작성을 위한 다양한 API를 제공하는데 9.3절에서 자세히 설명한다.
writer = tf.summary.FileWriter ("/path/to/log", tf.get_default_graph())
writer.close()
```

위의 코드는 계산 그래프의 정보를 출력하므로 TensorBoard를 실행하면 시각화된 벡터 덧셈 결과를 볼 수 있다. TensorBoard는 추가 설치할 필요 없이 TensorFlow와 함께 자동으로 설치된다. 다음 명령을 실행해 TensorBoard를 실행해 보자.

```
# 로그가 위치한 경로를 지정하고 TensorBoard를 실행한다.
tensorboard --logdir=/path/to/log
```

위의 명령을 실행하면 서비스가 시작되며 기본 포트는 6006이다[1]. 브라우저에서 localhost:6006 주소에 접속하면 [그림 9-1]과 같은 화면을 볼 수 있다. 화면 위쪽에서

---

[1] --port를 추가해 포트 번호를 변경할 수 있다.

SCALARS, IMAGES, AUDIO, GRAPHS, HISTOGRAM 등의 항목을 고를 수 있는데, 선택 항목에 해당하는 시각화 정보를 보여 준다. 9.2절에서 계산 그래프의 시각화 결과에 대해 자세히 알아볼 것이다.

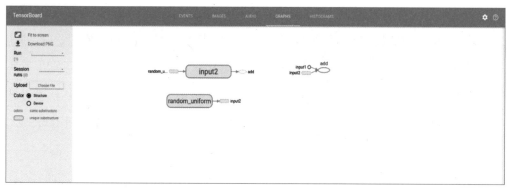

【그림 9-1】 TensorBoard로 벡터 덧셈을 시각화한 그래프

9.2 TensorFlow 계산 그래프 시각화

이 절에서는 TensorFlow 계산 그래프의 시각화 결과를 활용하는 방법에 대해 자세히 설명한다. 먼저 9.2.1절에서 네임스페이스를 통해 계산 그래프의 노드를 관리하는 방법을 알아본다. 3장에서 설명한 것처럼 TensorFlow는 모든 연산을 그래프 형식으로 구성한다. TensorBoard로 얻은 그래프는 계산 그래프의 노드와 엣지만으로 바로 시각화된 것이 아닌, 각 연산 노드의 네임스페이스로 정리되어 시각화된 것이다. TensorBoard는 계산 그래프의 구조를 보여 줄 뿐만 아니라 연산 노드의 추가 정보도 보여 준다. 9.2.2절에서 계산 그래프의 시각화 결과에서 이러한 정보를 얻는 방법에 대해 자세히 설명한다.

9.2.1 네임스페이스와 TensorBoard 그래프 노드

9.1절에 주어진 코드에는 하나의 덧셈 연산만 정의되어 있지만 [그림 9-1]의 그래프에는 8개의 노드가 있다. 스칼라 및 상수를 선언하여 생성된 노드를 제외하고 변수의 초기화 과정에서도 새로운 연산 노드가 생성된다. 이러한 노드는 무질서하기에 주요 연산 노드가 다량의 쓸데없는 노드에 묻혀 시각화된 그래프를 이해하기 어렵게 만든다. 예를 들어 [그림 9-1]에서 TensorFlow에 정의된 덧셈 연산을 나타내는 노드는 오른쪽의 작은 영역에만 표시되며, 기본적으로 변수에 의해 초기화된 연산에 의해 묻혀 있다. 복잡한 신경망 모델에 해당하는 계산 그래프는 위와 같은 계산 그래프보다 훨씬 복잡하므로, 정리를 거치지 않은 그래프는 신경망 모델의 구조를 이해하는 데 도움이 되지 않는다.

그래프의 연산 노드를 잘 구성하기 위해 TensorBoard는 TensorFlow 네임스페이스를 통해 노드를 정리하여 구성할 수 있도록 지원한다. TensorBoard의 기본 그래프에서 같은 네임스페이스에 있는 모든 노드는 하나의 노드로 축약되고 최상위 네임스페이스의 노드만 그래프에 나타난다. 5.3절에서 이미 변수의 네임스페이스와 tf.variable_scope 함수를 통해 변수의 네임스페이스를 관리하는 방법에 대해 설명했었다. 이 함수 말고도 tf.name_scope 함수를 사용해 네임스페이스를 관리할 수 있다. 이 두 함수는 대부분의 경우에 같다고 볼 수 있지만, 유일하게 tf.get_variable 함수를 사용할 때는 차이가 생긴다. 다음 코드로 이 두 함수의 차이점을 알아보자.

```python
import tensorflow as tf

with tf.variable_scope("foo"):
    # 네임스페이스 foo에서 변수 bar를 가져오면 변수 이름은 foo/bar가 된다.
    a = tf.get_variable("bar", [1])
    print(a.name)                          # 출력: foo/bar:0

with tf.variable_scope("bar"):
    # 네임스페이스 bar에서 변수 bar를 가져오면 변수 이름은 bar/bar가 된다.
    # 이때, 변수 bar/bar는 변수 foo/bar와 충돌하지 않으며 정상적으로 실행될 수 있다.
    b = tf.get_variable("bar", [1])
```

```
    print(b.name)                          # 출력: bar/bar:0

with tf.name_scope("a"):
    # tf.Variable 함수로 변수를 생성하면 tf.name_scope의 영향을 받으므로 이 변수의
    # 이름은 a/Variable가 된다.
    a = tf.Variable([1])
    print(a.name)                          # 출력: a/Variable:0

    # tf.get_variable 함수는 tf.name_scope 함수의 영향을 받지 않으므로 변수가
    # 네임스페이스 a에 없다.
    a = tf.get_variable("b", [1])
    print(a.name)                          # 출력: b:0

with tf.name_scope("b"):
    # tf.get_variable 함수는 tf.name_scope 함수의 영향을 받지 않으므로 a라는
    # 변수를 가져오려 하지만, 이 변수는 이미 선언되었기에 다음과 같은 에러가 발생한다.
    # ValueError: Variable bar already exists, disallowed. Did you mean
    # to set reuse=True in VarScope?  Originally defined at: …
    tf.get_variable("b", [1])
```

9.1절에 주어진 코드에서 네임스페이스를 관리함으로써 그래프를 더욱 명확하게 나타낼 수 있다.

```
import tensorflow as tf

# TensorBoard가 네임스페이스를 기반으로 그래프의 노드를 구성할 수 있도록 입력 정의를
# 각자의 네임스페이스에 넣는다.
with tf.name_scope("input1"):
    input1 = tf.constant([1.0, 2.0, 3.0], name="input1")
with tf.name_scope("input2"):
    input2 = tf.Variable(tf.random_uniform([3]), name="input2")
output = tf.add_n([input1, input2], name="add")

writer = tf.summary.FileWriter("/path/to/log", tf.get_default_graph())
writer.close()
```

위의 코드에서 생성된 로그 파일을 TensorBoard로 실행하면 [그림 9-2]와 같이 개선된 그래프를 얻을 수 있다. 이 그래프에선 많은 노드가 input2 노드로 축약되어 덧셈 연산이 뚜렷하게 보인다. 노드에 포함된 연산을 보려면 노드를 더블 클릭하면 된다. [그림 9-3]은 input2 노드를 펼친 후의 그래프이다.

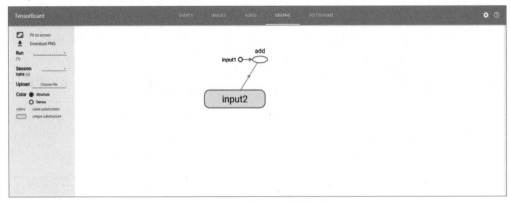

【그림 9-2】 개선된 벡터 덧셈 그래프

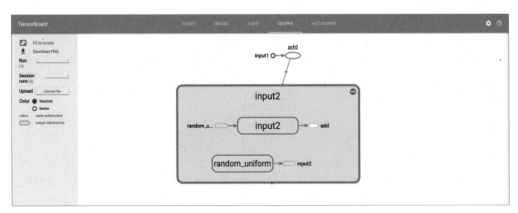

【그림 9-3】 input2 노드를 펼친 후의 그래프

[그림 9-3]에서 [그림 9-1]의 데이터 초기화와 관련된 오퍼레이션이 함께 구성되어 있음을 알 수 있다. 이제 다음 코드로 실제 신경망 구조를 시각화해 보자. 이 절에서는 5.5 절에 주어진 아키텍처를 쓸 것이다. 참고로 다음 코드는 수정된 mnist_train_py이다.

```python
import tensorflow as tf
from tensorflow.examples.tutorials.mnist import input_data
import mnist_inference

BATCH_SIZE = 100
LEARNING_RATE_BASE = 0.8
LEARNING_RATE_DECAY = 0.99
REGULARIZATION_RATE = 0.0001
TRAINING_STEPS = 3000
MOVING_AVERAGE_DECAY = 0.99

def train(mnist):
    # 입력 데이터의 네임스페이스
    with tf.name_scope('input'):
        x = tf.placeholder(
            tf.float32, [None, mnist_inference.INPUT_NODE],
            name='x-input')
        y_ = tf.placeholder(
            tf.float32, [None, mnist_inference.OUTPUT_NODE],
            name='y-input')

    regularizer = tf.contrib.layers.l2_regularizer(REGULARIZATION_RATE)
    y = mnist_inference.inference(x, regularizer)
    global_step = tf.Variable(0, trainable=False)

    # 이동 평균 처리의 네임스페이스
    with tf.name_scope("moving_average"):
        variable_averages = tf.train.ExponentialMovingAverage(
            MOVING_AVERAGE_DECAY, global_step)
        variables_averages_op = variable_averages.apply(
            tf.trainable_variables())

    # 손실 함수 계산의 네임스페이스
    with tf.name_scope("loss_function"):
        cross_entropy = tf.nn.sparse_softmax_cross_entropy_with_logits(
            logits=y, labels=tf.argmax(y_, 1))
        cross_entropy_mean = tf.reduce_mean(cross_entropy)
```

```
        loss = cross_entropy_mean + tf.add_n(tf.get_collection('losses'))

    # 학습률, 최적화 방법 및 훈련 실행 정의의 네임스페이스
    with tf.name_scope("train_step"):
        learning_rate = tf.train.exponential_decay(
            LEARNING_RATE_BASE,
            global_step,
            mnist.train.num_examples / BATCH_SIZE,
            LEARNING_RATE_DECAY,
            staircase=True)
        train_step = tf.train.GradientDescentOptimizer(learning_rate).\
            minimize(loss, global_step=global_step)
        with tf.control_dependencies([train_step, variables_averages_op]):
            train_op = tf.no_op(name='train')

    # 5.5절과 같은 방식으로 모델을 학습시킨다.
    ...

    writer = tf.summary.FileWriter("/path/to/log", tf.get_default_graph())
    writer.close()

def main(argv=None):
    mnist = input_data.read_data_sets("/tmp/data", one_hot=True)
    train(mnist)

if __name__ == '__main__':
    main()
```

　　5.5절에 주어진 mnist_train.py와 비교할 때, 가장 큰 변화는 비슷한 기능을 수행하는 연산을 tf.name_scope 함수에 의해 생성된 컨텍스트 관리자에 넣는 것이다. TensorBoard는 이런 방식으로 노드들을 효과적으로 결합하여 신경망의 전반적인 구조를 두드러지게 할 수 있다. mnist_inference.py에선 이미 tf.variable_scope를 사용해 변수의 네임스페이스를 관리하기 때문에 여기서 다시 변경할 필요가 없다. [그림 9-4]는 위 코드의 계산 그래프를 시각화한 것이다.

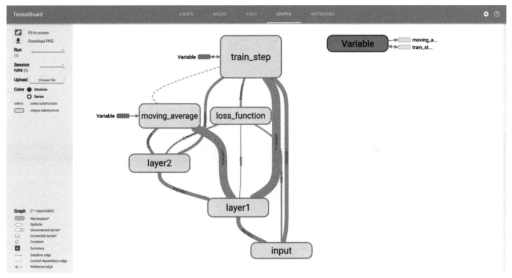

【그림 9-4】 개선된 MNIST 예제를 시각화한 그래프

[그림 9-4]의 그래프로 신경망 전체 구조를 한눈에 볼 수 있다. [그림 9-4]에서 input 노드는 신경망 학습에 필요한 입력 데이터를 나타내며 신경망의 첫 번째 계층인 layer1로 전달된다. layer1의 결과는 두 번째 계층인 layer2로 전달되어 순전파 계산이 이뤄진다. loss_function 노드는 손실 함수를 계산하는 과정을 나타낸다. 이 과정은 순전파 결과에 따라 교차 엔트로피(layer2와 loss_function 사이의 엣지)를 계산하고, 각 계층에 정의된 변수에 따라 L2 정규화 손실(layer1 및 layer2와 loss_function 사이의 엣지)을 계산한다. loss_function의 계산 결과는 신경망의 최적화 과정, 즉 그래프에서 train_step으로 표현된 노드로 전달된다.

[그림 9-4]를 살펴보면 두 종류의 엣지가 있다. 실선으로 표현된 엣지는 데이터 전송을 나타내고, 화살표의 방향은 데이터 전송의 방향을 나타낸다. 이를테면 layer1과 layer2 사이의 엣지는 layer1의 출력이 layer2의 입력으로 사용됨을 나타낸다. Variable과 train_step 사이의 엣지 같은 일부 엣지의 화살표는 양방향이다. 이는 train_step이 Variable의 상태를 수정함과 동시에 훈련 과정이 학습 반복 횟수를 기록하는 변수를 수정함을 의미한다.

TensorBoard 그래프의 엣지에는 텐서의 형상 정보도 표시된다. [그림 9-5]는 위의 그래프를 확대한 것으로 input과 layer1 사이에 있는 텐서의 크기가 100×784임을 볼 수 있다. 이는 학습 시에 배치의 크기는 100이고 입력층에 784개의 노드가 있음을 뜻한다. 또한, 두 개 이상의 텐서가 노드 사이에서 전송되면 텐서의 수만 표시한다. 엣지의 두께는 텐서의 개수가 아닌 크기를 나타낸다. 예를 들어 layer2와 loss_function 사이에 두 개의 텐서가 지나가지만 크기가 작기 때문에 layer1과 layer2 사이의 엣지보다 얇은 것이다.

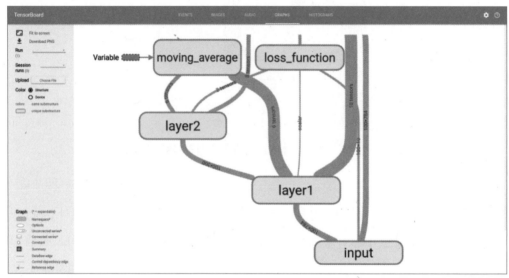

【그림 9-5】엣지에 표시된 정보

또 다른 엣지는 [그림 9-4]에 나와 있는 moving_average와 train_step 사이의 엣지와 같은 점선으로 표시된다. 점선은 연산 간의 종속 관계를 나타낸다. 예를 들면 위의 코드에서 tf.control_dependencies 함수로 매개변수의 이동 평균 업데이트를 지정하는 작업과 역전파를 통한 변수 업데이트 작업을 동시에 수행해야 하므로 moving_average와 train_step은 점선으로 이어져 있다.

TensorFlow의 네임스페이스를 통해 TensorBoard의 그래프를 수동으로 조정하는 것 외에도, TensorBoard는 그래프의 노드를 지능적으로 조정한다. TensorFlow의 일부 연산 노드에는 많은 종속성이 있기에 하나의 그래프로 나타내기엔 무리가 있다. 그래서 모든 상위 노드를 우측에 있는 보조 공간(auxiliary area)에 분리해 두고 엣지를 나타내는 선을 그리지 않는다. TensorBoard는 연결이 많은 노드를 보조 공간에 자동으로 배치하여 메인 그래프를 한눈에 보기 쉽게 만든다.

이뿐만 아니라 우리가 직접 그래프를 조정할 수도 있다. [그림 9-6]과 같이 노드를 마우스 오른쪽 버튼으로 클릭하면 메인 그래프에서 노드를 추가하거나 제거하는 옵션이 나타난다. 또한, 마우스 왼쪽 버튼으로 클릭해서 생긴 메시지 상자의 하단에도 나타난다. [그림 9-7]과 [그림 9-8]은 메인 그래프에서 각각 train_step 노드와 Variable 노드를 제거한 결과이다.

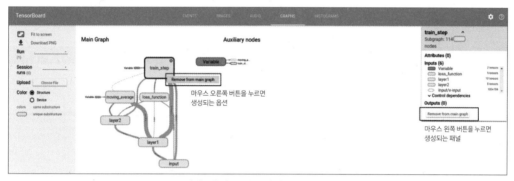

(a) 메인 그래프에서 노드 제거

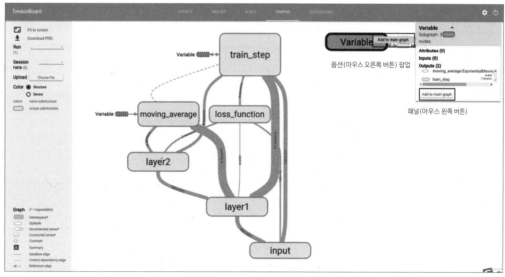

(b) 메인 그래프에 노드 추가

【그림 9-6】 메인 그래프에서 수동으로 노드 제거 및 추가

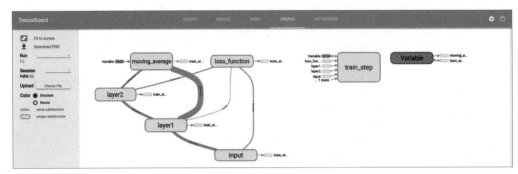

【그림 9-7】 메인 그래프에서 train_step 노드를 제거한 결과

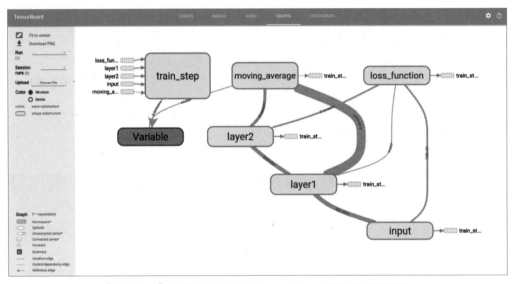

【그림 9-8】 메인 그래프에서 Variable 노드를 제거한 결과

9.2.2 노드 정보

TensorBoard를 통해 계산 그래프의 구조를 볼 수 있을 뿐만 아니라 각 노드의 기본 정보와 연산 시간 및 메모리도 알 수 있다. 이 절에서는 이러한 정보를 나타나게 하는 방법에 대해 자세히 설명할 것이다. 노드의 연산 시간은 매우 유용한 정보로써 최적화를 목적으로 프로그램을 더 빠르게 실행할 수 있다. 9.2.1절의 개선된 mnist_train.py 신

경망 모델 학습 섹션에 다음 코드를 추가하면 지정한 횟수마다 노드의 연산 시간과 메모리를 로그 파일에 기록하게 된다.

```
with tf.Session() as sess:
    tf.global_variables_initializer().run()
    for i in range(TRAINING_STEPS):
        xs, ys = mnist.train.next_batch(BATCH_SIZE)
        # 1,000회마다 실행 상태를 기록한다.
        if i % 1000 == 0:
            # 기록할 정보 설정
            run_options = tf.RunOptions(
                trace_level=tf.RunOptions.FULL_TRACE)
            # 런타임에 실행 정보의 proto를 기록한다.
            run_metadata = tf.RunMetadata()
            _, loss_value, step = sess.run(
                [train_op, loss, global_step], feed_dict={x: xs, y_: ys},
                options=run_options, run_metadata=run_metadata)
            writer.add_run_metadata(run_metadata=run_metadata,
                                    tag=("tag%d" % i), global_step=i)
            print("After %d training step(s), loss on training batch "
                  "is %g." % (step, loss_value))
        else:
            _, loss_value, step = sess.run(
                [train_op, loss, global_step], feed_dict={x: xs, y_: ys})
```

위의 코드에서 생성된 로그 파일을 TensorBoard로 실행하면 모든 노드의 연산 시간과 메모리를 시각화할 수 있다. [그림 9-9(a)]를 보면 페이지 왼쪽에 있는 Session runs의 선택 항목에는 train_writer.add_run_metadata 함수를 통해 기록된 실행 데이터가 있을 것이다. 여기서 [그림 9-9(b)]와 같이 실행 기록을 선택하면 좌측 Color에서 Compute time과 Memory 옵션을 고를 수 있게 된다.

(a) 실행 기록 선택   (b) Compute time, Memory

【그림 9-9】 TensorBoard 실행 기록 선택

Color 항목에서 Compute time을 선택하면 각 노드의 연산 시간을 볼 수 있고, Memory를 선택하면 각 노드가 소비한 메모리를 확인할 수 있다. [그림 9-10]은 1만 번째 반복 때의 노드 연산 시간을 시각화한 것이다. 그림에서 노드의 색이 진할수록 시간 소모가 크므로 train_step 노드의 연산 시간이 가장 긴 것을 알 수 있다. 이를 통해 성능의 병목 현상을 쉽게 발견할 수 있어 알고리즘을 최적화하기 편하다. 성능 튜닝 시에 노드의 시간, 메모리 소비에 대한 기준으로 반복 횟수가 많은 데이터가 쓰인다. 이는 성능에 대한 초기화의 영향을 줄일 수 있기 때문이다.

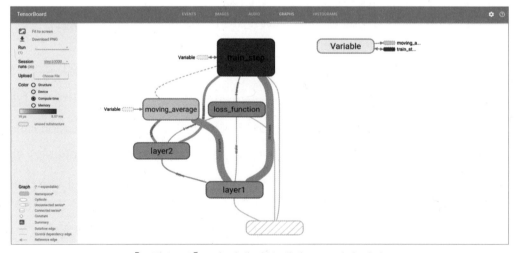

【그림 9-10】 1만 번째 반복 때의 노드 연산 시간

Compute time, Memory 말고도 Structure와 Device 두 가지 옵션이 더 있다. [그림 9-2]부터 [그림 9-8]까지는 기본적으로 Structure 옵션이 사용됐다. 이들 그래프에서 회색 노드는 다른 노드가 동일한 구조를 갖고 있지 않음을 나타낸다. 만일 두 노드가 같은 구조를 갖는다면 같은 색이 칠해지는 식이다. [그림 9-11]은 동일한 구조 노드를 갖는 합성곱 신경망 그래프이다. 여기서 두 합성곱 계층의 구조는 같기에 같은 색상이 칠해져 있음을 볼 수 있다. 마지막으로 Device 옵션을 선택하면 노드마다 연산을 맡는 장치에 따라 색상이 정해진다. GPU를 사용할 때 이러한 방식으로 GPU에 배치되는 연산 노드를 시각적으로 볼 수 있다. [그림 9-12]는 GPU를 사용한 계산 그래프를 시각화한 그래프이다. 여기서 짙은 회색 노드는 GPU에 배치되었고, 옅은 회색 노드는 CPU에 배치되었음을 의미한다.

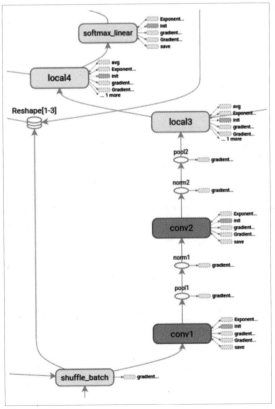

【그림 9-11】 동일한 구조 노드를 갖는 합성곱 신경망을 시각화한 그래프

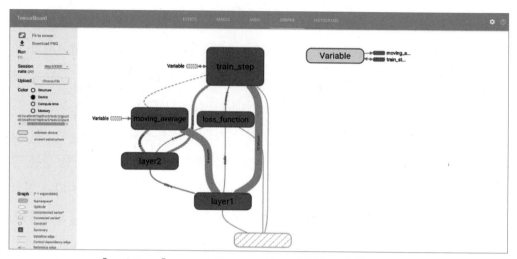

【그림 9-12】 GPU를 사용한 계산 그래프를 시각화한 그래프

TensorBoard 그래프에서 노드를 클릭하면 노드의 기본 정보가 오른쪽 상단 모서리에 나타난다. [그림 9-13]에서처럼 클릭된 노드가 네임스페이스인 경우 속해 있는 모든 연산 노드의 입력, 출력 및 종속성이 표시된다. 속성(Attributes)도 나타나지만 네임스페이스 아래에선 아무것도 표시되지 않는다.

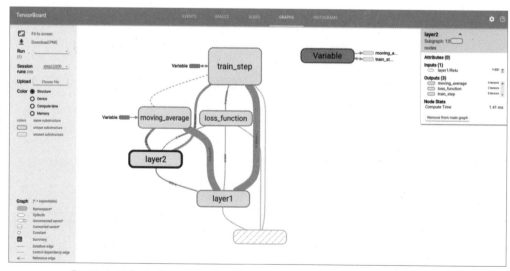

【그림 9-13】 우측 상단 모서리에 네임스페이스의 기본 정보가 나타난다.

[그림 9-14]와 같이, TensorBoard 그래프에서 클릭한 노드가 TensorFlow 연산 노드와 일치해도 유사한 정보를 표시한다. 그래프에서 타원형 노드는 계산 그래프의 연산 노드에 해당하고 직사각형 노드는 네임스페이스에 해당한다. 연산 노드의 내용은 속성이 표시된다는 점을 제외하면 네임스페이스 내용과 비슷하다. 예를 들어 [그림 9-14]에서 속성 항목에 선택한 연산 노드가 어떤 장치에서 실행 중인지와 이 연산을 실행할 때의 두 매개변수가 나타난다.

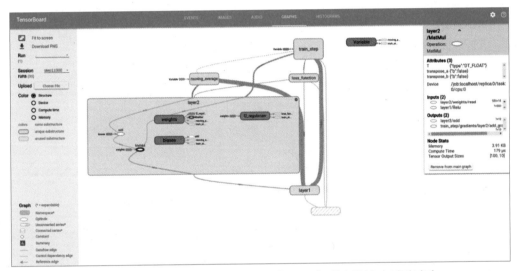

【그림 9-14】 우측 상단 모서리에 연산 노드의 기본 정보가 나타난다.

9.3　지표 모니터링

9.2절에서는 TensorBoard의 GRAPHS 항목을 통해 TensorFlow 계산 그래프의 구조 및 정보를 시각화했다. TensorBoard는 계산 그래프를 시각화할 수 있을 뿐 아니라 프로그램 실행 중에 실행 상태를 이해하는 데 도움이 되는 각종 지표를 모니터링할 수 있

다. 이 절에서는 TensorBoard의 다른 항목을 통해 이러한 지표를 시각화하는 방법에 대해 설명할 것이다. TensorBoard는 GRAPHS 항목 외에도 SCALARS, IMAGES, AUDIO, TEXT, HISTOGRAMS 등의 항목을 제공해 다양한 지표를 시각화할 수 있다. 다음 코드로 TensorFlow 프로그램 실행 시의 정보를 TensorBoard 이벤트 파일에 출력해 보자.

```python
import tensorflow as tf
from tensorflow.examples.tutorials.mnist import input_data

SUMMARY_DIR = "/path/to/log"
BATCH_SIZE = 100
TRAIN_STEPS = 3000

# 변수의 요약 노드를 생성한다. 여기서 var는 기록할 텐서, name은 시각화 결과에서
# 보여질 도표 이름이며 일반적으로 변수명과 같다.
def variable_summaries(var, name):
    with tf.name_scope('summaries'):
        tf.summary.histogram(name, var)
        mean = tf.reduce_mean(var)                          # 평균값
        tf.summary.scalar('mean/' + name, mean)
        stddev = tf.sqrt(tf.reduce_mean(tf.square(var - mean)))
        tf.summary.scalar('stddev/' + name, stddev)         # 표준 편차


# 완전 연결 계층을 생성한다.
def nn_layer(input_tensor, input_dim, output_dim,
             layer_name, act=tf.nn.relu):
    with tf.name_scope(layer_name):
        with tf.name_scope('weights'):
            weights = tf.Variable(
                tf.truncated_normal([input_dim, output_dim], stddev=0.1))
            variable_summaries(weights, layer_name + '/weights')
        with tf.name_scope('biases'):
            biases = tf.Variable(tf.constant(0.0, shape=[output_dim]))
            variable_summaries(biases, layer_name + '/biases')
        with tf.name_scope('Wx_plus_b'):
            preactivate = tf.matmul(input_tensor, weights) + biases
```

```
            # 신경망 출력 노드가 활성화 함수를 지나기 전의 분포를 기록한다.
            tf.summary.histogram(
                    layer_name + '/pre_activations', preactivate)
        activations = act(preactivate, name='activation')

        # 신경망 출력 노드가 활성화 함수를 지난 후의 분포를 기록한다. [그림 9-19]에서
        # layer1의 경우, ReLU 함수가 활성화 함수로 사용되기 때문에 0보다 작은 모든
        # 값이 0으로 설정된다. 따라서 layer1/activations 그래프의 모든 값은 0보다
        # 크다. layer2의 경우, layer2/activations에서 활성화 함수가 사용되지 않았기
        # 때문에 layer2/pre_activations와 같다.
        tf.summary.histogram(layer_name + '/activations', activations)
        return activations

def main():
    mnist = input_data.read_data_sets("/tmp/data", one_hot=True)
    # 입력 정의
    with tf.name_scope('input'):
        x = tf.placeholder(tf.float32, [None, 784], name='x-input')
        y_ = tf.placeholder(tf.float32, [None, 10], name='y-input')

    # 입력 벡터를 이미지의 픽셀 행렬로 복원하고 이미지를 기록한다.
    with tf.name_scope('input_reshape'):
        image_shaped_input = tf.reshape(x, [-1, 28, 28, 1])
        tf.summary.image('input', image_shaped_input, 10)

    hidden1 = nn_layer(x, 784, 500, 'layer1')
    y = nn_layer(hidden1, 500, 10, 'layer2', act=tf.identity)

    # 교차 엔트로피를 계산하고 기록한다.
    with tf.name_scope('cross_entropy'):
        cross_entropy = tf.reduce_mean(
            tf.nn.softmax_cross_entropy_with_logits(logits=y, labels=y_))
        tf.summary.scalar('cross_entropy', cross_entropy)

    with tf.name_scope('train'):
        train_step = tf.train.AdamOptimizer(0.001).minimize(cross_entropy)
```

```
    with tf.name_scope('accuracy'):
        with tf.name_scope('correct_prediction'):
            correct_prediction = \
                tf.equal(tf.argmax(y, 1), tf.argmax(y_, 1))
        with tf.name_scope('accuracy'):
            accuracy = tf.reduce_mean(
                tf.cast(correct_prediction, tf.float32))
        tf.summary.scalar('accuracy', accuracy)


    # TensorFlow의 다른 작업과 마찬가지로 tf.summary.scalar, tf.summary.image,
    # tf.summary.histogram 등의 함수는 즉시 실행되지 않으며, 이러한 함수는
    # sess.run에 의해 명시적으로 호출되어야 한다. 일일이 호출하는 것은 번거로우므로
    # tf.summary.merge_all() 함수로 모든 요약 데이터를 생성하는 각 연산자를 합친다.
    merged = tf.summary.merge_all()


    with tf.Session() as sess:
        # 로그를 작성할 writer를 초기화하고 현재 계산 그래프를 로그에 작성한다.
        summary_writer = tf.summary.FileWriter(SUMMARY_DIR, sess.graph)
        tf.global_variables_initializer().run()

        for i in range(TRAIN_STEPS):
            xs, ys = mnist.train.next_batch(BATCH_SIZE)
            # 모델 학습과 모든 로그 생성 작업을 실행하여 이 실행에 대한 로그를 얻는다.
            summary, _ = sess.run([merged, train_step],
                                  feed_dict={x: xs, y_: ys})
            # 얻은 로그를 로그 파일에 기록한다.
            summary_writer.add_summary(summary, i)


    summary_writer.close()

if __name__ == '__main__':
    main()
```

위의 코드에서 볼 수 있듯이 TensorBoard 항목과 대응하는 여러 요약 연산 함수가 있는데 [표 9-1]를 참고하길 바란다.

【표 9-1】 TensorFlow 요약 연산 함수와 TensorBoard 항목

TensorFlow 요약 연산 함수	TensorBoard 항목	내용
tf.summary.scalar	SCALARS	TensorFlow의 스칼라(scalar)는 반복이 진행됨에 따른 데이터의 변화 추세를 모니터링한다. [그림 9-17]은 배치별 정확도의 변화를 보여 준다.
tf.summary.image	IMAGES	TensorFlow에 사용되는 이미지 데이터. 이 항목은 일반적으로 현재 사용하는 훈련 및 테스트 이미지를 시각화하는 데 쓰인다. [그림 9-19]는 마지막에 사용된 이미지를 보여 준다.
tf.summary.audio	AUDIO	TensorFlow에 사용되는 오디오 데이터.
tf.summary.histogram	HISTOGRAMS	TensorFlow의 데이터 분포를 시각화할 수 있다. [그림 9-19]는 반복이 진행됨에 따른 신경망 매개변수값 분포를 보여 준다.

위의 코드를 실행하고 9.1절에 소개한 방식으로 TensorBoard를 실행하면 [그림 9-15]와 같은 화면을 볼 수 있다. 이 페이지에는 위 코드의 tf.summary.scalar 함수에 의해 생성된 4개의 지표가 있다. 변수의 네임스페이스와 마찬가지로 TensorBoard도 지표의 이름에 따라 나뉜다. [그림 9-16]에서 mean 아래에 4개의 지표가 있음을 볼 수 있다. 이 4개의 지표의 명칭은 mean으로 시작하며 '/'로 네임스페이스를 나눈다. 그러나 그래프와는 달리 SCALARS 항목은 최상위의 네임스페이스로만 통합하며 클릭하면 네임스페이스에 배치된 모든 지표를 볼 수 있다.

【그림 9-15】 스칼라 지표 모니터링

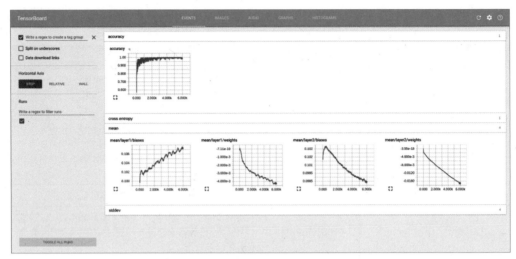

【그림 9-16】 여러 가지 지표들

　　모든 지표의 좌측 하단에는 작은 상자 ⬚가 있는데, 이 상자를 클릭하면 [그림 9-17]과 같이 확대된 그래프를 볼 수 있다. 신경망 모델 학습 시에 TensorBoard를 통해 변숫값의 변화, 배치에 대한 손실 크기 및 학습률의 변화 등의 정보를 모니터링하면 모델의 학습 상황을 파악하는 데 많은 도움이 된다.

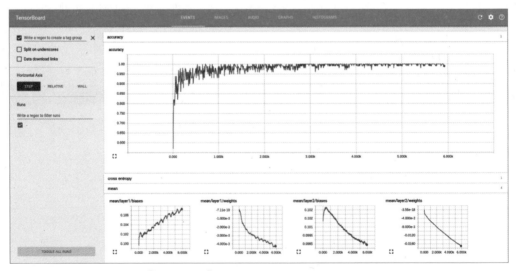

【그림 9-17】 어떠한 지표를 확대한 그래프

[그림 9-18]은 학습에 사용되고 있는 이미지를 TensorBoard를 통해 시각화한 것이다. 이렇게 데이터를 무작위로 섞은 효과를 대략적으로 볼 수 있다. TensorFlow 프로그램과 TensorBoard 시각화 툴은 동시에 실행할 수 있으므로 학습 또는 테스트에 쓰이는 이미지를 실시간으로 볼 수 있다.

【그림 9-18】 TensorBoard를 통한 훈련 이미지 시각화

TensorBoard의 DISTRIBUTIONS와 HISTOGRAMS는 텐서의 분포를 시각화한 측면 그래프와 입체 그래프이다. 이를 통해 신경망의 여러 계층에 있는 매개변수 값의 변화를 시각적으로 관찰할 수 있다.

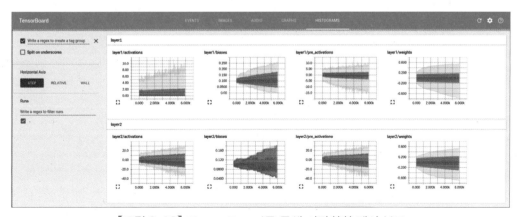

【그림 9-19】 TensorBoard를 통해 시각화한 텐서 분포

CHAPTER

10

TensorFlow 계산 가속

10.1 TensorFlow-GPU 사용하기

10.2 딥러닝 모델의 병렬 학습

10.3 멀티 GPU 병렬 처리

10.4 분산식 TensorFlow

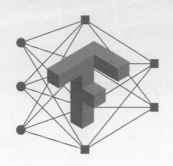

TensorFlow 계산 가속

앞 장에서 우리는 TensorFlow를 사용하여 다양한 딥러닝 알고리즘을 구현해 보았다. 그러나 실제 문제에 대한 딥러닝의 응용에 있어 매우 중요한 문제는 딥러닝 모델 학습에 필요한 계산량이 너무 크다는 것이다. 예를 들어 6장에서 소개한 Inception-v3를 하나의 GPU로 78%의 정확도까지 학습시키는 데 장장 5개월이라는 시간이 걸린다[1]. 이런 학습 속도로는 실제 산업에 쓰일 수 없다. 따라서 학습 과정의 속도를 높이기 위해 이번 장에서는 TensorFlow에 GPU와 분산 컴퓨팅을 사용하는 방법에 대해 알아볼 것이다.

먼저 10.1절에서 TensorFlow에 GPU를 쓰는 방법과 세션(tf.Session)을 생성할 때의 일부 매개변수에 대해 소개한다. 이 매개변수들을 사용하면 디버깅이 쉬워지고 확장성도 향상된다. 하지만 많은 경우에 단일 GPU로는 복잡한 신경망 모델의 계산량을 따라가지 못하므로 더 많은 컴퓨팅 자원을 활용해야 한다. 따라서 여러 GPU를 동시에 활용하기 위해 10.2절에서 연산의 병렬 처리에 대해 알아볼 것이다. 그리고 10.3절에서는 여러 GPU에서 딥러닝 모델을 병렬 처리로 학습시키는 방법을 설명한다. 여기서 예제를 통해 딥러닝 모델을 학습시키고 병렬 처리의 효율성 향상을 비교해 본다. 마지막으로 10.4절에서는 분산식 TensorFlow를 소개하고 구체적인 예제를 통해 딥러닝 모델을 학습시킬 것이다.

---

1) https://research.googleblog.com/2016/04/announcing-tensorflow-08-now-with.html

10.1 　 TensorFlow-GPU 사용하기

　TensorFlow는 tf.device 함수를 사용하여 각 작업을 실행하는 장치를 지정할 수 있다. 이 장치는 로컬 CPU 또는 GPU일 수도 있고 클라우드 서버일 수도 있다. 그러나 이 절에서는 로컬 장치만 고려할 것이다. TensorFlow는 사용 가능한 장치에 이름을 부여하고 tf.device 함수는 장치 이름으로 연산을 실행할 장치를 지정할 수 있다. 예를 들어 CPU 이름이 /cpu:0이라 할 때, 기본적으로 여러 CPU가 있어도 모든 CPU의 이름은 /cpu:0이다. GPU는 이와 달리 n번째 GPU 이름은 /gpu:n이다.

　세션을 생성할 때, log_device_placement 매개변수를 설정하면 각 연산을 실행하는 장치를 출력할 수 있다. 다음 코드로 이를 출력해 보자.

```
import tensorflow as tf

a = tf.constant([1.0, 2.0, 3.0], shape=[3], name='a')
b = tf.constant([1.0, 2.0, 3.0], shape=[3], name='b')
c = a + b
# log_device_placement를 통해 각 연산을 실행하는 장치를 출력한다.
sess = tf.Session(config=tf.ConfigProto(log_device_placement=True))
print(sess.run(c))
```

```
출력 결과:
Device mapping: no known devices.

add: /job:localhost/replica:0/task:0/cpu:0
b: /job:localhost/replica:0/task:0/cpu:0
a: /job:localhost/replica:0/task:0/cpu:0
[ 2.  4.  6.]
```

세션을 생성할 때 log_device_placement=True를 추가했으므로 연산을 실행하는 장치를 화면에 출력함을 볼 수 있다. 따라서 최종 계산 결과뿐만 아니라 'add:job:localhost/replic a:0/task:0/cpu:0'과 같은 출력을 볼 수 있다. 이를 통해 우리는 덧셈 연산 add가 CPU에 의해 실행됨을 알 수 있다.

GPU 환경이 구성된 TensorFlow에서 연산 장치를 따로 지정하지 않으면 GPU를 우선적으로 선택한다[2]. 위의 코드를 AWS(Amazon Web Services)의 g2.8xlarge 인스턴스에서 실행하면 다음과 같은 결과가 나타난다.

```
Device mapping:
/job:localhost/replica:0/task:0/gpu:0 -> device: 0, name: GRID K520, pci bus id:
0000:00:03.0
/job:localhost/replica:0/task:0/gpu:1 -> device: 1, name: GRID K520, pci bus id:
0000:00:04.0
/job:localhost/replica:0/task:0/gpu:2 -> device: 2, name: GRID K520, pci bus id:
0000:00:05.0
/job:localhost/replica:0/task:0/gpu:3 -> device: 3, name: GRID K520, pci bus id:
0000:00:06.0

add: /job:localhost/replica:0/task:0/gpu:0
b: /job:localhost/replica:0/task:0/gpu:0
a: /job:localhost/replica:0/task:0/gpu:0
[ 2.  4.  6.]
```

위의 출력 결과를 보면 GPU 환경이 구성된 TensorFlow에서 각 연산을 자동으로 GPU에 할당함을 알 수 있다. 그러나 g2.8xlarge 인스턴스에는 4개의 GPU가 있지만 기본적으로 TensorFlow는 모든 연산을 /gpu:0에만 할당한다. 만일 여러 GPU 또는 CPU에 일부 연산을 할당하는 경우에는 tf.device를 통해 수동으로 장치를 지정할 수 있다.

---

2) GPU 버전의 TensorFlow 환경을 설치하는 방법은 2장 참조.

```
import tensorflow as tf

# tf.device를 통해 특정 장치에 연산을 할당한다.
with tf.device('/cpu:0'):
    a = tf.constant([1.0, 2.0, 3.0], shape=[3], name='a')
    b = tf.constant([1.0, 2.0, 3.0], shape=[3], name='b')
with tf.device('/gpu:1'):
    c = a + b

sess = tf.Session(config=tf.ConfigProto(log_device_placement=True))
print(sess.run(c))
```

AWS g2.8xlarge 인스턴스에서 위의 코드를 실행하면 다음과 같은 결과를 얻을 수 있다.

```
Device mapping:
/job:localhost/replica:0/task:0/gpu:0 -> device: 0, name: GRID K520, pci bus id:
0000:00:03.0
/job:localhost/replica:0/task:0/gpu:1 -> device: 1, name: GRID K520, pci bus id:
0000:00:04.0
/job:localhost/replica:0/task:0/gpu:2 -> device: 2, name: GRID K520, pci bus id:
0000:00:05.0
/job:localhost/replica:0/task:0/gpu:3 -> device: 3, name: GRID K520, pci bus id:
0000:00:06.0

add: /job:localhost/replica:0/task:0/gpu:1
b: /job:localhost/replica:0/task:0/cpu:0
a: /job:localhost/replica:0/task:0/cpu:0
[ 2.  4.  6.]
```

이전의 코드에서 상수 a와 b를 생성하는 연산은 CPU에 할당되고 덧셈 연산은 두 번째 GPU인 /gpu:1에 할당된다는 것을 알 수 있다. TensorFlow에서 모든 연산을 GPU에 할당할 수 없으며, GPU에 할당할 수 없는 연산을 강제로 GPU에 할당하면 오류가 발생한다.

```python
import tensorflow as tf

# CPU에서 tf.Variable을 실행한다.
a_cpu = tf.Variable(0, name="a_cpu")

with tf.device('/gpu:0'):
    # tf.Variable을 강제로 GPU에 할당한다.
    a_gpu = tf.Variable(0, name="a_gpu")

sess = tf.Session(config=tf.ConfigProto(log_device_placement=True))
sess.run(tf.global_variables_initializer())
```

위의 코드를 실행하면 다음과 같은 오류가 발생한다.

```
tensorflow.python.framework.errors.InvalidArgumentError: Cannot assign a device
to node 'a_gpu': Could not satisfy explicit device specification '/device:GPU:0'
because no supported kernel for GPU devices is available.
Colocation Debug Info:
Colocation group had the following types and devices:
Identity: CPU
Assign: CPU
Variable: CPU
[[Node: a_gpu = Variable[container="", dtype=DT_INT32, shape=[], shared_ name="", _
device="/device:GPU:0"]()]]
```

TensorFlow 버전마다 GPU에 대한 지원이 다르기에 강제로 장치를 지정하는 방식은 프로그램의 이식성을 떨어뜨린다. TensorFlow의 kernel[3]에서 정의된 작업은 GPU에서 실행할 수 있다. 예를 들어 다음 정의는 variable_ops.cc에서 찾을 수 있다.

```
# define REGISTER_GPU_KERNELS(type)                                    \
    REGISTER_KERNEL_BUILDER(                                           \
      Name("Variable").Device(DEVICE_GPU).TypeConstraint<type>("dtype"),\
      VariableOp);                                                     \
    …
TF_CALL_GPU_NUMBER_TYPES(REGISTER_GPU_KERNELS);
```

이 정의를 보면 GPU는 일부 자료형에 대해서만 tf.Variable 연산을 지원한다. TensorFlow 코드베이스에서 이 코드를 호출하는 TF_CALL_GPU_NUMBER_TYPES 매크로를 검색하면 GPU에서 tf.Variable 연산이 실수형(float16, float32 및 double)의 매개변수만 지원함을 알 수 있다. 오류가 발생하는 코드에 주어진 매개변수는 정수이므로 GPU에서 실행할 수 없는 것이다. 이 문제를 피하기 위해 TensorFlow는 세션을 생성할 때 allow_soft_placement 매개변수를 지정할 수 있다. 이 매개변수를 True로 설정하면 GPU에서 연산을 실행할 수 없는 경우에 TensorFlow가 자동으로 CPU에서 실행되도록 할당한다.

```
import tensorflow as tf

a_cpu = tf.Variable(0, name="a_cpu")
with tf.device('/gpu:0'):
    a_gpu = tf.Variable(0, name="a_gpu")

# allow_soft_placement를 통해 GPU에 할당할 수 없는 연산을 CPU에 자동 할당한다.
sess = tf.Session(config=tf.ConfigProto(
    allow_soft_placement=True, log_device_ placement=True))
sess.run(tf.global_variables_initializer())
```

---

3) https://github.com/tensorflow/tensorflow/tree/master/tensorflow/core/kernels

위의 코드를 실행하면 다음과 같은 결과를 얻을 수 있다.

```
Device mapping:
/job:localhost/replica:0/task:0/gpu:0 -> device: 0, name: GRID K520, pci bus id:
0000:00:03.0
/job:localhost/replica:0/task:0/gpu:1 -> device: 1, name: GRID K520, pci bus id:
0000:00:04.0
/job:localhost/replica:0/task:0/gpu:2 -> device: 2, name: GRID K520, pci bus id:
0000:00:05.0
/job:localhost/replica:0/task:0/gpu:3 -> device: 3, name: GRID K520, pci bus id:
0000:00:06.0
a_gpu: /job:localhost/replica:0/task:0/cpu:0
a_gpu/read: /job:localhost/replica:0/task:0/cpu:0
a_gpu/Assign: /job:localhost/replica:0/task:0/cpu:0
init/NoOp_1: /job:localhost/replica:0/task:0/gpu:0
a_cpu: /job:localhost/replica:0/task:0/cpu:0
a_cpu/read: /job:localhost/replica:0/task:0/cpu:0
a_cpu/Assign: /job:localhost/replica:0/task:0/cpu:0
init/NoOp: /job:localhost/replica:0/task:0/gpu:0
init: /job:localhost/replica:0/task:0/gpu:0
a_gpu/initial_value: /job:localhost/replica:0/task:0/gpu:0
a_cpu/initial_value: /job:localhost/replica:0/task:0/cpu:0
```

　비록 GPU로 TensorFlow의 계산 속도를 높일 수는 있지만 일반적으로 모든 연산을 GPU에 할당할 수는 없다. 연산 집약적인 부분을 GPU로 넘기고 나머지 부분을 CPU에서 처리하는 것이 좋다. GPU는 상대적으로 독립적인 리소스이며 연산을 가져오거나 내보낼 때 시간이 소요된다. 또한, GPU는 연산에 쓰인 데이터를 메모리에서 GPU 장치로 복사하는 데 여분의 시간이 필요하다. TensorFlow는 사용자가 따로 처리할 필요없이 이런 작업을 스스로 완수하지만 프로그램 실행 속도를 높이려면 되도록 서로 관련된 연산은 동일한 장치에 둬야 한다.

10.2 딥러닝 모델의 병렬 학습

단일 GPU를 이용해 딥러닝 모델 학습 속도를 쉽게 향상시킬 수 있지만, 더 많은 GPU를 활용하기 위해선 병렬 학습 방법에 대해 이해해야 한다. 일반적으로 쓰이는 병렬 학습 방법에는 동기 학습, 비동기 학습이 있다. 이번 절에서는 이들의 동작 방식과 장단점에 대해 살펴볼 것이다.

이해를 돕기 위해 먼저 어떻게 딥러닝 모델을 학습시켰는지 간단히 떠올려 보자. [그림 10-1]은 딥러닝 모델 학습에 대한 순서도다. 알다시피 딥러닝 모델의 학습 과정은 반복적으로 이루어진다. 반복마다 순전파 알고리즘이 현재 매개변수 값을 기반으로 일부 훈련 데이터의 예측값을 계산하고 역전파 알고리즘이 손실 함수를 기반으로 매개변수의 기울기를 계산하고 이를 업데이트한다. 딥러닝 모델의 병렬 학습 시엔 장치(GPU 또는 CPU)마다 다른 훈련 데이터에서 이 과정을 반복하며, 병렬 학습 방법에 따라 매개변수 업데이트 방식이 다르다.

[그림 10-2]는 비동기 학습의 순서도이다. 반복마다 여러 장치가 매개변수의 최신값을 읽지만 매개변수를 읽는 시간이 다르므로 값이 다를 수 있다. 이렇게 얻은 매개변수의 값과 무작위로 얻은 일부 훈련 데이터에 따라 각각의 장치는 역전파 연산을 진행하고 매개변수를 독립적으로 업데이트한다. 그러므로 비동기 학습이란 기존에 단일 장치로 학습시키던 것을 독립된 여러 장치가 분담한다고 이해할 수 있다. 여기서 꼭 알아두어야 할 것은 비동기 학습에서 장치마다 서로 독립적이란 것이다.

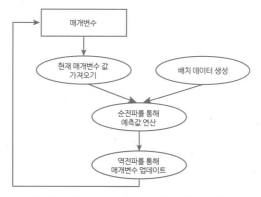

【그림 10-1】 딥러닝 모델 학습 순서도

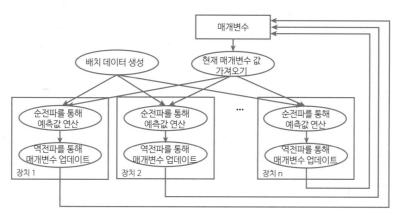

【그림 10-2】 비동기 학습 순서도

하지만 비동기 방식으로 훈련된 딥러닝 모델이 더 나은 결과를 얻지 못할 수 있다. [그림 10-3]의 예시는 비동기 학습의 문제점을 보여 준다. 여기서 곡선은 손실 함수이고, 검은색 점은 t_0 시점의 손실 함숫값이다. t_0 시점에 두 장치 d_0과 d_1이 동시에 매개변수 값을 읽으면 두 장치에 의해 계산된 기울기가 검은색 점을 왼쪽으로 이동시킨다. t_1 시점에 장치 d_0이 이미 역전파 연산이 끝나고 매개변수를 업데이트하여 수정된 매개변수는 [그림 10-3]의 회색 점 위치에 있다고 가정한다. 그러나 장치 d_1은 매개변수가 업데이트 되었음을 전혀 모르기에 점을 계속 왼쪽으로 이동시켜 t_2 시점에 [그림 10-3]의 흰색 점 위치까지 도달한다. 그림에서 볼 수 있듯이 매개 변수가 흰색 점까지 이동하면 최적해에 다다를 수 없다.

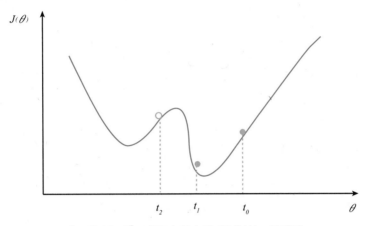

【그림 10-3】 비동기 학습에 존재하는 문제점

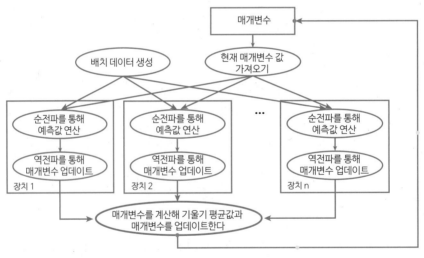

【그림 10-4】 동기 학습 순서도

동기 방식으로 모델을 학습시키면 위의 문제를 방지할 수 있다. 동기 학습에선 모든 장치가 동시에 매개변수 값을 읽고 역전파 연산이 끝나면 동기식으로 매개변수를 업데이트한다. 개별적으로 업데이트를 진행하지 않고 모든 장치에서 역전파 연산이 완료될 때까지 기다리고 동시에 매개변수를 업데이트한다[4]. [그림 10-4]는 동기 학습 순서도이

---

4) 알고리즘에 따라 구현에 약간의 차이가 있다. TensorFlow는 더욱 유연한 동기식 업데이트를 지원하므로 장치 오류로 인해 계산이 중단되지 않는다.

다. 반복마다 여러 장치가 먼저 현재 매개변수 값을 동시에 읽고 무작위로 일부 훈련 데이터를 가져온다. 그리고 각 장치에서 역전파 연산이 이뤄져 각 훈련 데이터에 대한 매개변수의 기울기를 얻는다. 여기서 모든 장치에서 쓰이는 매개변수는 일치하지만 훈련 데이터가 다르기에 매개변수의 기울기는 다를 수 있다. 그런 다음 기울기의 평균값을 구해 매개변수를 업데이트한다.

동기 학습은 비동기 학습에 존재하는 매개변수 업데이트 문제를 해결할 수 있지만 효율성은 확실히 떨어진다. 만일 장치의 실행 속도가 같지 않으면 매번 가장 느린 장치가 완료될 때까지 대기하는 데 많은 시간이 할애된다. 이론상 비동기 학습에 결함이 있지만 딥러닝 모델 학습에 쓰이는 확률적 경사 하강법 자체가 근사 해법이며 전역 최적해를 보장할 수는 없으므로 동기 학습보다 반드시 나쁜 것만은 아니다. 실제로 이 두 방식은 매우 광범위하게 사용된다.

10.3 멀티 GPU 병렬 처리

이번 절에서는 여러 GPU에서 딥러닝 모델을 병렬로 학습시켜 MNIST 문제를 해결해 볼 것이다. GPU 성능이 비슷하다는 가정하에 동기 방식을 택한다. 다음 코드는 5.5절에서 사용된 프레임워크를 따르고 mnist_inference.py을 사용하여 순전파 과정을 구현한다.

```
# -*- coding: utf-8 -*-

from datetime import datetime
import os
import time

import tensorflow as tf
import mnist_inference
```

```python
# 신경망 학습에 필요한 구성
BATCH_SIZE = 100
LEARNING_RATE_BASE = 0.001
LEARNING_RATE_DECAY = 0.99
REGULARAZTION_RATE = 0.0001
TRAINING_STEPS = 1000
MOVING_AVERAGE_DECAY = 0.99
N_GPU = 4


# 로그 및 모델 출력 경로
MODEL_SAVE_PATH = "/path/to/logs_and_models/"
MODEL_NAME = "model.ckpt"
DATA_PATH = "/path/to/data.tfrecords"


# 훈련 데이터를 얻기 위한 입력 큐를 정의한다. 자세한 내용은 7장 참조.
def get_input():
    filename_queue = tf.train.string_input_producer([DATA_PATH])
    reader = tf.TFRecordReader()
    _, serialized_example = reader.read(filename_queue)
    # 데이터 파싱
    features = tf.parse_single_example(
        serialized_example,
        features={
            'image_raw': tf.FixedLenFeature([], tf.string),
            'pixels': tf.FixedLenFeature([], tf.int64),
            'label': tf.FixedLenFeature([], tf.int64),
        })
    # 이미지 및 레이블 디코딩
    decoded_image = tf.decode_raw(features['image_raw'], tf.uint8)
    reshaped_image = tf.reshape(decoded_image, [784])
    retyped_image = tf.cast(reshaped_image, tf.float32)
    label = tf.cast(features['label'], tf.int32)

    # 입력 큐 정의 및 반환
    min_after_dequeue = 10000
    capacity = min_after_dequeue + 3 * BATCH_SIZE
```

```
        return tf.train.shuffle_batch(
            [retyped_image, label],
            batch_size=BATCH_SIZE,
            capacity=capacity,
            min_after_dequeue=min_after_dequeue)


# 손실 함수 정의
def get_loss(x, y_, regularizer, scope, reuse_var=None):
    y = mnist_inference.inference(x, regularizer)
    cross_entropy = tf.reduce_mean(
        tf.nn.sparse_softmax_cross_entropy_with_logits(labels=y_, logits=y))
    regularization_loss = tf.add_n(tf.get_collection('losses', scope))
    loss = cross_entropy + regularization_loss
    return loss


# 각 변수의 기울기 평균 계산
def average_gradients(tower_grads):
    average_grads = []
    # 서로 다른 GPU에서 계산된 모든 변수와 기울기를 가져온다.
    for grad_and_vars in zip(*tower_grads):
        # 모든 GPU상의 기울기 평균을 계산한다.
        grads = []
        for g, _ in grad_and_vars:
            expanded_g = tf.expand_dims(g, 0)
            grads.append(expanded_g)
        grad = tf.concat(grads, 0)
        grad = tf.reduce_mean(grad, 0)

        v = grad_and_vars[0][1]
        grad_and_var = (grad, v)
        average_grads.append(grad_and_var)
    # 변수 업데이트에 쓰일 모든 변수의 평균 기울기를 반환한다.
    return average_grads


# 메인 함수
def main(argv=None):
    # 간단한 연산은 CPU에 할당하고 신경망 학습 과정만 GPU에 넘긴다.
```

```python
with tf.Graph().as_default(), tf.device('/cpu:0'):
    x, y_ = get_input()
    regularizer = tf.contrib.layers.l2_regularizer(REGULARAZTION_RATE)
    global_step = tf.get_variable(
        'global_step', [], initializer=tf.constant_initializer(0),
        trainable=False)
    learning_rate = tf.train.exponential_decay(
        LEARNING_RATE_BASE, global_step, 60000 / BATCH_SIZE,
        LEARNING_ RATE_DECAY)

    # 최적화 방법 정의
    opt = tf.train.GradientDescentOptimizer(learning_rate)

    tower_grads = []
    reuse_var = False
    # N_GPU개의 GPU에서 신경망 최적화 과정을 진행한다.
    for i in range(N_GPU):
        with tf.device('/gpu:%d' % i):
            with tf.name_scope('GPU_%d' % i) as scope:
                cur_loss = get_loss(x, y_, regularizer, scope, reuse_var)
                reuse_var = True
                grads = opt.compute_gradients(cur_loss)
                tower_grads.append(grads)

    # 평균 기울기 계산
    grads = average_gradients(tower_grads)
    for grad, var in grads:
        if grad is not None:
            tf.summary.histogram(
                'gradients_on_average/%s' % var.op.name, grad)

    # 평균 기울기를 사용해 매개변수를 업데이트한다.
    apply_gradient_op = opt.apply_gradients(
        grads, global_step=global_step)
    for var in tf.trainable_variables():
        tf.summary.histogram(var.op.name, var)
```

```python
# 변수의 이동 평균 계산
variable_averages = tf.train.ExponentialMovingAverage(
    MOVING_AVERAGE_DECAY, global_step)
variables_to_average = (
    tf.trainable_variables() + tf.moving_average_variables())
variables_averages_op = variable_averages.apply(variables_to_average)

# 매번 변수의 값과 변수의 이동 평균을 업데이트한다.
train_op = tf.group(apply_gradient_op, variables_averages_op)

saver = tf.train.Saver(tf.all_variables())
summary_op = tf.summary_merge_all()
init = tf.global_variables_initializer()

# 학습 과정
with tf.Session(config=tf.ConfigProto(
    allow_soft_placement=True,
    log_device_placement=True)) as sess:
    # 모든 변수를 초기화하고 큐를 실행한다.
    init.run()
    coord = tf.train.Coordinator()
    threads = tf.train.start_queue_runners(sess=sess, coord=coord)
    summary_writer = tf.summary.FileWriter(MODEL_SAVE_PATH, sess.graph)

    for step in range(TRAINING_STEPS):
        # 신경망 학습을 수행하고 시간을 기록한다.
        start_time = time.time()
        _, loss_value = sess.run([train_op, cur_loss])
        duration = time.time() - start_time

        # 현재 훈련 진행 상황을 주기적으로 보여 주고 훈련 속도를 계산한다.
        if step != 0 and step % 10 == 0:
            # 사용된 훈련 데이터 개수를 계산한다.
            num_examples_per_step = BATCH_SIZE * N_GPU
            examples_per_sec = num_examples_per_step / duration
            sec_per_batch = duration / N_GPU
```

```
                # 훈련 정보 출력
                format_str = ('step %d, loss = %.2f (%.1f examples/ '
                                    ' sec; %.3f sec/batch)')
                print(format_str % (step, loss_value,
                                    examples_per_sec, sec_per_batch))

                # TensorBoard를 통해 학습 과정을 시각화한다.
                summary = sess.run(summary_op)
                summary_writer.add_summary(summary, step)

            # 현재 모델을 주기적으로 저장한다.
            if step % 1000 == 0 or (step + 1) == TRAINING_STEPS:
                checkpoint_path = os.path.join(
                    MODEL_SAVE_PATH, MODEL_ NAME)
                saver.save(sess, checkpoint_path, global_step=step)

        coord.request_stop()
        coord.join(threads)

if __name__ == '__main__':
    tf.app.run()
```

AWS의 g2.8xlarge 인스턴스에서 위의 코드를 실행하면 다음과 같은 결과를 얻을 수 있다.

```
step 10, loss = 71.90 (15292.3 examples/sec; 0.007 sec/batch)
step 20, loss = 37.97 (18758.3 examples/sec; 0.005 sec/batch)
step 30, loss = 9.54 (16313.3 examples/sec; 0.006 sec/batch)
step 40, loss = 11.84 (14199.0 examples/sec; 0.007 sec/batch)
...
step 980, loss = 0.66 (15034.7 examples/sec; 0.007 sec/batch)
step 990, loss = 1.56 (16134.1 examples/sec; 0.006 sec/batch)
```

AWS의 g2.8xlarge 인스턴스에서 위의 코드를 실행하면 4개의 GPU로 위와 같은 신경망을 학습시킬 수 있는데, [그림 10-5]는 이때의 GPU 사용량을 보여 준다.

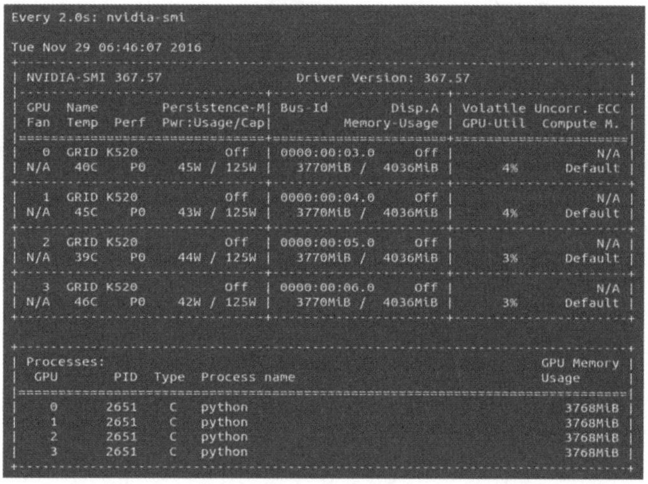

```
Every 2.0s: nvidia-smi

Tue Nov 29 06:46:07 2016
+------------------------------------------------------+
| NVIDIA-SMI 367.57                 Driver Version: 367.57                    |
|-------------------------------+----------------------+----------------------+
| GPU  Name        Persistence-M| Bus-Id        Disp.A | Volatile Uncorr. ECC |
| Fan  Temp  Perf  Pwr:Usage/Cap|         Memory-Usage | GPU-Util  Compute M. |
|===============================+======================+======================|
|   0  GRID K520           Off  | 0000:00:03.0     Off |                  N/A |
| N/A   40C    P0    45W / 125W |   3770MiB /  4036MiB |      4%      Default |
+-------------------------------+----------------------+----------------------+
|   1  GRID K520           Off  | 0000:00:04.0     Off |                  N/A |
| N/A   45C    P0    43W / 125W |   3770MiB /  4036MiB |      4%      Default |
+-------------------------------+----------------------+----------------------+
|   2  GRID K520           Off  | 0000:00:05.0     Off |                  N/A |
| N/A   39C    P0    44W / 125W |   3770MiB /  4036MiB |      3%      Default |
+-------------------------------+----------------------+----------------------+
|   3  GRID K520           Off  | 0000:00:06.0     Off |                  N/A |
| N/A   46C    P0    42W / 125W |   3770MiB /  4036MiB |      3%      Default |
+-------------------------------+----------------------+----------------------+

+-----------------------------------------------------------------------------+
| Processes:                                                       GPU Memory |
|  GPU       PID  Type  Process name                               Usage      |
|=============================================================================|
|    0      2651    C   python                                       3768MiB |
|    1      2651    C   python                                       3768MiB |
|    2      2651    C   python                                       3768MiB |
|    3      2651    C   python                                       3768MiB |
+-----------------------------------------------------------------------------+
```

【그림 10-5】 AWS의 g2.8xlarge 인스턴스에서 MNIST 예제 코드를 실행했을 때 GPU 사용량

5.5절에서 주어진 신경망의 규모가 그리 크지 않기 때문에 [그림 10-5]에 보이는 GPU 사용률이 높지 않음을 볼 수 있다. 반대로 규모가 큰 신경망을 학습시킬 경우, GPU에서 TensorFlow의 점유율은 굉장히 높아질 것이다.

[그림 10-6]은 위 예제 코드의 계산 그래프를 TensorBoard[5]를 통해 시각화한 것이다. 여기서 CPU는 검은색, GPU는 흰색 등과 같이 색상은 장치를 나타낸다. 따라서 신경망 학습의 주요 프로세스는 GPU_0, GPU_1, GPU_2, GPU_3에 할당된 것을 볼 수 있다. 또한, [그림 10-6]의 TensorFlow 계산 그래프 시각화 결과와 [그림 10-4]의 동기 학습 순서도를 비교하면 두 그래프의 구조가 매우 비슷하다.

5) TensorBoard에 대해 9장에서 자세히 설명했다.

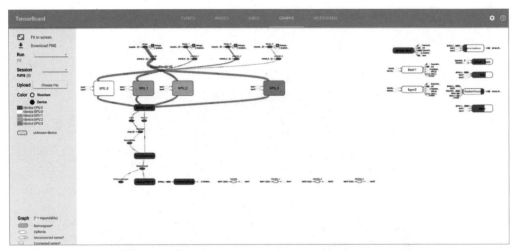

【그림 10-6】 4개의 GPU를 사용한 TensorFlow 계산 그래프 시각화 결과

매개변수 N_GPU를 조정함으로써 동기 방식에서의 GPU 개수에 따른 훈련 속도를 실험할 수 있다. [그림 10-7]은 주어진 MNIST 예제 코드에서 GPU 수가 증가함에 따른 훈련 속도 변화를 보여 준다. 두 개의 GPU를 사용하면 한 개의 GPU를 사용했을 때보다 1.92배 더 빨리 모델을 학습시킬 수 있다. 즉 GPU 수가 적으면 학습 속도는 기본적으로 GPU 개수에 따라 선형적으로 증가할 수 있다. GPU의 수량이 많을 경우 [그림 10-8]과 같이 더 이상 선형적으로 증가하지 않는다. 하지만 TensorFlow는 여전히 GPU 수를 늘려 딥러닝 모델의 학습 과정을 효과적으로 가속화할 수 있다.

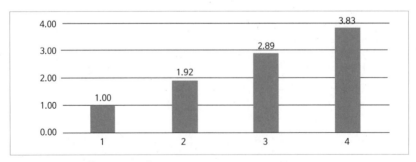

【그림 10-7】 GPU 수에 따른 학습 속도 비교 1
(이 수치는 AWS의 g2.8xlarge 인스턴스에서 MNIST 예제 코드를 실행하여 얻었다.)

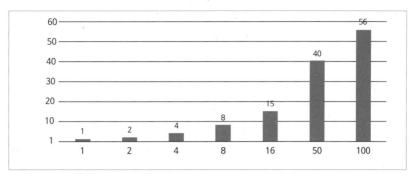

【그림 10-8】 GPU 수에 따른 학습 속도 비교 2
(이 수치는 구글의 테스트 결과이다.) [6]

10.4 분산식 TensorFlow

멀티 GPU 병렬 처리 방식은 속도에 있어 우수한 성능을 갖는다. 그러나 한 대의 컴퓨터에 설치할 수 있는 GPU는 제한적이므로, 학습 속도를 한층 더 높이기 위해선 여러 대의 컴퓨터에 분산식 TensorFlow를 실행해야 한다. 이번 절에서는 분산식 TensorFlow 프로그램을 작성하고 실행하는 방법에 대해 설명한다. 먼저 10.4.1절에서 분산식 TensorFlow의 작동 원리를 살펴보고 가장 간단한 예제를 실습해 볼 것이다. 또한, 여러 TensorFlow 분산 방식에 대해서도 소개한다. 그리고 10.4.2절에서 두 개의 예제를 통해 동기 방식과 비동기 방식으로 딥러닝 모델을 학습해 보자.

10.4.1 분산식 TensorFlow 원리

이 절에서는 TensorFlow를 사용하여 클러스터(cluster)에서 딥러닝 모델을 훈련하는 방법에 대해 알아볼 것이다. 다음 코드로 가장 간단한 클러스터를 생성해 보자.

---

6) https://research.googleblog.com/2016/04/announcing-tensorflow-08-now-with.html

```
import tensorflow as tf
c = tf.constant("Hello, distributed TensorFlow!")
# 로컬 TensorFlow 클러스터 생성
server = tf.train.Server.create_local_server()
# 클러스터에서 세션을 생성한다.
sess = tf.Session(server.target)
# 출력: Hello, distributed TensorFlow!
print(sess.run(c))
```

위의 코드에서 tf.train.Server.create_local_server 함수를 통해 단일 프로세스 클러스터를 생성했다. 그리고 클러스터에서 세션을 생성하고 이를 통해 연산을 실행한다. 이는 비록 단일 프로세스 클러스터지만 TensorFlow 클러스터의 워크플로를 대체로 반영한다. TensorFlow 클러스터는 일련의 작업(task)를 통해 계산 그래프의 연산을 실행한다. 일반적으로 작업들은 서로 다른 컴퓨터에서 실행된다. 주요 예외는 GPU를 사용할 때 작업들이 동일한 컴퓨터의 여러 GPU를 사용할 수 있다는 점이다. 클러스터의 작업은 직무(job)로 구성되어 있으며, 각 직무는 한 개 이상의 작업으로 이루어져 있다. 예를 들면 딥러닝 모델 학습 시에 역전파 연산을 실행하는 기기는 작업이고 모든 기기의 집단은 일종의 직무이다.

위의 예제 코드는 하나의 작업만을 갖는 클러스터이다. 하나의 클러스터에 여러 작업이 있으면 tf.train.ClusterSpec으로 각 작업을 실행할 기기를 지정해야 한다. 다음 코드들로 로컬에서 두 개의 작업을 실행하는 클러스터를 생성해 보자. 첫 번째 작업의 코드는 다음과 같다.

```
import tensorflow as tf
c = tf.constant("Hello from server1!")

# 로컬 포트가 2222와 2223인 두 개의 작업을 갖는 클러스터를 생성한다.
cluster = tf.train.ClusterSpec(
    {"local": ["localhost:2222", "localhost: 2223"]})
# 위에서 생성한 클러스터 구성을 통해 서버를 생성하고 job_name과 task_index로 현재
# 실행할 작업을 지정한다. 첫 번째 작업이므로 task_index는 0이다.
```

```
server = tf.train.Server(cluster, job_name="local", task_index=0)

# server.target을 통해 생성된 세션으로 클러스터의 리소스를 사용한다.
# log_device_placement를 설정하여 각 연산을 실행하는 작업을 볼 수 있다.
sess = tf.Session(
    server.target, config=tf.ConfigProto(log_device_placement=True))
print sess.run(c)
server.join()
```

다음은 두 번째 작업의 코드이다.

```
import tensorflow as tf
c = tf.constant("Hello from server2!")

# 위와 동일하게 클러스터를 생성한다. 클러스터의 각 작업은 동일한 구성을 가져야 한다.
cluster = tf.train.ClusterSpec(
    {"local": ["localhost:2222", "localhost: 2223"]})
# task_index가 1이므로 이 코드는 localhost:2223에서 실행된다.
server = tf.train.Server(cluster, job_name="local", task_index=1)
# 나머지 코드는 위의 코드와 동일하다.
...
```

첫 번째 작업을 실행하면 다음과 비슷한 출력 결과를 얻을 수 있다.

```
I tensorflow/core/distributed_runtime/rpc/grpc_channel.cc:206] Initialize
HostPortsGrpcChannelCache for job local -> {localhost:2222, localhost:2223}
I tensorflow/core/distributed_runtime/rpc/grpc_server_lib.cc:202] Started server
with target: grpc://localhost:2222
E1123 08:26:06.824503525    12232 tcp_client_posix.c:173]     failed to connect to
'ipv4:127.0.0.1:2223': socket error: connection refused
E1123 08:26:08.825022513    12232 tcp_client_posix.c:173]     failed to connect to
'ipv4:127.0.0.1:2223': socket error: connection refused
```

```
I tensorflow/core/common_runtime/simple_placer.cc:818] Const: /job:local/
replica:0/task:0/cpu:0
Const: /job:local/replica:0/task:0/cpu:0
Hello from server1!
```

위의 출력에서 첫 번째 작업만 실행될 때, 프로그램이 중지되고 두 번째 작업이 실행되길 기다리며 failed to connect to 'ipv4:127.0.0.1:2223': socket error: connection refused 에러 메시지를 지속적으로 출력한다. 그리고 두 번째 작업이 실행되면 첫 번째 작업에서 Hello from server1!을 출력함을 볼 수 있다. 두 번째 작업의 출력은 다음과 같다.

```
I tensorflow/core/distributed_runtime/rpc/grpc_channel.cc:206] Initialize
HostPortsGrpcChannelCache for job local -> {localhost:2222, localhost:2223}
I tensorflow/core/distributed_runtime/rpc/grpc_server_lib.cc:202] Started server
with target: grpc://localhost:2223
Const: /job:local/replica:0/task:0/cpu:0
I tensorflow/core/common_runtime/simple_placer.cc:818] Const: /job:local/
replica:0/task:0/cpu:0
Hello from server2!
```

두 번째 작업에서 정의된 연산은 장치 /job:local/replica:0/task:0/cpu:0에도 할당된다는 점에 유의해야 한다. 즉 이 연산은 첫 번째 작업에서 수행된 것이다. 위의 예제에서 볼 수 있듯이, tf.train.Server.target에 의해 생성된 세션은 TensorFlow 클러스터의 모든 리소스를 관리할 수 있다.

멀티 GPU를 사용하는 것과 마찬가지로 tf.device로 어떤 작업에서 수행할지 지정할 수 있다. 예를 들어 두 번째 작업에서 정의된 상수를 다음과 같이 바꾸면 이 연산이 /job:local/replica:0/task:1/cpu:0에서 실행됨을 볼 수 있다.

```
with tf.device("/job:local/task:1"):
    c = tf.constant("Hello from server2!")
```

위의 예제에서 하나의 직무 'local'만 정의됐다. 그러나 딥러닝 모델을 훈련할 때 일반적으로 두 개의 직무를 정의한다. parameter server(ps)라는 이름의 직무는 변수의 저장, 가져오기 및 업데이트를 담당한다. worker란 이름의 직무는 역전파 알고리즘을 실행해 매개변수 기울기를 구하는 작업을 책임진다. 다음 코드는 딥러닝 모델 학습에 보통 쓰이는 클러스터 구성 방법이다.

```
tf.train.ClusterSpec({
    "worker": [
        "tf-worker0:2222",
        "tf-worker1:2222",
        "tf-worker2:2222"
    ],
    "ps": [
        "tf-ps0:2222",
        "tf-ps1:2222"
    ]})[7]
```

분산 처리로 딥러닝 모델을 훈련하는 데 일반적으로 두 가지 방식을 사용한다. 하나는 그래프 내 복제(in-graph replication)로써 모든 작업에 계산 그래프의 변수(딥러닝 모델의 매개변수)가 쓰이고 연산 부분만이 worker로 이동한다. 10.3절에 주어진 멀티 GPU 예제에 이 방식이 쓰였는데, 연산을 여러 개로 복제해 각 연산을 GPU에 할당한다. 그러나 GPU는 모두 계산 그래프에 있는 매개변수를 사용한다. 매개변수가 모두 동일한 계산 그래프에 있기 때문에 매개변수의 동기식 업데이트를 비교적 쉽게 제어할 수 있다. 10.3절에 주어진 코드에서도 매개변수의 동기식 업데이트를 구현했다. 하지만 그래프 내 복제 방식은 계산 그래프를 생성하고 연산 작업을 할당하는 중앙 노드를 필요로 하므로, 데이터 양이 너무 많으면 이 중앙 노드에서 병목 현상이 쉽게 발생한다.

또 다른 하나는 그래프 간 복제(between-graph replication)로써 각 worker마다 별도의 계

---

7) 여기서 주어진 tf-worker(i)와 tf-ps(i)는 모두 서버 주소이다.

산 그래프를 생성하지만, 서로 다른 계산 그래프의 같은 매개변수는 동일한 ps에 고정된 방식으로 할당되어야 한다. tf.train.replica_device_setter 함수로 이 프로세스를 구현할 수 있으며 10.4.2절에 구체적인 예제가 나와 있다. 각 worker의 계산 그래프는 독립적이기 때문에 병렬 처리에 강하다. 그러나 그래프 간 복제에서 매개변수를 동기적 업데이트 하기란 쉽지 않은 일이다. 이 문제를 해결하기 위해 TensorFlow는 tf.train.SyncReplicas Optimizer 함수를 제공한다. 이에 대한 예제는 다음 절에 나와 있다.

10.4.2 분산 학습

이번 절에서는 두 예제를 통해 그래프 간 복제(Between-graph replication) 방식을 사용하여 동기/비동기 분산 학습을 구현해 보자.

① 비동기 방식

아래의 샘플 코드는 5.5절에 주어진 코드의 패턴을 사용하고 mnist_inference.py 에서 정의된 순전파 알고리즘을 재사용한다. 다음 코드는 비동기 방식의 분산 학 습 과정을 구현한 것이다.

```
# -*- coding: utf-8 -*-

import time
import tensorflow as tf
from tensorflow.examples.tutorials.mnist import input_data

import mnist_inference

# 5.5절과 비슷한 구성의 신경망
BATCH_SIZE = 100
LEARNING_RATE_BASE = 0.01
LEARNING_RATE_DECAY = 0.99
```

```
REGULARAZTION_RATE = 0.0001
TRAINING_STEPS = 10000
# 모델 저장 경로
MODEL_SAVE_PATH = "/path/to/model"
# MNIST 데이터 경로
DATA_PATH = "/path/to/data"

# flags로 실행할 매개변수를 지정한다. 10.4.1절에서 각 작업(task)에 대한 코드들이
# 주어졌지만, 이는 확장성이 낮다. 이 절에서는 프로그램을 실행할 때 주어진 매개
# 변수를 사용하여 다른 작업에서 실행되는 프로그램을 구성한다.
FLAGS = tf.app.flags.FLAGS
tf.app.flags.DEFINE_string('job_name', 'worker', ' "ps" or "worker" ')

# ps 주소를 지정한다.
tf.app.flags.DEFINE_string(
    'ps_hosts', ' tf-ps0:2222,tf-ps1:1111',
    'Comma-separated list of hostname:port for the parameter server jobs. '
    'e.g. "tf-ps0:2222,tf-ps1:1111" ')

# worker 주소를 지정한다.
tf.app.flags.DEFINE_string(
    'worker_hosts', ' tf-worker0:2222,tf-worker1:1111',
    'Comma-separated list of hostname:port for the worker jobs. '
    'e.g. "tf-worker0:2222,tf-worker1:1111" ')

# 현재 프로그램의 작업 ID를 지정한다. TensorFlow는 worker/ps 리스트의 포트 번호를
# 기반으로 서비스를 자동 실행한다. ID는 0부터 시작한다.
tf.app.flags.DEFINE_integer(
    'task_id', 0, 'Task ID of the worker/replica running the training.')

# 계산 그래프를 정의하고 매회 실행할 오퍼레이션을 반환한다. 이 과정은 기본적
# 으로 5.5절의 메인 함수와 동일하지만 분산 컴퓨팅을 다루는 부분을 두드러지게 하기
# 위해 이를 함수로 정리했다.
def build_model(x, y_, is_chief):
    regularizer = tf.contrib.layers.l2_regularizer(REGULARAZTION_RATE)
    # 5.5절에 주어진 mnist_inference.py코드를 통해 신경망 순전파 연산을 진행한다.
    y = mnist_inference.inference(x, regularizer)
```

```
    global_step = tf.Variable(0, trainable=False)

    # 손실 함수를 계산하고 역전파 연산을 정의한다.
    cross_entropy = tf.nn.sparse_softmax_cross_entropy_with_logits(
        logits=y, labels=tf.argmax(y_, 1))
    cross_entropy_mean = tf.reduce_mean(cross_entropy)
    loss = cross_entropy_mean + tf.add_n(tf.get_collection('losses'))
    learning_rate = tf.train.exponential_decay(
        LEARNING_RATE_BASE, global_step, 60000 / BATCH_SIZE,
        LEARNING_RATE_DECAY)

    # 매회 실행할 오퍼레이션을 정의한다.
    train_op = tf.train.GradientDescentOptimizer(learning_rate)\
                   .minimize(loss, global_step=global_step)
    return global_step, loss, train_op


# 딥러닝 모델 분산 학습의 메인 함수
def main(argv=None):
    # flags를 파싱하고 tf.train.ClusterSpec을 통해 클러스터를 구성한다.
    ps_hosts = FLAGS.ps_hosts.split(',')
    worker_hosts = FLAGS.worker_hosts.split(',')
    cluster = tf.train.ClusterSpec({"ps": ps_hosts, "worker": worker_hosts})
    # ClusterSpec과 현재 작업으로 서버를 생성한다.
    server = tf.train.Server(
        cluster, job_name=FLAGS.job_name, task_index=FLAGS.task_id)

    # ps는 TensorFlow의 변수만 관리하면 되며 학습에 관여하지 않는다.
    # server.join()은 이 조건문에서 멈추게 한다.
    if FLAGS.job_name == 'ps':
        server.join()

    # worker가 실행할 오퍼레이션을 정의한다. worker 중 하나인 is_chief는 역전파
    # 연산뿐만 아니라 로그 출력 및 모델 저장을 담당한다.
    is_chief = (FLAGS.task_id == 0)
    mnist = input_data.read_data_sets(DATA_PATH, one_hot=True)

    # tf.train.replica_device_setter 함수를 통해 연산을 실행할 장치를 지정한다. 이
```

```
# 함수는 모든 매개변수를 ps에 자동으로 할당하고 연산은 현재 worker에 할당한다.
# 그리고 [그림 10-9]는 첫 번째 worker에 연산 할당한 것을 시각화한 것이다.
with tf.device(tf.train.replica_device_setter(
        worker_device="/job:worker/task:%d" % FLAGS.task_id,
        cluster=cluster)):
    x = tf.placeholder(
        tf.float32, [None, mnist_inference.INPUT_NODE],
        name='x-input')
    y_ = tf.placeholder(
        tf.float32, [None, mnist_inference.OUTPUT_NODE],
        name='y-input')
    # 모델 학습에 실행할 오퍼레이션을 정의한다.
    global_step, loss, train_op = build_model(x, y_, is_chief)
    # 모델 저장에 쓰일 saver를 정의한다.
    saver = tf.train.Saver()
    # 로그 출력 오퍼레이션을 정의한다.
    summary_op = tf.summary.merge_all()
    # 변수 초기화 오퍼레이션을 정의한다.
    init_op = tf.global_variables_initializer()
    # tf.train.Supervisor를 통해 딥러닝 모델의 일반적인 기능을 관리한다.
    # tf.train.Supervisor로 큐 작업, 모델 저장, 로그 출력 및 세션 생성을
    # 한번에 관리할 수 있다.
    sv = tf.train.Supervisor(
        is_chief=is_chief,
        logdir=MODEL_SAVE_PATH,
        init_op=init_op,
        summary_op=summary_op,
        saver = saver,
        global_step=global_step,
        save_model_secs=60,              # 모델 저장 시간 간격
        save_summaries_secs=60)          # 로그 출력 시간 간격

    sess_config = tf.ConfigProto(allow_soft_placement=True,
                                 log_device_placement=False)
    # tf.train.Supervisor를 통해 세션을 생성한다.
    sess = sv.prepare_or_wait_for_session(
        server.target, config=sess_config)
```

```
        step = 0
        start_time = time.time()
        # 반복 과정을 수행한다. 이 과정에서 tf.train.Supervisor는 로그 출력과
        # 모델 저장에 관여하므로 직접 호출할 필요가 없다.
        while not sv.should_stop():
            xs, ys = mnist.train.next_batch(BATCH_SIZE)
            _, loss_value, global_step_value = sess.run(
                [train_op, loss, global_step], feed_dict={x: xs, y_: ys})
            if global_step_value >= TRAINING_STEPS: break

            # 주기적으로 학습 정보를 출력한다.
            if step > 0 and step % 100 == 0:
                duration = time.time() - start_time
                sec_per_batch = duration / global_step_value
                format_str = ("After %d training steps (%d global steps), "
                                "loss on training batch is %g.  "
                                "(%.3f sec/batch)")
                print(format_str % (step, global_step_value,
                                        loss_value, sec_per_batch))
            step += 1
        sv.stop()

if __name__ == "__main__":
    tf.app.run()
```

위 코드의 파일명이 dist_tf_mnist_async.py라 가정하면 하나의 ps와 두 개의 worker를 가진 클러스터를 실행하기 위해서 아래 명령을 실행하면 된다.

```
$ python dist_tf_mnist_async.py \
--job_name='ps' \
--task_id=0 \
--ps_hosts='tf-ps0:2222' \
--worker_hosts='tf-worker0:2222,tf-worker1:2222'
$ python dist_tf_mnist_async.py \
```

```
--job_name='worker' \
--task_id=0 \
--ps_hosts='tf-ps0:2222' \
--worker_hosts='tf-worker0:2222,tf-worker1:2222'
$ python dist_tf_mnist_async.py \
--job_name='worker' \
--task_id=1 \
--ps_hosts='tf-ps0:2222' \
--worker_hosts='tf-worker0:2222,tf-worker1:2222'
```

첫 번째 worker를 실행하면 다른 서버(ps 또는 worker)에 연결을 시도한다. 만일 다른 서버가 아직 시작되지 않았으면 실행되고 있는 worker는 다음과 같은 오류를 보고한다.

```
E1201 01:26:04.166203632   21402 tcp_client_posix.c:173]      failed to connect
to 'ipv4:tf-worker1:2222': socket error: connection refused
```

그러나 이는 클러스터의 실행에 영향을 미치지 않는다. 클러스터의 모든 서버가 시작된 후에는 각각의 worker는 더 이상 오류를 보고하지 않기 때문이다. 클러스터가 완전히 부팅되면 학습이 시작된다. [그림 10-9]는 첫 번째 worker의 계산 그래프이다. 이 그림에서 알 수 있듯이 신경망에서 정의된 매개변수는 ps(밝은 회색 노드)에 할당되고, 역전파 과정은 현재의 worker(어두운 회색 노드)에 할당된다.

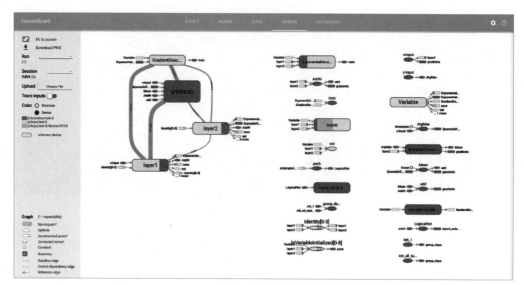

【그림 10-9】 TensorBoard를 통해 시각화한 분산식 TensorFlow 계산 그래프

worker가 신경망을 훈련시키는 과정에서 첫 번째 worker는 아래와 비슷한 정보를
출력한다.

```
After 100 training steps (100 global steps), loss on training batch is 0.302718.
(0.039 sec/batch)
After 200 training steps (200 global steps), loss on training batch is 0.269476.
(0.037 sec/batch)
After 300 training steps (300 global steps), loss on training batch is 0.286755.
(0.037 sec/batch)
After 400 training steps (463 global steps), loss on training batch is 0.349983.
(0.033 sec/batch)
After 500 training steps (666 global steps), loss on training batch is 0.229955.
(0.029 sec/batch)
After 600 training steps (873 global steps), loss on training batch is 0.245588.
(0.027 sec/batch)
```

두 번째 worker는 아래와 비슷한 정보를 출력한다.

```
After 100 training steps (537 global steps), loss on training batch is 0.223165.
(0.007 sec/batch)
After 200 training steps (732 global steps), loss on training batch is 0.186126.
(0.010 sec/batch)
After 300 training steps (925 global steps), loss on training batch is 0.228191.
(0.012 sec/batch)
```

두 번째 worker가 시작되기 전에 첫 번째 worker는 이미 여러 차례 실행되었음을 볼 수 있다. 비동기 방식에서는 worker가 제대로 작동하지 않더라도 매개변수 업데이트를 계속 진행할 수 있으며, 전체 반복 횟수는 모든 worker의 반복 횟수를 합한 것과 같다.

② 동기 방식

비동기 방식과 마찬가지로, 아래의 코드는 5.5절에 주어진 프레임워크를 기반으로 한다. 이 코드는 동기 방식의 분산 학습 과정을 구현한 것이다.

```python
# -*- coding: utf-8 -*-

import time
import tensorflow as tf
from tensorflow.examples.tutorials.mnist import input_data

import mnist_inference

# 신경망 매개변수
BATCH_SIZE = 100
LEARNING_RATE_BASE = 0.8
LEARNING_RATE_DECAY = 0.99
REGULARAZTION_RATE = 0.0001
```

```
TRAINING_STEPS = 10000
MOVING_AVERAGE_DECAY = 0.99
MODEL_SAVE_PATH = "/path/to/model"
DATA_PATH = "/path/to/data"

# 비동기 방식과 마찬가지로 flags를 설정한다.
FLAGS = tf.app.flags.FLAGS

tf.app.flags.DEFINE_string('job_name', 'worker', ' "ps" or "worker" ')
tf.app.flags.DEFINE_string(
    'ps_hosts', ' tf-ps0:2222,tf-ps1:1111',
    'Comma-separated list of hostname:port for the parameter server jobs. '
    'e.g. "tf-ps0:2222,tf-ps1:1111" ')
tf.app.flags.DEFINE_string(
    'worker_hosts', ' tf-worker0:2222,tf-worker1:1111',
    'Comma-separated list of hostname:port for the worker jobs. '
    'e.g. "tf-worker0:2222,tf-worker1:1111" ')
tf.app.flags.DEFINE_integer(
    'task_id', 0, 'Task ID of the worker/replica running the training.')

# 비동기 방식과 비슷한 계산 그래프를 정의한다. tf.train.SyncReplicasOptimizer
# 함수에 의해 동기식 업데이트가 진행된다는 것이 유일한 차이점이다.
def build_model(x, y_, n_workers, is_chief):
    regularizer = tf.contrib.layers.l2_regularizer(REGULARAZTION_RATE)
    y = mnist_inference.inference(x, regularizer)
    global_step = tf.Variable(0, trainable=False)

    variable_averages = tf.train.ExponentialMovingAverage(
                    MOVING_AVERAGE_DECAY, global_step)
    variables_averages_op = variable_averages.apply(tf.trainable_variables())

    cross_entropy = tf.nn.sparse_softmax_cross_entropy_with_logits(
        logits=y, labels=tf.argmax(y_, 1))
    cross_entropy_mean = tf.reduce_mean(cross_entropy)
    loss = cross_entropy_mean + tf.add_n(tf.get_collection('losses'))
    learning_rate = tf.train.exponential_decay(
        LEARNING_RATE_BASE, global_step, 60000 / BATCH_SIZE,
```

```
        LEARNING_RATE_DECAY)

    # tf.train.SyncReplicasOptimizer 함수를 통해 동기식 업데이트를 구현한다.
    opt = tf.train.SyncReplicasOptimizer(
        tf.train.GradientDescentOptimizer(learning_rate),
        replicas_to_aggregate=n_workers,
        total_num_replicas=n_workers)

    train_op = opt.minimize(loss, global_step=global_step)
    if is_chief:
        variable_averages = tf.train.ExponentialMovingAverage(
            MOVING_AVERAGE_DECAY, global_step)
        variables_averages_op = variable_averages.apply(
            tf.trainable_variables())
        with tf.control_dependencies([variables_averages_op, train_op]):
            train_op = tf.no_op()

    return global_step, loss, train_op, opt


def main(argv=None):
    # 비동기 방식과 마찬가지로 TensorFlow 클러스터를 생성한다.
    ps_hosts = FLAGS.ps_hosts.split(',')
    worker_hosts = FLAGS.worker_hosts.split(',')
    print('PS hosts are: %s' % ps_hosts)
    print('Worker hosts are: %s' % worker_hosts)
    n_workers = len(worker_hosts)

    cluster = tf.train.ClusterSpec({"ps": ps_hosts, "worker": worker_hosts})
    server = tf.train.Server(
        cluster, job_name=FLAGS.job_name, task_index=FLAGS.task_id)

    if FLAGS.job_name == 'ps':
        with tf.device("/cpu:0"):
            server.join()

    is_chief = (FLAGS.task_id == 0)
    mnist = input_data.read_data_sets(DATA_PATH, one_hot=True)
```

```
with tf.device(tf.train.replica_device_setter(
        worker_device="/job:worker/task:%d" % FLAGS.task_id,
        cluster=cluster)):
    x = tf.placeholder(
        tf.float32, [None, mnist_inference.INPUT_NODE],
        name='x-input')
    y_ = tf.placeholder(
        tf.float32, [None, mnist_inference.OUTPUT_NODE],
        name='y-input')
    global_step, loss, train_op, opt = build_model(
        x, y_, n_workers, is_chief)
    saver = tf.train.Saver()
    summary_op = tf.summary.merge_all()
    init_op = tf.global_variables_initializer()

    # 동기 방식에서 is_chief는 다른 worker에서 계산한 매개변수 기울기를
    # 조정하고 최종적으로 매개변수를 업데이트해야 한다. 이를 위해서는
    # 몇 가지 초기화 작업을 수행해야 한다.
    if is_chief:
        # 변수를 업데이트하기 전에 큐를 실행해야 한다.
        chief_queue_runner = opt.get_chief_queue_runner()
        # 큐 초기화
        init_tokens_op = opt.get_init_tokens_op(0)

    # tf.train.Supervisor를 선언한다.
    sv = tf.train.Supervisor(is_chief=is_chief,
                             logdir=MODEL_SAVE_PATH,
                             init_op=init_op,
                             summary_op=summary_op,
                             saver=saver,
                             global_step=global_step,
                             save_model_secs=60,
                             save_summaries_secs=60)
    sess_config = tf.ConfigProto(allow_soft_placement=True,
                                 log_device_placement=False)
    sess = sv.prepare_or_wait_for_session(server.target,
```

```
                                    config=sess_config)

    # 동기식 업데이트하는 큐를 실행하고 초기화 작업을 수행한다.
    if is_chief:
        sv.start_queue_runners(sess, [chief_queue_runner])
        sess.run(init_tokens_op)

    # 모델 학습
    step = 0
    start_time = time.time()
    while not sv.should_stop():
        xs, ys = mnist.train.next_batch(BATCH_SIZE)
        _, loss_value, global_step_value = sess.run(
            [train_op, loss, global_step], feed_dict={x: xs, y_: ys})
        if global_step_value >= TRAINING_STEPS: break

        if step > 0 and step % 100 == 0:
            duration = time.time() - start_time
            sec_per_batch = duration / (global_step_value * n_workers)
            format_str = "After %d training steps (%d global steps), " \
                         "loss on training batch is %g.  " \
                         "(%.3f sec/batch)"
            print(format_str % (step, global_step_value,
                                 loss_value, sec_per_batch))
        step += 1
    sv.stop()


if __name__ == "__main__":
    tf.app.run()
```

비동기 방식과 마찬가지로 위의 코드를 실행하면 TensorFlow 클러스터를 시작할 수 있다. 그러나 비동기 방식과 달리 첫 번째 worker가 초기화되어도 매개변수를 바로 업데이트할 수 없다. 이는 매개변수를 업데이트할 때마다 두 worker에서의 기울기를 필요로 하기 때문이다. 첫 번째 worker는 아래와 비슷한 정보를 출력한다.

```
E1201 01:26:04.166203632   21402 tcp_client_posix.c:173]     failed to connect
to 'ipv4:10.57.60.76:2222': socket error: connection refused
After 100 training steps (100 global steps), loss on training batch is 1.88782.
(0.176 sec/batch)
After 200 training steps (200 global steps), loss on training batch is 0.834916.
(0.101 sec/batch)
…
After 800 training steps (800 global steps), loss on training batch is 0.524181.
(0.045 sec/batch)
After 900 training steps (900 global steps), loss on training batch is 0.384861.
(0.042 sec/batch)
```

두 번째 worker는 아래와 비슷한 정보를 출력한다.

```
After 100 training steps (100 global steps), loss on training batch is 1.88782.
(0.028 sec/batch)
After 200 training steps (200 global steps), loss on training batch is 0.834916.
(0.027 sec/batch)
…
After 800 training steps (800 global steps), loss on training batch is 0.474765.
(0.026 sec/batch)
After 900 training steps (900 global steps), loss on training batch is 0.420769.
(0.026 sec/batch)
```

첫 번째 출력 결과의 첫 번째 줄에서, 처음 100회차 평균 속도는 0.176 sec/batch이
며 최종 평균 속도인 0.042 sec/batch보다 훨씬 느리다. 이것은 반복이 시작되기 전
에 첫 번째 worker가 두 번째 worker의 초기화 작업을 기다려야 하기 때문에 처
음 100회차의 평균 속도가 느린 것이다. 이는 또한 동기식 업데이트의 문제점을 반
영한다. worker가 하나라도 멈추면 진행이 되지 않는다.

이 문제를 해결하기 위해 tf.train.SyncReplicasOptimizer 함수에서 replicas_to_
aggregate를 조정할 수 있다. replicas_to_aggregate가 worker의 수보다 적으면 매

회 모든 기울기를 수집할 필요가 없게 되어 가장 느린 worker의 버퍼링을 피할 수 있다. 동기식 큐 초기화 작업 tf.train.SyncReplicasOptimizer.get_init_tokens_op의 매개변수를 조정하여 worker 간의 동기화 요구 사항을 제어할 수도 있다. 초기화 함수 get_init_tokens_op에 주어진 매개변수가 0보다 큰 경우 동일한 worker에서 얻은 기울기를 여러 번 사용하여 서버 성능의 병목 현상을 쉽게 해결할 수 있다.

예제로
풀어보는 **구글 딥러닝**
프레임워크
텐서플로우 실전

| 2019년 | 5월 15일 | 1판 | 1쇄 | 인 쇄 |
| 2019년 | 5월 25일 | 1판 | 1쇄 | 발 행 |

지 은 이 : 정저위(鄭澤宇) · 구쓰위(顾思宇)

옮 긴 이 : 장 우 진

펴 낸 이 : 박 정 태

펴 낸 곳 : **광 문 각**

10881
파주시 파주출판문화도시 광인사길 161
광문각 B/D 4층
등 록 : 1991. 5. 31 제12 - 484호
전 화(代) : 031-955-8787
팩 스 : 031-955-3730
E - mail : kwangmk7@hanmail.net
홈페이지 : www.kwangmoonkag.co.kr

ISBN : 978-89-7093-944-5 93560

값 : 28,000원

한국과학기술출판협회
Korean Science & Technology Publisher Association